纺织高职高专"十一五"部委级规划教材

U0742396

纺织品市场营销

王若明　张芝萍　主编
裘晓雯　副主编

中国纺织出版社

内 容 提 要

纺织品市场营销是一门多学科相交叉的应用学科,本书系统阐述了纺织企业从事营销活动的基本理论与方法,主要内容有:纺织品营销环境分析、纺织品市场购买行为分析、纺织品目标市场战略、纺织品市场调查与预测、纺织产品策略、纺织品定价方法与价格策略、纺织品分销渠道策略、纺织品促销策略和纺织品国际市场营销等。

本书结构紧凑,内容丰富,既有理论又有实践,既有一定的广度又有一定的深度,不仅可以作为高职院校纺织工程、市场营销和其他相关专业的学生学习使用,而且还可作为成人院校、中专院校相关专业学生及有志于从事纺织品市场营销工作的人员自学之用。

图书在版编目(CIP)数据

纺织品市场营销/王若明,张芝萍主编. —北京:中国纺织出版社,2008.8(2024.7重印)

纺织高职高专"十一五"部委级规划教材

ISBN 978-7-5064-5202-1

Ⅰ.纺… Ⅱ.①王…②张… Ⅲ.纺织品—市场营销学—高等学校:技术学校—教材 Ⅳ.TS101 F407.815

中国版本图书馆 CIP 数据核字(2008)第 089411 号

策划编辑:孔会云   责任校对:寇晨晨
责任设计:李 然   责任印制:何 艳

中国纺织出版社出版发行
地址:北京市朝阳区百子湾东里 A407 号楼 邮政编码:100124
销售电话:010—67004422 传真:010—87155801
http://www.c-textilep.com
中国纺织出版社天猫旗舰店
官方微博 http://weibo.com/2119887771
北京虎彩文化传播有限公司印刷 各地新华书店经销
2024 年 7 月第 13 次印刷
开本:787×1092 1/16 印张:13
字数:276 千字 定价:29.80 元

2005年10月，国发[2005]35号文件"国务院关于大力发展职业教育的决定"中明确提出"落实科学发展观，把发展职业教育作为经济社会发展的重要基础和教育工作战略重点"。高等职业教育作为职业教育体系的重要组成部分，近些年发展迅速。编写出适合我国高等职业教育特点的教材，成为出版人和院校共同努力的目标。早在2004年，教育部下发教高[2004]1号文件"教育部关于以就业为导向　深化高等职业教育改革的若干意见"，明确了促进高等职业教育改革的深入开展，要坚持科学定位，以就业为导向，紧密结合地方经济和社会发展需求，以培养高技能人才为目标，大力推行"双证书"制度，积极开展订单式培养，建立产学研结合的长效机制。在教材建设上，提出学校要加强学生职业能力教育。教材内容要紧密结合生产实际，并注意及时跟踪先进技术的发展。调整教学内容和课程体系，把职业资格证书课程纳入教学计划之中，将证书课程考试大纲与专业教学大纲相衔接，强化学生技能训练，增强毕业生就业竞争能力。

2005年底，教育部组织制订了普通高等教育"十一五"国家级教材规划，并于2006年8月10日正式下发了教材规划，确定了9716种"十一五"国家级教材规划选题，我社共有103种教材被纳入国家级教材规划。在此基础上，中国纺织服装教育学会与我社共同组织各院校制订出"十一五"部委级教材规划。为在"十一五"期间切实做好国家级及部委级高职高专教材的出版工作，我社主动进行了教材创新型模式的深入策划，力求使教材出版与教学改革和课程建设发展相适应，充分体现职业技能培养的特点，在教材编写上重视实践和实训环节内容，使教材内容具有以下三个特点：

（1）围绕一个核心——育人目标。根据教育规律和课程设置特点，从培养学生学习兴趣和提高职业技能入手，教材内容围绕生产实际和教学需要展开，形式上力求突出重点，强调实践，附有课程设置指导，并于章首介绍本章知识点、重点、难点及专业技能，章后附形式多样的思考题等，提高教材的可读性，增加学生学习兴趣和自学能力。

（2）突出一个环节——实践环节。教材出版突出高职教育和应用性学科的特点，注重理论与生产实践的结合，有针对性地设置教材内容，增加实践、实验内容,并通过多媒体等直观形式反映生产实际的最新进展。

(3)实现一个立体——多媒体教材资源包。充分利用现代教育技术手段,将授课知识点、实践内容等制作成教学课件,以直观的形式、丰富的表达充分展现教学内容。

教材出版是教育发展中的重要组成部分,为出版高质量的教材,出版社严格甄选作者,组织专家评审,并对出版全过程进行过程跟踪,及时了解教材编写进度、编写质量,力求做到作者权威,编辑专业,审读严格,精品出版。我们愿与院校一起,共同探讨、完善教材出版,不断推出精品教材,以适应我国高等教育的发展要求。

中国纺织出版社

教材出版中心

随着我国社会主义市场经济体制的逐步建立与完善,面向市场,以顾客需求为导向从事的市场营销活动,已成为企业面临的重大课题。为此,大力培养市场营销人才,满足企业需求,也受到了社会各界的高度关注。作为纺织企业而言,对能结合纺织企业及纺织产品的特点,运用市场营销知识从事纺织品营销活动的人才需求显得尤为迫切,本教材正是为了满足这一需要而编写的。

作为纺织高职高专"十一五"部委级规划教材,本书依据高职高专教育培养应用型人才的特点,围绕市场营销职业的要求,着力于对学生综合运用营销理论分析、解决营销实际问题能力的培养。理论以"必需、够用"为度,突出实用性,注重技能性,强调针对性,坚持前瞻性。每章前有"本章知识点"、"导入案例",对每章所要讲解的知识点用导入案例引入,每章后有"本章小结"、"思考题"和"实训题",使读者容易掌握重点,便于理解与复习,并通过实训题的练习,在今后实践中可参照运用。

本书共十章,由王若明和张芝萍负责设计、总纂和定稿。编写分工如下:第一章和第二章由南通纺织职业技术学院间志俊老师编写,第三章由河南工程学院高顺成老师编写,第四章和第九章由浙江纺织服装职业技术学院裘晓雯老师编写,第五章由浙江纺织服装职业技术学院王艳老师编写,第六章和第八章由成都纺织高等专科学校胡颖梅老师编写,第七章由浙江纺织服装职业技术学院王若明老师编写,第十章由浙江纺织服装职业技术学院张芝萍老师编写。

本书内容除了反映编著者多年来的学习、调查、教学体会和科研成果外,在编写过程中,还参阅了国内外同行学者的有关著作、教材等,在此一并表示感谢。由于编著者水平有限,书中难免有不妥之处,敬请广大读者批评指正。

编 者
2008年5月

☞ 课程设置指导

课程设置意义　本课程以纺织类高职高专院校中市场营销、现代纺织技术、纺织品装饰艺术设计、纺织品检测与贸易等专业学生为教学对象，围绕现代纺织品营销操作实务的相关知识和技能要求进行设置，旨在为有志于从事纺织品市场营销工作的学生，培养基本的纺织品市场营销理念和技能，以适应纺织企业营销管理岗位需要。

- -

课程教学建议　本课程可作为纺织院校市场营销专业的核心课程，建议开设60~80课时，教学内容包括本书全部内容；也可作为现代纺织技术专业、纺织品检测与贸易、纺织品装饰艺术设计等纺织类专业的方向课，建议开设30~40课时，教学内容可根据不同专业需要有所选择。本课程结束后，如配合市场营销实训1~2周，让学生对所学知识有个实际消化、实际运用的过程则更佳。

- -

课程教学目的　通过本课程的学习，要求学生在了解本课程基本理论的基础上，能从市场营销学的形成、发展及市场经营观念的转变过程出发，掌握市场营销的方法和技巧，培养参与营销调查研究和案例讨论的积极性，提高其实际市场营销操作能力。

Contents 目录

第一章 绪 论

●─── **本章知识点** ───●

1. 纺织品市场的基本概念与特征。
2. 纺织品市场营销的手段与内容。
3. 纺织品市场营销观念的演变与发展。

导入案例

"恒源祥"的经营之道

今天,作为上海万象集团的总商标,"恒源祥"已经成为一个覆盖绒线、羊毛织物、羊毛制品洗涤剂及其他相关制造业的知名品牌。但是提起"恒源祥",人们的第一反应仍是一个毛线生产企业。

创建于1927年的恒源祥商店,主营人造丝和手编毛线。1987年,刘瑞旗(现任万象集团总经理)加入恒源祥时,手编毛线市场正日渐式微,有人提醒刘瑞旗知难而退,另辟蹊径,刘瑞旗却回答说:"如果太阳不升起来,东边不亮西边也不会亮。"从此,"制造一个毛线的太阳,照到哪里哪里亮"成了恒源祥最响亮的一句口号。

1. 培养编织能手

不是没有人编织吗?恒源祥就是要把编织变成人们的需要。在对市场进行细分后,刘瑞旗决定先抓"两头"——老人和小孩。

从1995年起,恒源祥先后组织专家就两个课题进行专项研究,一曰"绒线编织与少年儿童心理和智力发展间的关系",二曰"绒线编织与防治老年痴呆症的关系"。其中前者被国家教委列为"九五"重大科技项目,在500名小学生中分两组进行跟踪测试。刘瑞旗说,他计划将手工毛线编织作为劳动技能课程向全国的大中小学校推广。对恒源祥来说,培养出一批编织能手就意味着培养出一批潜在的消费者。

与此同时,恒源祥不失时机地宣传手工编织的"文化内涵":子女为老人编织、姑娘为情人编织……编织是一条沟通亲情、爱情和友情的纽带。刘瑞旗断言,单凭这一点,就能延长手工毛线这一"夕阳产业"的生命。

2. 创三项世界纪录

1997年,刘瑞旗来到了手工编织的故乡——英国,访问了拥有200多年历史的蜂巢毛线厂。他当着业界鼻祖的面宣布:恒源祥的目标是年产毛线1万吨!而当时"蜂巢"的年产量才不过1500吨。

也正是在这一年,相继有三项吉尼斯世界纪录在恒源祥诞生:全球最大的毛线球、全球最粗的毛线和全球最长的毛线针。

刘瑞旗发誓,一定要在恒源祥建造一个"绒线博物馆"。为此,他不仅聘请考古学家考证出早在5000多年前的石器时代人们就用石头切割羊毛,还派人去延安收购当年领袖们使用过的羊毛制品。

3.进军奥林匹克

吉尼斯纪录没有使刘瑞旗满足,他的想象力也似乎总没有尽头:既然毛线编织是手指的运动,那么它能否成为一项体育运动项目?将来又能否成为奥运会比赛项目?为了这个近乎离奇的设想,刘瑞旗先后做了三件大事。

第一件事是给全国的纺织爱好者"出题":当时编织45针55行方块毛线的最快纪录是35分16秒,凡能打破此纪录者,恒源祥许诺提供往返上海的参赛路费和高额奖金。

第二件事是邀请国家体委主任伍绍祖来访。1997年3月28日,伍绍祖在视察上海八运会筹备工作期间专程来到恒源祥,他饶有兴致地聆听了刘瑞旗关于手工编织运动的见解,并"一锤定音":绒线纺织是一项很好的全民健身运动。

第三件事听起来更具传奇色彩,那便是刘瑞旗在瑞士洛桑国际奥委会总部实现了同萨马兰奇的会面,据说两人交谈了足足45分钟。让手工编织进军奥运的梦想当然不可能在这45分钟之内即变成现实,但刘瑞旗自信"这绝对是一个世界级的营销案例"。

4.大手笔做广告

在广告宣传方面,恒源祥同样令人"拍案惊奇"。

1996年的恒源祥杯中国—阿根廷足球对抗赛、1997年的恒源祥杯首都儿童"六一"会操(铺在天安门广场的地毯上有一个600平方米的恒源祥小图头像),以及由1.4万只澳洲纯种羊在澳洲大草原上走成"恒源祥"三个字的广告短片,是刘瑞旗最津津乐道的三个广告创意,它们被公认为是"大手笔"。"大手笔"的成功来之不易。

为了把名气大、脾气也大的马拉多纳请到中国来,刘瑞旗亲赴阿根廷协商;为了让恒源祥的形象出现在中国的心脏——天安门广场,刘瑞旗几乎跑遍了所有主管部门,最终找到了全国关心下一代工作委员会,并且碰上了"六一"儿童会操这一绝佳的机会。

至于那1.4万只羊,刘瑞旗有一次在酒桌上向记者交了底儿:那是请工程师在计算机上做的。先后做了两稿,第一稿羊群走得太整齐,反而显得不真实,于是在第二稿里特意让几只羊走出队列,刘瑞旗这才满意。

恒源祥所面对的市场具有什么样的特征?在营销过程中,恒源祥采取了什么策略和手段?其指导思想有何独特之处?本章将会给你一个答案。

第一节 纺织品市场

一、市场的概念

(一)传统的市场概念

传统的市场概念,是指买主和卖主聚集在一起进行物品交换的场所或者是各种经济关系的总和。前者认为市场仅仅是一个物物交换的场所,而后者对市场的概括则比较笼统。两者都没有全面而系统地揭示出市场的本质含义。

(二)现代市场的概念

现代意义上的市场营销观念认为,卖主(即销售者)构成行业,买主(即顾客)则构成市场,企业必须按照市场需求组织生产。所谓市场,是指具有特定需要和欲望,而且愿意并能够通过交换来满足这种需要和欲望的全部顾客,包括现实购买者与潜在购买者。因此,市场的大小,取决于那些有某种需要并拥有使别人感兴趣的资源,同时愿意以这种资源来换取其需要的东西的人数。站在销售者的立场上,同行供给者即其他销售者都是竞争者,而不是市场。

由此看来,市场应包括三个主要因素,即有某种需要的人、为满足这种需要的购买能力和购买欲望。用公式来表示就是:

$$市场 = 人口 + 购买力 + 购买欲望$$

市场的这三个因素是相互制约、缺一不可的,只有三者结合起来才能构成现实的市场,才能决定市场的规模和容量。

1.人口 人口的数量、质量、结构等因素决定着纺织品市场需求的总量、消费水平和消费结构。我国人口众多,是世界上最具潜力的纺织品市场。另外,人口的家庭结构对于纺织品的生产和消费有着极为重要的作用。人口的性别、年龄结构也直接影响着纺织品的需求结构。

2.购买力 购买力主要指消费者由收入决定的购买力和社会集团的购买力。消费者的购买力取决于消费者的名义收入、预期收入等。社会集团的购买力是指企业、事业单位等组织机构的货币支付能力。两者在很大程度上决定着纺织品的市场规模。

3.购买欲望 购买欲望是个体消费者和社会组织购买商品的动机、愿望和要求,它是将潜在购买力转化为现实购买力的重要条件。

二、市场竞争模式

市场作为社会分工的产物,是商品生产顺利进行的必要条件和商品生产发展的推动力量。企业必须认识、把握好竞争环节中市场的基本模式及其特点,这对于企业经营有着重要意义。从竞争态势看,市场可分为以下四种基本模式。

(一)完全垄断市场

当一个行业只有一家企业,或者一种产品只有一个销售者或生产者,或者制造某种产品的全部或绝大部分原料、材料由一个企业独自拥有时,这种市场为完全垄断市场。完全垄断市场的特点是市场上不存在竞争或基本不存在竞争。处在这种市场模式下的企业,其营销活动的主要任务是合理定价并保质保量地满足消费者需求。在现实生活中这种纺织品市场基本不存在。

(二)寡头垄断市场

当一种产品拥有大量消费者和用户时,少数几家大企业控制了绝大部分的生产量和销售量,剩下的一小部分市场由众多小企业去分摊,这种市场为寡头垄断市场。汽车、高档家电、建筑材料、计算机等产品的市场往往属于这种市场模式。而纺织品市场除了少数产业用品外,几乎不存在这种垄断。

寡头垄断市场有四个方面的特征:一是控制市场的大企业或是在资源、或是在技术、或是在资本规模等方面具有较强的优势;二是控制市场的几家大企业相互依存,相互制约,其中任何一家企业的营销策略发生变化,都会对其他企业产生重大影响;三是几家大企业之间的竞争相当激烈,都非常注意企业形象;四是少数大企业长期垄断市场,会给新企业的进入带来很多困难,如投资风险加大、投资回收期加长等。

(三)垄断性竞争市场

当一种产品的市场需求量较大时,许多企业同时生产和销售这种产品,而每个企业的产量和销售量只占全部需求的一小部分,这种市场为垄断性竞争市场。作为消费品的服装、床上用品的市场往往属于这种市场模式。

垄断性竞争市场有三方面的特点:一是市场上生产同种产品的企业相当多,产品的替代性强,因而竞争激烈;二是由于企业对产品价格的控制力小,使得进出这一行业较容易;三是产品的竞争以价格竞争为主,广告宣传多侧重于产品质量、性能的独特之处及价格优势。

(四)完全竞争市场

当很多独立生产者以同样的方式向市场提供同类的标准化产品时,这种市场为完全竞争市场,完全竞争的市场现实存在较少,但纺织原料市场比较接近完全竞争市场模式。

完全竞争市场有四方面的特点:一是不同企业的产品几乎完全相同,对于消费者来说买谁的都一样;二是每个生产者只供应市场需求量的很小一部分,而也无法控制整体市场;三是生产者、销售者可自由进出这个行业;四是产品的竞争以价格竞争为主。

三、市场的主体

在纺织品市场体系中,个人和组织机构都可能是纺织产品的购买者,其购买目的不外乎是为了满足个人或家庭生活的需要,或是作为生产工具或生产资料,或者是用于转卖。因此,可以将纺织品市场的主体分为消费者和组织购买者两种基本类型。

(一)纺织品消费者市场

纺织品消费者市场,是个人或家庭为了满足生活需要而购买纺织品,如服装、床上用品等而形成的市场。消费者市场是产业乃至整个经济活动为之服务的最终市场。消费者市场的购买者或使用者通常也就是消费者本身。企业为消费者市场服务并实现其营销计划的过程就是最终实现商品的价值和使用价值的过程。所以说消费者市场是其他市场存在的基础,在整个市场结构中占有十分重要的地位。

纺织品消费者市场有如下特点。

1.消费者人数多且分散　哪里有人居住,哪里就需要纺织服装商品。因此,营销单位应根据消费者人多、面广这一特点,尽可能地增加纺织服装商品的经营网点,最大限度地方便消费者购买。

2. 消费频率高,消费数量较小　纺织商品的需求一般是个人或家庭的,由于受到较小购买能力、储藏能力及产品本身寿命的限制,消费者每次购买纺织服装商品的数量都较少,而且时间、地点分散。这就要求市场营销人员适当增加纺织服装商品的种类、款式和规格,改善营销环境,以吸引和方便消费者购买。

3. 市场专一性差　大多数纺织服装商品有较强的替代性,如购买西服套装时,可能选这一款,也可能选购另一款,可以选择这种面料的,也可以选择另一种面料的。所以,增加纺织服装产品的花色品种,设计和生产出款式多样的纺织服装及饰品,可吸引和刺激消费者购买。

4. 市场流动性大　消费者的流动性大,导致了购买力投向的转移,使购买力在很大的地区间移动。如北京、上海、杭州等大城市流动人口比重大,其纺织服装产品的销售很大一部分是面向流动人口的。纺织服装商品市场的这一特点要求企业锁定自己的目标群体,进行准确的市场定位,以便更好地满足消费和引导消费,最终提升企业的核心竞争力。

5. 消费者大都缺乏相关专业知识　消费者对多数消费品缺乏专门认识,对消费品的性能特点、使用保养方法等,很少有专门研究,因此他们的购买行为容易受广告宣传、商品包装、推销方式和服务质量的影响。因此,纺织服装商品的营销应注意研究和运用各种营销策略和促销手段,改进款式、包装,提高服务质量,引发消费者的购买欲望。

(二)纺织品组织购买者市场

纺织品组织购买者市场也称组织市场,包括生产者市场、转卖者市场和政府机构市场。

生产者市场又称产业用品市场或企业市场,它是指个人或企业团体为满足生产需要而购买纺织品的市场,如某企业购买原棉、纱线等用于生产。

转卖者市场是指把纺织品转卖给别人以取得利润的商品销售者,是由各种批发商和零售商所组成的,如绝大多数服装商品并不是从生产企业直接转移到消费者手中的,其间要经过流通环节,也就是说要先到达转卖者市场之后才进入消费者市场与消费者见面。

政府机构市场是指各级政府和事业团体为执行其职能、体现其组织形象而采购或租赁纺织品的市场。政府机构市场的纺织服装产品主要有团体服、职业服(军服、警服、学生服)、公用部门纺织品等。

与消费者市场相比,组织购买者市场存在以下特点。

1. 购买者一般属于理智型专家　该市场的购买者一般对纺织品的品质、规格、数量、交货期限等要求严格。

2. 购买决策周期长　该市场的购买者决策时较少受广告宣传及其他推销方式所左右。一般由组织购买者内部成立采购小组,共同商讨采购事宜。

3. 市场比较集中,购买数量、金额庞大,购买次数少　组织市场购买者一般与生产企业建立长期合作的采购关系,每次购买的数量多,而且要签订正式的买卖合同。

4. 产品专用性强,技术服务要求高　由于组织购买者购买纺织品是为了满足生产、转卖或某些项目的需要,因此,对产品的要求具有很强的专业性。

四、市场的分类

纺织品市场的划分方式有多种，除了按上述方式分为消费者市场和组织购买者市场外，还可以从以下不同角度进行划分。

（一）按地域划分

纺织品市场按照地域划分可分为国内纺织品市场、国际纺织品市场，农村纺织品市场、城市纺织品市场，南方纺织品市场、北方纺织品市场，纺织品产地市场、纺织品中转市场、纺织品销地市场等。

国内市场是指面向国内的市场。国内市场是我国绝大部分纺织服装企业的主营市场。我国是一个拥有十几亿人口的大国，这是一个巨大的纺织服装市场。研究分析国内服装市场可使服装企业从中寻找出可利用的市场机会，为企业占领国内市场打下基础。国内市场可按地理位置、经济管理模式、生产和销售方式等继续划分为城市市场和农村市场，南方市场和北方市场，产地市场、中转市场和销地市场等。不同的经济发展速度及气候条件、风俗习惯等的影响使我国不同地区的纺织服装消费各具特点。

国际市场是指国境以外的市场，即除本国以外的一切允许本国企业进行营销活动的场所。国际市场还可以继续按国家、经济区域、消费习惯、宗教文化、贸易形式进行细分，如国际服装市场中的北美、欧盟、中东、东南亚等市场。

（二）按经营范围划分

纺织品市场按经营范围划分可分为纺织品综合性市场、纺织品专业性市场。纺织品综合性市场销售的纺织产品多品种、多规格、多档次，以尽可能满足多数消费者的需求。纺织品专业性市场，如大型百货商场里的服装部销售的服装产品则针对性较强，其目的是满足消费者对某一特定服装品种的需求，如牛仔服、女装、运动装等的专营、专卖店。

（三）按购买方式划分

纺织品市场按购买方式划分，可分为纺织品自选市场、纺织品邮购市场、纺织品现货交易市场、纺织品期货交易市场等。

（四）按购买者特点划分

纺织品市场按购买者特点划分，可分为老年纺织品市场、中年纺织品市场、青少年纺织品市场、儿童纺织品市场等。

（五）按纺织品市场流通环节的多少划分

纺织品市场按照流通环节的多少划分，可分为纺织品批发市场和纺织品零售市场。

此外，纺织品市场还可以根据消费者的性别、教育程度、家庭结构以及收入等市场要素进行划分。

第二节　纺织品市场营销概述

营销一词，来自于英语"Marketing"，它包含两个方面的含义：一是指市场营销，表达为一种经济活动，一种与市场有关的人类活动，即以满足人类各种需要和欲望为目的，通过市场变潜在交换为现实交换的活动;二是指市场营销学,表达为研究经济活动的学科,主要研究作为销售者的企业的市场营销活动,即研究企业如何通过整体市场营销活动,适应并满足买方的需求,以实现其经营目标。

一、市场营销概述

(一)市场营销的产生

市场营销作为一门系统和科学地研究市场营销问题的学科,出现于20世纪,至今它仍是一门比较年轻的学科。但是,与市场营销有关的学问,却已有了漫长的历史。

市场营销作为一门完整和科学的理论,是人类社会工业化和市场化成熟的产物。在20世纪初,西方主要资本主义国家基本上进入了工业化、机器化的大生产阶段,社会经济水平有了极大的提高。但是由于消费者并不十分富裕,市场总体上处于供不应求状态,所以,企业在竞争中成败的关键在于能否提供质优价廉的商品。在这样一种所谓"卖方市场"的环境中,企业不会注意市场营销问题。

到了20世纪20年代,由于生产力进一步发展,资本主义市场经济的一些制度性弊端逐渐显露出来,并日益严重地影响着经济的发展,使得资本主义世界产生了以"生产过剩"为特征的严重经济危机,企业的商品普遍积压,激烈的竞争从生产过程移向销售过程,推销观念逐步支配了企业的行为。

当第二次世界大战结束之后,一方面,由于战争的刺激和科学技术的发展,如微电子技术、核能利用、航空航天事业等的发展,使得生产力水平又出现了飞跃性发展,使得如何生产出一种质优价廉的物品成为一件更容易的事情;另一方面,随着交通、通信的发展,市场范围也日益扩大,市场的沟通不仅局限于国内而是扩大到整个国际范围,世界性的市场逐步形成,市场把企业之间、国家之间甚至把整个世界都充分地联系起来了。因此,商品交易深入到人们生活的每一个细节,市场成为人们物质生活不可缺少的依赖。消费者的购买能力也日益提高,消费者与企业之间在市场上的位置彻底颠倒过来,"买方市场"开始形成。在这种情况下,企业不仅把注意力集中于市场,而且开始懂得,以往商品积压的原因不仅在于市场而且也在于企业自身,是企业自身在生产销售过程中以自我为主、不考虑市场需求而盲目生产造成的。因此企业在进行商品推销之前,逐渐注意加强市场调研,分析市场变化;在推销过程中也注意针对消费的不同特点,加强服务,改进宣传;在生产过程中,注意从需求出发,不仅注意产品的内在质量,也注重产品的功能、包装、商标等。市场营销观念至此开始逐步形成。

(二)市场营销的含义

随着市场经济的发展,市场营销的概念和内涵也在不断发展。

美国市场营销协会(AMA)1960年认为,市场营销是引导货物与服务从生产者流转到消费者或用户所进行的一切企业活动。它认为,市场营销的起点是产品生产过程结束,终点是产品到达消费者或用户手中。市场营销主要研究产品定价、销售渠道、推销和广告这一过程。

随着市场竞争的不断加剧,如果企业以这种认识去进行市场营销活动,势必导致失败。美国市场营销协会于1983年5月对市场营销重新下了一个定义:市场营销是对思想、货物和服务进行构想、定价、促销和分销的计划和实施的过程,从而产生满足个人和组织目标的交换。

美国著名市场营销学家菲利普·科特勒的定义是:市场营销是个人和群体通过创造以及同其他个人和群体交换产品和价值而满足需求和欲求的一种社会的和管理的过程。

后两种定义虽然表述方法不尽相同,但其内在含义基本相同,比较全面地概括了市场营销的内容。

(三)市场营销的特点

1. 市场营销不同于销售或促销 现代企业市场营销活动包括市场营销研究、市场需求预测、新产品开发、定价、分销、物流、广告、人员推销、销售促进、售后服务等,而销售仅仅是现代企业市场营销活动的一部分,而且不是最重要的部分。著名管理学权威彼得·德鲁克曾指出:"市场营销的目的就是使销售成为不必要"。海尔集团公司总裁张瑞敏指出:"促销只是一种手段,但营销是一种真正的战略"。营销意味着企业应该"先开市场,后开工厂"。

2. 市场营销的核心是交换 交换是市场营销的核心。在交换双方中,如果一方比另一方更主动、更积极地寻求交换,则前者称为市场营销者,后者称为潜在顾客。进一步说,所谓市场营销者,是指希望从别人那里取得资源并愿意以某种有价之物作为交换的人。

3. 推销是市场营销的组成部分 推销是市场营销活动的一个组成部分,但不是最重要的部分;推销是企业营销人员的职能之一,但不是最重要的职能。如果企业搞好市场营销研究,了解购买者的需要,按照购买者的需要来设计和生产适销对路的产品,同时合理定价,做好渠道选择、销售促进等市场营销工作,那么这些产品就能轻而易举地销售出去。

二、纺织品市场营销的研究对象

纺织品市场营销是从纺织企业的角度研究消费者对纺织品的需求以及如何满足消费者对纺织品的需求的过程。由于我国社会制度与国情的不同,我国纺织品市场经营有自己独特的特点与规律。

研究纺织企业营销的目的是为了指导纺织企业的经营管理实践。纺织企业要实现自己的经营目标,必须以消费者为中心,研究和预测纺织品市场的需求,密切注意市场需求的变化规律,努力识别消费者的现实和潜在需求,在此基础上进行自身资源的合理分配,安排和调整生产,选择最合适的时间、地点、价格与供应方式,向市场提供适销对路的纺织商品,从而达到获取利润、提高经济效益的目的。

因此,纺织品市场营销的研究对象可以概括为:在分析环境的基础上,掌握纺织品市场的变化规律,创造消费者、用户满意的纺织商品,以满足消费者和用户需求的纺织企业整体市场营销活动。

三、纺织品市场营销的研究内容

市场营销学是专门研究市场营销活动及其发展变化规律的学科。它是市场营销实践的科学总结和概括,是有关市场营销活动指导思想、基本理论、策略、方法技巧等有机结合而形成的科学体系。

纺织品市场营销研究是围绕纺织产品适销对路、扩大纺织品销售而展开的,并为此提出理论、思路与方法。它的核心思想是纺织企业必须面向市场、面向消费者,必须适应不断变化的环境并及时作出正确的反应;纺织企业的存在要为消费者和用户提供令人满意的各种纺织产品及服务,并且要以最小的费用、最快的速度将纺织产品送达消费者或用户手中;纺织企业应该而且只能在消费者或用户的满足中实现自己的各项目标。

根据上述思路,纺织品市场营销的结构体系应该是一个有机的综合体系,具体内容如下。

1. 纺织品市场营销原理 纺织品市场营销原理包括市场分析、营销观念、营销环境分析、顾客(客户)需要与购买行为分析、纺织品市场细分与目标市场的选择等理论。

2. 纺织品市场营销实务 纺织品市场营销实务是纺织品市场营销的具体策略组合,也是企业实战的具体方法,是纺织品市场营销的重点内容。营销策略主要包括产品策略、定价策略、分销渠道策略、促销策略。

3. 国际纺织品市场营销策略 国际纺织品市场营销策略是指从纺织品国际贸易的角度分析纺织品打开国际市场,满足国际需求的具体策略及观念运用。

值得注意的是,纺织品市场营销是一门实践性较强的学科,所以在研究上述内容时,要尽量借鉴纺织企业的具体实践,探讨企业成功的经验与失败的教训,从而掌握营销的精髓。

总之,纺织品市场营销的研究是以了解消费者的需求为起点,以满足消费者的需求为重点,通过研究,制订出营销活动的战略、策略、方法与技巧,以使纺织企业在满足消费者需求的过程中实现利润目标,在激烈的市场上求得生存与发展。

第三节 纺织企业营销观念的演变与发展

纺织企业存在的最终目的是取得利润。但在取得利润的过程中,企业提供什么样的纺织产品,满足顾客怎样的需要,是企业适应顾客或社会还是顾客或社会适应企业,进行何种营销活动,如何处理各种关系等,都是企业决策者和营销人员开展营销活动之前必须明确的基本指导思想,即营销观念。所以说纺织企业的市场营销活动是在特定的市场营销哲学或经营观念指导下进行的。它实际就是纺织企业在开展营销活动的过程中,在处理企业、顾客和社会三者利益方面所持的态度、思想和观念。

一、企业营销观念的发展与演变

现代的以市场需求为中心的营销观念的形成经历了一个历史过程,而且这个发展变化过程是同生产力的发展、社会经济的发展、市场的变化密切相关的。概括地说,企业的营销观念经历了五个时期的发展与演变,即生产观念、产品观念、推销观念、市场营销观念和社会市场营销观念。其中前三者称为传统观念,后两者称为现代观念。

(一)生产观念

生产观念是指导销售者行为的最古老的观念之一。生产观念认为,消费者喜欢那些可以随处买得到而且价格低廉的产品,企业应致力于提高生产效率和分销效率,扩大生产,降低成本和价格,以此作为一切活动的中心来扩展市场。显然,生产观念是一种重生产、轻市场营销的商业哲学。企业注重自身条件而不注重市场需求;注重产品生产而不注重产品销售;注重产品数量而不注重产品质量。具体表现为企业能生产什么就卖什么,是一种典型的以产定销的做法。

生产观念是在卖方市场条件下产生的。在资本主义工业化初期以及第二次世界大战末期和战后一段时期内,由于物资短缺,市场产品供不应求,生产观念在企业经营管理中颇为流行。我国在计划经济体制下,由于产品短缺,企业不愁其产品没有销路,信奉"皇帝的女儿不愁嫁",工商企业在其经营管理中也曾奉行生产观念。

(二)产品观念

产品观念认为,消费者最喜欢高质量、多功能和具有某种特色的产品,企业应致力于生产高品质产品,并不断加以改进。

这种观念产生于市场产品供不应求的"卖方市场"形势下。它与生产观念的不同在于不仅注重产品数量而且还注重产品质量。最容易滋生产品观念的情况,莫过于当企业发明一项新产品时。此时,企业最容易出现"市场营销近视"现象,即不适当地把注意力放在产品上,而不是放在市场需要上,在市场营销管理中缺乏远见,只看到自己的产品质量好,相信所谓"好酒不怕巷子深",看不到市场需求在变化,致使企业经营陷入困境。产品观念是生产观念的后期表现。

(三)推销观念

推销观念(或称销售观念)是被许多企业所采用的另一种观念。这种观念认为,消费者通常表现出一种购买惰性或抗衡心理,如果听其自然的话,消费者一般不会足量购买某一企业的产品,因此,企业必须积极推销和大力促销,以刺激消费者大量购买本企业产品。推销观念在现代市场经济条件下被大量用于那些非渴求物品,即购买者一般不会想到要去购买的产品或服务。许多企业在产品过剩时,也常常奉行推销观念。

推销观念产生于西方国家由"卖方市场"向"买方市场"的过渡阶段。在 1920～1945 年间,由于科学技术的进步,科学管理和大规模生产的推广,产品产量迅速增加,逐渐出现了市场产品供过于求、卖主之间竞争激烈的新形势。许多企业家感到,即使有物美价廉的产品,也未必能卖得出去,企业要在日益激烈的市场竞争中求得生存和发展,就必须重视推销工作。

(四)市场营销观念

市场营销观念是作为对上述三种观念的挑战而出现的一种新型的企业经营哲学。尽管这种思想由来已久,但其核心原则直到 20 世纪 50 年代中期才基本定型。市场营销观念认为,实现企业各项目标的关键,在于正确确定目标市场的需要和欲望,并且比竞争者更有效地传送目标市场所期望的物品或服务,进而比竞争者更有效地满足目标市场的需要和欲望。

市场营销观念主要考虑如何通过制造、传送产品以及与最终消费产品有关的所有事物,来满足顾客的需要。从本质上说,市场营销观念是一种以顾客需要和欲望为导向的哲学,是消费者主权论在企业市场营销管理中的体现。

市场营销观念概括地表现为,顾客需要什么,企业就生产什么。著名管理学家彼得·德鲁克说过,营销的目的是使推销成为多余。

(五)社会市场营销观念

社会市场营销观念是对市场营销观念的修改和补充。它产生于20世纪70年代西方资本主义国家出现能源短缺、通货膨胀、失业增加、环境污染严重、消费者保护运动盛行的新形势下。

鉴于市场营销观念回避了消费者需要、生产者利益和长期社会福利之间隐含着冲突的现实,社会市场营销观念提出,企业的任务是确定各个目标市场的需要、欲望和利益,并以保护或提高消费者和社会福利的方式,比竞争者更有效、更有利地向目标市场提供能够满足其需要、欲望和利益的物品或服务。社会市场营销观念要求市场营销者在制订市场营销方案时,要统筹兼顾企业、消费者、社会三方面的利益。

二、我国纺织企业营销观念的转变

西方市场营销观念的演变,反映了市场观念产生和发展的客观性。我国纺织企业市场营销观念,随着纺织生产的发展、经济形势的变化,也有一个转变的过程。其中,最重要的变化就是,从"以产定销"转变到"以销定产"和"产销结合"、"以产促销"。

(一)以产定销

1980年以前,我国纺织企业长期按照国家下达的指令性计划指标组织生产,产品由商业部门统购或计划收购。因此,纺织企业的营销观念普遍是"以产定销"。"我能生产什么就销售什么"这种观念在过去纺织品供应紧张的情况下,对于发展纺织生产、解决10亿人口的穿衣问题,还是起到了重要的作用。

党的十一届三中全会以后,纺织工业迅速发展,不仅很快解决了纺织品生产数量赶不上需要的问题,而且还出现了纺织品滞销和积压现象。针对这种情况,纺织企业不得不组织人员外出推销产品,设立展销门市部,参加展销会,做广告,以疏通销售渠道,打开产品销路。这种工业自销方式,扩大了商品的流通渠道,保证了企业的正常生产,也促使企业逐渐重视销售管理,重视产品推销。但是,这种推销是为了处理积压,实质上仍然是以产定销观念的反映。

(二)以销定产

近年来,由于纺织品市场进一步从卖方市场向买方市场转变,纺织品产销之间的主要矛盾从数量方面转变为质量、品种、服务方面。全国许多纺织企业都开始注重市场调查,根据消费者和用户的需要进行产品开发,提高产品质量,发展花色品种,促进产品的升级换代,组织生产供应和销售,使得"以需定产"的经营思想逐渐建立,"消费者需要什么,就生产什么、销售什么"的经营思想得到多数纺织企业的认同。原纺织工业部提出的"三个转移"方针,即是要把发展纺织工业的指导思想和工作重点,从"抓速度、产量、扩大生产"转移到"抓品种质量、技术改造、经济效益"上来。这是纺织企业经营管理的重大转折,它标志着纺织工业生产进入了新的阶段。

(三)产销结合、以产促销

在"以销定产"营销观念的指导下,纺织企业开始逐步适应买方市场,生产有了新的发展,取得了较好的经济效益。有些纺织企业通过实践,营销观念又有了新的发展,他们感到仅仅以销定产还是不能适应纺织品市场的发展,还必须树立产销结合、以产促销的新观念,才能适应客观形势的需要。

产销结合是指市场需要与企业经营特点相结合,使企业扬长避短、发挥优势。市场需要的产品,企业并不都能生产,要结合企业自身的资源和竞争力来安排企业的生产。

以产促销是指企业不仅要按照市场需要组织生产,而且要针对消费者、用户的潜在需求,不断采用新原料、新工艺、新技术、新结构,创造新型的产品,供应市场,引导消费,促进销售。

产销结合、以产促销实际上是一种生态市场观念,它对于纺织企业调整产品结构、提高产品质量、提高经济效益具有重要意义。

三、新形势下纺织企业的经营观念与经营对策

(一)树立一切为了消费者满意的大市场观念

首先,要树立"立足国内市场、面向全球市场"的观念,摒弃以厂、以省为市的狭隘市场观念。

其次,要树立一切为了消费者满意、满足的观念,认真提高消费者满足率,不断开发出让消费者满意、满足的产品,把拓展新的市场视为企业发展之魂。

(二)树立绿色纺织品观念

生态文明是工业社会物极必反的结果,是人类文明走向高级阶段和经济发展的必然产物,也在一定程度上反映了返璞归真、回归大自然的强烈愿望。国际上把保护生态环境作为新世纪的主题,把与环境保护密切相关的国际环境管理系列标准称为进入21世纪的绿色通行证。

纺织品中各种有害物质的残留,越来越引起各国特别是一些发达国家如德国、芬兰、瑞士、瑞典、奥地利、荷兰、日本等的高度重视。国内市场亦开始关注纺织品和服装的无害化标准。绿色纺织品的开发与应用已成为趋势。

(三)树立大力拓展农村纺织品市场的观念

目前,由于农民实际收入水平和消费结构等方面的原因,农村消费仍大大滞后于城市消费,农村的纺织品服装消费水平仍然不高。随着农民收入的提高,大量农村剩余劳动力的转移以及城镇化进程的加快,农村消费需求将进一步被激发出来,纺织品服装消费在农村有着

巨大的潜力。现阶段农村衣着消费仍以物美价廉的纺织品为主,因此企业要树立拓展农村纺织品市场的观念,特别是在化纤纺织品上,要开发出更适应农村消费需要的产品。

(四)树立科技兴纺的新观念

随着以信息技术为主导的新技术革命的蓬勃发展,世界科技与全球产业结构发生了深刻变化。为应对发达国家和地区新兴科技与产业优势的巨大竞争压力,我国纺织类企业必须树立"科技兴纺"的新观念,在按照市场规律充分发挥中国天然纺织纤维的资源优势和人力资源优势的基础上,积极将科技成果转化为生产力,推动新技术产品出口,并利用高新技术改造和升级传统产业以扩大传统出口产品的出口,从而让企业以全新的形象去创建自己的信誉市场。

(五)调整和创新产品营销机制

1. 力求多种经营,多渠道发展 纺织企业应改变以前专门经营纺织品业务的状况,大力发展多种经营,从多方面拓展出口创汇渠道,扩大企业的社会影响力、知名度等,增强企业的市场适应能力和竞争能力。

2. 积极参展,扩大客源 在吸引新客户上,纺织企业应采取"走出去,请进来"的措施,如主动同国内外客户商谈,或参加国内广交会、华交会,或邀请客户到公司看样订货,或参加各种海外交易会、展览会以取得海外订单。

3. 建立多元市场结构 纺织企业一方面应把市场重点放在国内,另一方面应着力于减轻对我国港澳地区及对日本、美国和欧洲国家的依赖,逐渐转向以发达国家市场为主导,以东南亚、东欧、中东等地区为辐射地的面向全球的多元市场格局,从而多方位发展。

本章小结

纺织品市场营销是一门新兴的、实践性很强的边缘学科。学习和掌握纺织品市场营销的基础知识对于纺织企业的经营和管理具有非常重要的意义。因此,首先必须了解纺织品市场营销的基本概念,掌握纺织品市场的分类及特征,抓住纺织品需求的关键性,这是进行纺织品市场营销的基础。纺织企业在进行纺织品营销活动过程中,还必须树立正确的观念,使企业、消费者和社会的利益都得到满足。通过本章的学习,将使我们明白市场营销的产生背景,掌握纺织品市场的特征,理解纺织品市场营销的指导思想与观念。

思 考 题

1. 什么是市场?现代市场的核心是什么?
2. 消费者市场与组织购买者市场在需求特征方面有何区别?
3. 分析比较推销观念与市场营销观念的区别。
4. 结合纺织企业的现状谈谈企业当今应奉行什么样的经营理念?

实 训 题

背景资料:李宁借用体育资源,营销取得巨大成功

"推动中国体育事业,让运动改变我们的生活",是 16 年前李宁公司成立的初衷,李宁从不放弃任何努力以实现这一使命。

在"内战外攻"的夹缝中,李宁公司很快明白了一个道理:没有体育事业的盛大,就没有体育相关产品的市场。培育市场首先要站在让全世界的体育爱好者为之欢呼雀跃、为之热泪盈眶的体育圣殿上,否则在传统营销的环境中去谈体育用品的市场,市场将成为空中楼阁。于是,李宁挺身进入了体育营销领域。

据李宁公司营销负责人介绍,从 1990 年至今,李宁公司不间断地赞助中国体操、射击、乒乓、跳水等国家队。1992 年巴塞罗那奥运会,李宁公司被选为中国体育代表团专用领奖装备的提供商,成为第一个赞助中国奥运代表团的中国本土体育品牌公司,结束了中国运动员在奥运会上穿着国外体育品牌服装的尴尬历史。此后,每届奥运会李宁公司都是中国体育代表团的赞助商。对体育赛事的赞助,让李宁有了与国际品牌逐鹿市场的资历。

2000 年第 27 届悉尼奥运会上,李宁公司为中国代表团特别设计制作的"龙服"和"蝶鞋"被各国记者评为"最佳领奖装备";中国代表团共获得 28 枚金牌,其中有 16 枚出自李宁公司赞助的国家队。2004 年 8 月,李宁公司第 4 次赞助中国奥运代表团参加在雅典举行的第 28 届奥运会,"锦绣中华"领奖服和"极光"领奖鞋在奥运会的领奖台上,将中国悠久的历史文化与雅典特有的人文底蕴交相辉映、完美融合,得到现场媒体和观众的一致好评,从而大大提升了李宁品牌的国际认知度及产品的专业水准,为李宁公司下一步的发展打下了良好基础。

李宁通过一次次与奥运联姻,在奥运会这个富含高科技因素的体育品牌竞相角逐的博弈场上,通过体育营销,不但在中国市场上稳稳地站在了体育品牌第一的位置,还使自己在国际化的道路上走得愈发顺畅。

"不做中国的耐克,要做世界的李宁"是李宁公司营销的目标。业内认为,通过赞助体育赛事,李宁已成为民族品牌演绎体育营销的经典案例。

案例思考:

(1)李宁公司所面对的市场具有什么样的特征?

(2)在营销过程中,李宁公司采取了什么策略和手段?其指导思想有何独特之处?

第二章　纺织品营销环境分析

> ●　本章知识点　●
>
> 1. 纺织品营销环境的特点。
> 2. 纺织品营销微观环境分析。
> 3. 纺织品营销宏观环境分析。
> 4. 纺织行业环境分析。

导入案例

纺织企业怎样搭上扩大内需这条大船

对已连续多年取得高速发展的纺织工业来说，扩大内需、开拓国内市场是一个极其重要的话题，也是一个重复了许多年的沉重话题。

2007 年以来，人民币升值，劳动力成本上涨，使大多数企业认识到重视国内市场、努力扩大内需是重新赢得生存空间的基础，许多外销企业也纷纷把目光投向内销市场。业内人士指出，扩大内需既是改变我国纺织工业发展模式的需要，也是行业平稳和持续发展的出路。

但是，要使我国的纺织企业，特别是有实力的一流企业，真正完成从依靠产品出口型向国内市场拉动型的转变，仍存在着很多困难和矛盾。

首先困扰企业家的是国内市场的经营环境。不少企业家承认，做外贸是微利的经营过程，但他们看重的不仅是利润多少，还有资金回笼的速度和合同履行的可靠性。做国内市场，由于缺乏商业信用，企业间欠款成了家常便饭，企业经营风险变得无法控制。

以印染行业为例，在企业家的要求下，中国印染行业协会出面组织了全国印染企业沙龙，一些大企业的领导每年总要拨冗一聚，而他们聚会的重要议题之一，就是互相通报供应商和客户的信誉情况。企业家反映，信誉缺失是国内市场经营中最大的风险因素。所以，如何把国内市场的交易控制得像国际贸易一样，如何改善国内企业的商业信誉，如何治理国内市场的交易环境，应该是各级政府和行业主管部门的重中之重。否则，扩大内需的口号喊得再响，也很难见到实效。

另外，由于国内批发市场档次不高，专业化分工程度较低，许多纺织大市场实际上是中低档商品的集散地。由于国内缺乏面向大中城市消费的高端大型批发市场，因此一些拥有较强生产能力、较高档产品的纺织企业无法利用国内批发市场的渠道，而只能将产品出售给国际采购商。因此，完善中高档纺织产品的销售渠道也是扩大内需所要解决的重要问题。

对纺织企业来讲，要想搭上扩大内需这条大船，自身的差距也不可小觑。有关调查结果显示,在国内市场上供不应求的纺织类商品只占全部纺织产品的5%,而90%以上的纺织类商品都属于平销或者滞销产品。

随着我国建设社会主义小康社会的战略目标取得成效及农村城镇化工作的推进,人民群众的消费目标已经从"吃、穿、用"向"住、行、游"逐渐转变。纺织品在人民生活中的重要性进一步降低,而在穿和用上追求个性化、差别化、功能化已成为发展趋势。但是,我国的纺织企业在生产模式(包括工艺、技术、设备和组织形式)上仍停留在以量取胜的阶段,与社会消费的改变有一定的差距。目前,无论是老企业还是新企业,在小批量、多品种方面普遍做得较差。这些也是纺织企业应该着重解决的问题。

扩大内需目标的实现,需要纺织企业形成新的思想,进行新的实践,包括对企业生产条件、生产要素和组织结构重新整合,最终建立起分工更细、效能更强、效率更高、费用更低的生产经营体系。

纺织企业的内销环境与外销环境相比具有什么样的特征?是机遇多,还是威胁多?纺织企业如何适应相应的环境,应采取哪些相应的对策?通过本章的学习你将会找到答案。

第一节　纺织品营销环境概述

纺织企业和其他企业一样,营销成败的关键在于能否适应不断变化的市场营销环境。纺织企业的经营活动是在一定的环境中进行的。对于企业的营销人员而言,主要任务就是要了解企业所处的环境,并且从中发现机遇。因此,现代市场营销观念认为,企业的决策者必须经常注意和监控企业周围的环境,善于分析环境变化带来的机遇与威胁,并采取适当的策略和措施来适应营销环境的变化与发展。

一、营销环境的概念

环境是指事物外界的情况与条件。营销环境是指与企业营销活动相关的、影响产品的供给与需求的各种外部条件的综合。

根据营销环境对企业营销活动的影响程度与影响方式,可以把营销环境分为微观营销环境(也叫直接营销环境)和宏观营销环境(也叫间接营销环境)两大类。

微观营销环境,是指直接与企业紧密相关、直接影响企业为目标市场顾客服务能力和效率的各种参与者,包括企业营销部门以外的企业因素、供应商、经销商、目标顾客、竞争者和社会公众。

宏观营销环境,是那些作用于直接环境并因此造成各种市场机遇和环境威胁的力量,包括人口环境、自然环境、经济环境、科学技术环境、政治法律环境和社会文化环境等企业不可控制的因素。

微观环境与宏观环境并不是并列的平行关系,而是包容和从属关系。微观环境受宏观环境大背景的制约,宏观环境借助于微观环境发挥作用,如图2-1所示。

环境是企业生存发展的空间,企业作为社会经济组织,不可能脱离环境而开展市场营销活动。这些环境的变化既可能给企业带来机遇,又可能给企业造成威胁。

对企业营销环境进行分析的目的在于:识别环境中影响营销活动的主要因素及其发展变化规律;理解这些因素对营销活动的影响机理;发现环境带来的机遇与威胁;结合企业自身的资源情况采取适当的战略与策略。

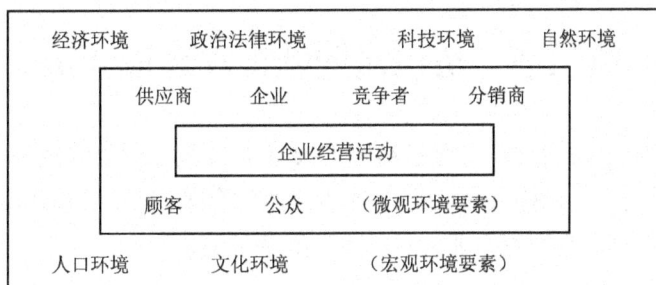

图 2 - 1　营销环境

二、营销环境的特点

(一)客观性

市场营销环境不是以营销者意志为转移的,而是有着自己的运行规律和发展趋势。企业的营销活动可以主动适应和利用客观环境,但不能改变或违背客观环境。比如,纺织企业不可能改变国家对儿童服装安全性的有关标准(法规),只能适应它。事物发展与环境变化的关系就是适者生存,对企业与环境的关系而言,也是如此。

(二)关联性与相对分离性

企业营销环境的各个因素都不是孤立的,而是相互联系、相互渗透、相互作用的。如我国的国家体制、政策法规总是影响着纺织企业的科技、经济的发展速度和方向,继而改变着社会习惯,同样,科技、经济的发展又会引起政治、经济体制的变革。这种关联性,给企业的营销带来了复杂性。

同时,在某一个特定时期,环境中的某些因素又相互分离。各因素对企业营销活动的影响也不同。此外,不同的环境因素对不同营销活动的影响也不一样。营销环境的相对分离性为企业分清主次环境提供了可能。如纺织企业市场需求主要受到消费者的收入水平、爱好以及社会文化等因素的影响,因而在分析营销环境时需要从经济、消费者爱好与需求、社会文化等主要因素着手,兼顾其他因素。

(三)变化性与相对稳定性

环境因素会随着时间的推移发生变化,而且一种环境的变化又会带来另一种环境随之变化,每一种环境因素的变化都最终导致企业整体环境发生变化。但是,环境的变化又是相对缓慢的,在某个时期内,环境相对稳定,这就是环境的相对稳定性,它为企业在特定时期制订特定的战略和策略提供了可能。

(四)环境的不可控制性与企业的能动性

市场营销环境作为一个复杂多变的整体,企业无法控制它,只能适应它;对于市场营销环境中绝大多数单个因素,企业也无法控制,而只能在适应的过程中对环境产生一定的影响。但是,企业通过本身能动性的发挥,如调整营销策略、进行科学预测或联合多个企业等手段,可以冲破环境的制约或改变某些环境因素,取得成功。

第二节 纺织品营销微观环境分析

对纺织企业生产经营活动产生直接影响的要素构成纺织企业的微观环境,包括企业内部环境、供应商、营销中介机构、顾客、竞争者和社会公众等,它们与企业形成了协作、服务、竞争与监督的关系,直接制约着企业为目标市场服务的能力。

一、企业内部环境

在制订营销计划时,营销部门要考虑与企业其他部门的关系,如与高层管理部门、财务部门、采购和会计部门等的关系。所有这些相互联系的部门构成了企业的内部环境。各个部门的分工是否科学、协作是否和谐、目标是否一致,都会影响企业的营销管理决策和营销方案的实施。

企业高层管理部门制订企业的目标、战略和政策,营销部门根据高层管理部门的政策制订营销方案,在经最高管理层同意后实施方案。在方案实施过程中,营销部门必须与企业的其他部门密切合作。如研发部设计、开发符合要求的产品——服装,采购部门负责供给生产所需的原材料(面料及辅料等),生产部门生产合格优质的服装,财务部门负责资金的筹集,会计部门对收入和成本进行核算等。这些部门对营销方案能否顺利实施都能产生影响,只有各个部门精诚合作,以顾客需求为中心,才能给顾客提供满意的产品和服务。

二、供应商

供应商是指为企业及其竞争者提供生产经营所需资源的企业或个人。供应商所提供的资源包括原材料、设备、能源、劳务和其他用品等。由于供应状况对营销活动具有重大影响,所以供应商的选择尤为重要。

纺织品企业在选择供应商时,应选择质量、价格以及运输、承担风险等方面条件最好的供应商,因为供应商所提供资源(如面料、辅料或设备)的价格和质量,直接影响企业生产产品的价格、销售和利润,若供应短缺,将使企业不能按期完成生产和销售任务。因此,很多纺织企业都与供应商建立了长期、稳定的关系,这对企业来说是必要的。另一方面,纺织企业也应注意要与多个原材料的供应商保持联系,而不要过分依赖于任何单一供应者,以免受其控制。

三、营销中介机构

纺织品营销过程中需要借助各种社会中介机构的力量,帮助企业分配、销售、推广企业的产品。这些中介机构包括中间商、实体分配机构、营销服务机构、金融中间机构等。

(一)中间商

中间商帮助纺织企业销售产品,主要包括代理中间商和买卖中间商。

1.代理中间商　代理中间商即专门介绍客户或协助签订合同但不拥有商品所有权的中间商,主要职能是促成商品的交易,以此取得佣金收入。如家纺企业在某一地区设立总代理,代表企业洽谈业务,完成交易。

2.买卖中间商　买卖中间商即从事商品购销活动,并对所经营的商品拥有所有权的中间商,如批发商、零售商等,他们通过购销差价获取利润。如家纺企业将自己的产品卖给大卖场,再由卖场销售给消费者。

(二)实体分配机构

这类机构协助纺织品生产企业储存并把货物运送至目的地。实体分配包括包装、运输、仓储、装卸、搬运、库存控制和订单处理等方面的职能。

(三)营销服务机构

这类机构包括营销研究公司、广告代理商、传播媒介公司等,他们帮助纺织企业推出和促销产品。当企业决定接受这类机构的服务时,必须认真选择,因为每个机构的服务质量、价格等方面的差别较大。

(四)金融中间机构

金融中间机构帮助企业进行金融交易,降低商品买卖中的风险,如银行、保险公司、咨询公司等。

四、顾客

顾客是指纺织企业最终为之提供产品和服务的目标市场。每一个企业都为目标市场的顾客提供产品和服务,顾客的需求是企业制订营销策略的出发点和归宿。纺织企业面对的目标市场主要有五种市场类型,即消费者市场、生产者市场、中间商市场、政府市场和国际市场。

(一)消费者市场

消费者市场是由个人和家庭组成的,他们购买纺织品是为了满足个人生活需要。如服装属于人们的日常消费品,消费者市场是服装企业的一个庞大市场。

(二)生产者市场

生产者购买产品或服务是为了进一步加工或在生产过程中使用。如生产纺织面料的企业向服装企业供应面料,服装企业就成为面料企业的生产者市场。

(三)中间商市场

中间商购买产品的目的是为了转卖,以获取利润,如批发商、零售商、代理商等。

(四)政府市场

政府市场是由政府机构组成的,购买产品或服务是为了提供公共服务。如政府办公室购买窗帘就属于这类市场的行为。

（五）国际市场

国际市场是由其他国家的购买者构成的,包括消费者、生产者、中间商和政府。我国纺织品贸易增长迅速,说明纺织品国际市场正逐步扩大。

以上每个市场都各有特点,纺织企业应根据自己的产品类别和资源情况划分市场,选择适合自己的目标市场,然后根据目标市场的顾客特点来制订相应的营销策略。

五、竞争者

企业往往是在许多竞争者的包围和制约下从事营销活动的,纺织企业也不例外。一个企业要想成功,必须为顾客提供比其他竞争者所能提供的更大的价值和更高的美誉度。因此识别竞争者、了解竞争者对纺织品企业的生存和发展来说非常重要。

（一）识别竞争者类型

竞争不仅指产品本身的竞争,还包括顾客的争夺、渠道的竞争、满足需求的竞争等。因此,从市场的角度分析,纺织企业在其经营活动中都将面临四种类型的竞争者。

1. 愿望竞争者 愿望竞争者即提供不同产品以满足不同需求的竞争者。如家电、家具及其他日常用品的生产企业是服装生产企业的愿望竞争者。因为从市场的角度看,他们争夺的是同一顾客,因为顾客可能不会在同一时间满足他们所有的需求,愿望竞争者之间的竞争在于吸引顾客首先购买本企业的产品,满足对应的需求。

2. 一般竞争者 一般竞争者即提供不同产品以满足相同需求的竞争者。如棉大衣、羽绒大衣、毛料大衣都能满足防寒保暖的需要,于是各种大衣生产者之间相互成为对方的一般竞争者。

3. 产品形式竞争者 产品形式竞争者即生产同类产品但产品的规格、型号、款式都不同的竞争者。如生产不同款式、质地、档次、规格、型号职业女装的不同企业就互为产品形式竞争者。

4. 品牌竞争者 品牌竞争者即生产相同规格、型号的同种产品,但品牌不同的竞争者。如男士西服有"顺美"、"华伦·天奴"、"皮尔·卡丹"、"胜龙"等品牌,这些品牌的生产者之间就互为品牌竞争者。

（二）分析竞争者

对竞争者的分析有利于企业更进一步了解竞争者状况。分析竞争者的目的是为了本企业能更好地制订竞争策略,使本企业的产品在顾客心中比竞争者具有更大的优势。分析的内容大体包括以下几方面。

（1）竞争对手产品的研究和开发情况:包括竞争者在产品研发方面的资金投入状况、产品研发的进展状况等。

（2）竞争对手产品制造过程:即了解竞争者的产品生产过程、生产工艺,从而推断其产品的成本和质量。

（3）竞争对手的采购特点:主要是分析竞争者的购买方式、购买条件等。

（4）竞争对手的市场状况:分析和评价竞争者的目标市场、产品组合、促销情况等。

（5）竞争对手的渠道情况：销售渠道的选择和设计往往成为企业能否成功营销的关键，所以必须了解竞争者的渠道、类别、成本、规模和质量等。如有的服装企业选择百货商店，甚至有的选择综合超市等，不同的选择表明企业采取的是不同的渠道策略，也反映出企业营销策略的差异。

（6）分析竞争对手的服务水平：如了解竞争者为顾客提供服务的范围和服务质量等。

（7）分析竞争者的财务状况、企业文化等。

六、社会公众

纺织企业的微观环境中也包括社会公众。公众是指对企业实现其市场营销目标构成实际或潜在影响的任何团体和个人。分析公众环境的目的是为了处理好企业与公众的关系，树立企业的良好形象。这种活动也被称为公共关系活动。

1. 政府公众　政府公众指有关政府部门。营销管理者在制订营销计划时必须充分考虑政府的各项相关政策、对本行业的发展规划、对企业权力的规定等。同时，也要与政府有关部门搞好关系。

2. 金融公众　金融公众指影响企业获得资金能力的机构，如银行、投资公司、保险公司和证券交易所等。

3. 媒介公众　媒介公众主要指报社、杂志社、广播电台和电视台等大众传播媒介。这些团体对企业的声誉有举足轻重的作用。

4. 群众团体　群众团体指消费者组织、环境保护组织及其他群众团体，如我国的消费者协会等。

5. 地方公众　地方公众指企业所在地附近的居民和社区组织。企业在营销活动中，要避免与地方公众利益发生冲突，必要时应指派专人负责处理这方面的问题，并对公益事业作出贡献，以树立良好的企业形象。

6. 内部公众　内部公众指纺织企业内部人员，包括企业各层次、各部门的领导和员工，内部公众的态度也会影响其他社会公众。

第三节　纺织品营销宏观环境分析

一般说来，纺织品营销宏观环境因素可以概括为政治与法律环境、经济环境、社会文化环境、科技环境四种，通常所说的 PEST 分析就是宏观环境分析。

一、政治与法律环境

政治与法律环境的变化显著地影响着纺织企业的经营行为和利益。所谓政治与法律环境主要是指法律、政府机构的政策法规以及各种政治团体对企业活动所采取的态度和行动，还包括其他一些重大的政治事件。对于政治法律环境的分析主要从影响和制约企业经营活动的政府机构、法律法规以及公众团体等方面入手。

1. 整体形势　我国已进入"十一五"规划的发展时期,纺织经济也进入了高速发展时期。我国既面对着赶上新科技革命、实现生产力跨越式发展的历史性机遇,也面对着前所未有的激烈的国际竞争。

纺织企业为应对激烈的国际国内竞争,必须加强经营创新,提高开拓市场的能力,不断提高产品质量,按照国际先进的特别是国际权威机构认定的产品质量标准组织生产,尽快建立健全的符合国际认证的质量保证体系。

2. 法律、法规　近年来为了健全法制、适应经济体制改革和对外开放的需要,我国陆续制定和颁布了一些法律法规,如《中华人民共和国产品质量法》、《企业法》、《经济合同法》、《涉外经济合同法》、《商标法》、《专利法》、《广告法》、《食品卫生法》、《环境保护法》、《反不正当竞争法》、《消费者权益保护法》、《进出口商品检验条例》等。每项新的法规法令的颁布或修改,都将直接或间接地影响企业的经营行为。

3. 社会团体　社会团体是为了维护某一部分社会成员的利益而成立的,旨在影响立法、政策和舆论的各种公众组织。影响企业市场经营决策的社会团体主要是保护消费者利益以及保护环境的公众组织,如我国于1985年1月经国务院批准,在北京成立了中国消费者协会。经过二十余年的发展,全国各地都已设立消费者协会。协会认真受理广大消费者的投诉,积极开展对商品和服务质量、价格的监督检查,并采取多种形式指导消费,千方百计地保护消费者,受到广大消费者的好评。目前,我国的消费者协会正发挥着日益重要的作用,企业制订市场经营战略时必须认真考虑这种动向。

二、经济环境

经济环境主要指经济发展速度、人均国内生产总值、消费水平和趋势、金融状况以及经济运行的平稳性和周期性波动等。与其他环境力量相比,经济环境对企业的经营活动有更广泛而直接的影响。

1. 经济发展速度　从我国现有的供给能力来看,在未来几年内,经济增长的速度仍可保持在8%～10%。在经济高速增长的同时,我国基本上形成了开放型经济。外贸进出口总额每年以10%以上的速度增长。我国经济的持续高速发展既是企业发展的结果和贡献,同时又为企业的进一步发展提供了更多的契机。

2. 购买力　购买力主要考虑消费者的收入、消费者的支出模式、消费者储蓄和信贷等方面的情况。

消费者收入是影响购买力的重要因素,并直接影响到市场容量和消费者支出模式。消费者收入主要包括消费者个人工资、红利、租金、退休金、馈赠等收入。纺织品生产经营企业如鞋业、服装公司等应当了解消费者可支配个人收入的水平。

随着消费者收入的变化,消费者支出模式也会发生相应变化,继而使一个国家或地区的消费结构也发生变化。当收入水平很低的时候,收入主要用于生活必需品上;随着收入的增加,用于衣着、娱乐和汽车等高档产品支出的增长比例高于收入的增长比例;当这些已经满足后,储蓄很快增长。

消费者的储蓄行为直接制约着企业产品销售的规模。企业应关注居民储蓄的增减变化,了解居民储蓄的不同目的,以便科学地预测市场需求规模和结构的变动,捕捉新的市场机会。消费信贷的规模和方式也在一定程度上影响某一时期现实购买力的大小,影响着提供信贷商品的销售量。

3. 经济周期性波动　经济的周期性波动不仅影响整个国家的经济发展和生产消费走势,而且在很大程度上决定了企业的投资行为。随着我国经济体制改革的不断深入和市场体系的不断完善以及中央政府宏观调控能力的增强,我国经济的运行更加平稳。

三、社会文化环境

社会文化环境是指人们在一定的社会环境中成长和生活,久而久之所形成的某种信仰、价值观、审美观和生活准则。

1. 价值观念　价值观念指人们对社会生活中各种事物的态度和看法。价值观念决定了人们的是非观、善恶观和主次观,在很大程度上决定着人们的行为。东西方文化的差异在价值观念方面表现得比较突出。

总体来说,东方人在经济上表现出节约的特点,而西方人则表现为奢侈型。在服装的需求和购买行为上也是如此,西方纺织服装业发展历程较长,技术先进,设计理念成熟,消费者对服装的附加价值要求多、规格高,促使服装企业的发展更符合西方的价值观;而东方的服装业历史悠久,但技术、设计理念落后,对服装的需求和购买多以考虑经济因素为前提。所以,企业在制订经营策略时应把产品和目标市场的价值观联系起来。

2. 教育水平　人们受教育程度的高低往往影响着其购买心理和对商品的选择,如教育水平高的消费者在选购服装时理性程度更高。

3. 消费习俗　消费习俗在饮食、服饰、节日等方面都表现出独特的心理特征和行为方式。如不同的服饰款式,在不同地区、民族和个人身上都体现出不同的含义,从而形成不同的类型。在盛大的民族庆典、祭礼、节日、仪式等庄严的场合,穿着民族服装能表现严肃、虔诚、尊敬、喜庆的气氛。民族服装中的精髓往往被现代服装所吸引,给现代服装设计带来灵感。

在社会交往场合中,服饰习俗是调节人际关系,使之和谐融洽的方式和手段。纺织服装企业应注意分析目标市场人们的消费习俗,尤其是服饰习俗对经营的影响和作用。

4. 审美观念　审美观念主要表现在对各种艺术形式的感受中,也表现在对颜色和形式的欣赏之中。如服装具有美学功能,人们从不同的角度欣赏服装,如服装的颜色、设计以及服装搭配效果等。服装的制作应符合人们的审美观念。

一般来说,文化具有相当的稳定性,但这种稳定性是相对的,它总是随着时间的推移,或快或慢地发生着变化。文化的这种动态性为企业提供了更多的经营机会。

四、科技环境

科学技术是社会生产力中最活跃的因素,技术的进步,可以改变人类的生活,推动世界经济的高速发展,同时也决定着企业的生存和发展。科学技术对纺织企业的影响主要表现为以下几个方面。

1.纺织品制作转变为机械化生产　科学技术的发展,已经使得纺织品从手工缝制走向机械化生产,使纺织品特别是服装等批量生产转变为现实。如服装成衣化生产降低了成本,提高了效率,扩大了生产。

2.各种新原料与新技术的问世　性能复杂的面料问世、纺织技术的进步和化学纤维的发明,极大地丰富了人们的服装、服饰。应用现代科技,经过纺织染整加工的各种性能复杂的面料以及化学纤维性能的不断改进和品种的增加,不断满足着人们的需求。如传统的涤纶、腈纶、锦纶等面料,经过原纤化、异形截面等处理,生产的面料可具有天然纤维的许多特性,有的面料甚至还有抗紫外线、抗菌、恒温等功能。高新技术的运用为纺织品提供了无穷的发展空间,使纺织产品更加丰富多彩。

3.纺织品生产自动化和管理科学化　近年来,纺织品设计、裁剪、生产自动化和科学管理等方面出现了革命性的变革,主要体现在纺织品设计、生产的周期被缩短,生产效率进一步提高,纺织品的质量、档次明显提高,款式、规格更加丰富多彩。

4.信息传播速度加快　科学技术加快了信息的传播速度,现代传播媒介使各种不同的文化得以交流,人们通过杂志、电视、网络等媒体很快就能获得世界最新纺织品信息,人们对适合自己的穿着更有选择能力,这要求纺织企业能够对流行趋势作出正确的判断,从而迅速而准确地生产出令消费者满意的产品。

第四节　纺织行业环境分析

纺织行业环境分析主要包括对纺织行业发展前景、行业特性、行业结构等的分析。

一、纺织行业发展前景

行业的发展就像产品的发展一样也具有自己的生命周期。行业生命周期是指从行业出现直到行业完全退出社会经济领域所经历的时间。行业生命周期主要包括四个发展阶段:出现期、成长期、成熟期、衰退期。这是由社会对该行业的产品需求状况决定的,一般要一百年到几百年时间,最短的也要六七十年。判断行业成长处于哪个阶段,对企业来说具有重要的实际意义。

(1)纺织行业处于出现期时,纺织生产企业少,生产技术正处于摸索阶段,几乎没有任何竞争,市场需求日益增长,行业没有呈现出任何的特点。

(2)纺织行业处于成长期时,市场需求增长迅速,为了满足日益增长的需求,许多企业都开始进入纺织行业,竞争开始加剧,生产技术得到大幅度提升,行业开始呈现出一定的特征。

(3)纺织行业处于成熟期时,技术上已经成熟,行业特点、行业竞争状况、用户特点非常清楚而稳定,买方市场形成,赢利能力下降,市场增长率不高,需求增长不高,行业内部企业之间的竞争日益激烈。这些特征既符合我国纺织行业当前的实际状况,同时也表明了新的企业进入纺织行业必须拥有雄厚的资金和技术储备,否则,很难取得一席之地。

(4)当纺织行业处于衰退期时,即行业整体处于没落阶段时,它就会被新的行业所取代。然而,只要人有吃、穿、住、行的需求,纺织行业就不会走向衰退。

二、我国纺织行业特性分析

(一)行业细分结构分析

从我国纺织产业发展来看,纺织行业细分子行业较多,包括十几个细分行业,如化学纤维、棉纺织、毛纺织、印染、针织、服装等,形成了一条从原料到最终产品的产业链。

(二)行业数量结构分析

一般来讲,市场规模大,企业数量就多,行业内集中程度低,大企业少。反之,市场规模小,企业数量少,行业集中程度高,大企业多。纺织产品作为人类生活的日用必需品和重要的工业用品,市场规模巨大,而且随着世界经济和人口的迅速增长,市场规模也在随之逐步扩大,从而吸引许多企业家投资纺织品市场。

(三)行业规模结构分析

行业按规模结构分,一般可以分为两类:一类是悬殊型,即一个行业内大企业处于绝对领导地位,小企业与大企业在规模和实力上差距很大,行业内竞争不甚激烈;另一类是均衡型,即行业内企业规模和实力相差不大,多数企业规模和实力相当,行业内竞争激烈。

纺织行业属于均衡型。因此要认真分析行业内具有代表性的头几家大企业的经营状况、经营思想、经营战略、产品特色、技术水平、竞争能力、市场占有率及其优劣势等因素,这对了解和把握全行业发展及利润分配有重要的作用,对行业环境分析具有十分重要的意义。

(四)行业地域结构分析

从目前我国纺织行业发展现状看,纺织行业效益好的企业一般都集中在浙江、江苏、广东、福建、上海等沿海地区,销售收入占全行业的76%,实现利润占83%,形成了诸多产业集群,某些地区甚至形成了较为齐全的产业链。市场和效益有区域分布集中化趋势,造成了信息化地区发展的不平衡。

下表所示为中国服装主要集散地。

中国服装主要集散地

所属省份	地　区	知　名　品　牌
江苏	无锡	红豆、刘潭、伊迪菲、震球、迪奈尔、蚕乡、飞将军、嘉裕、歌迪
	常州	蓝豹、蓝翎、老三、潇翔、彩轮、顶呱呱、安莉芳、黑牡丹、云锦、帝商、好特曼、展托、瑞卡、潇翔、星亚
	金坛	晨风、金松、波仕曼、飞洋鱼
	常熟	波司登、梦兰、雪中飞、秋艳、雄、圣达菲、七彩城、千仞岗、红杉树、庄爵

所属省份	地区	知 名 品 牌
浙江	杭州	汉帛、万事利、喜得宝、凯地、秋水伊人、江南布衣、蓝色倾情、三彩、红袖
	宁波	雅戈尔、罗蒙、洛兹、爱尔妮、培罗成、爱伊美、太平鸟、老K、申洲、唐狮
	平湖	悦莱春、华城、同心、新城达、亚鑫
	温州	报喜鸟、庄吉、法派、华士、美特斯邦威、森马、雪歌、好日子、红黄蓝、高邦
	乐清	昂斯、菲姿、金万利、金鸿、南派、高鹤、欧丽亚、雪谷
	义乌	顺时针、浪莎、能达利
	织里	金童王、华诺、赛洛菲、珍贝
	枫桥	步森、开尔、海魄、情森
福建	晋江	柒牌、劲霸、利郎、玛莱特、361度、安踏、爱乐、爱都、港士龙、竞渡、乔丹
	石狮	富贵鸟、老人城、金犀宝、野豹、帝牌、拼牌、爱利奴、与狼共舞、周织、健健
广东	广州	金利来、梦特娇、佐丹奴、秋鹿、班尼路、堡狮龙、歌弟、马斯图、自由空间
	深圳	日神、淑女屋、朵兰帝、马天奴、绅浪、蓝天龙、卡汶、歌力思、迪丝平、艺之卉、奥斯曼、连奴、温妮、邓皓、黛丝莉、曼娅奴、JOJO、班顿
	东莞	以纯、灰鼠、依林鸟、中域、森域、兔仔唛、时代印象、松鹰、温纯、小猪班纳
	中山	花雨伞、第五街、柏仙多格、马克·张、锦兴、汉弗莱、剑龙、宾奴、圣玛田、胜米兰、民森、罗宾汉、易来、欧斯·迪克
	潮州	金潮、名瑞、佳丽、智丽、伟标
	普宁	京东、名鼠、雅群、蕾沃尔、古·比伦、仙宜岱、麦利、彬彬公子

因此,纺织行业存在的差异性、发展不平衡性,决定了目标需求的多样性、改革推进步骤的渐进性和实施过程的艰巨性。所以,它需要企业在未来发展中通过信息技术对传统纺织业进行改造、集成和提升,以构建一种新型工业能力,形成对自主创新的支撑体系。

三、我国纺织行业发展分析

(一)我国纺织行业发展面临的困难

近年来,我国纺织工业在国家宏观调控政策和国内外经济形势的变化中,克服和消化了人民币升值、出口退税下调、多种要素成本上涨等诸多不利因素的影响,行业整体上保持了较为平稳的发展,但同时出现了产业结构调整加快、企业优胜劣汰加剧、困难企业增多的情况。目前,我国纺织企业主要存在以下几方面困难。

1.劳动力成本大幅上升 2007年,绝大多数企业都为职工普涨工资,基础工资水平上涨10%以上。2008年1月正式生效的新《劳动合同法》更加快了劳动力成本的上升,成为企业反映最普遍的问题。从立法目的来说,新《劳动合同法》加强了对劳动者利益的保护,但是目前确实对纺织服装行业造成很大影响。据估算,基础工资、加班费和社保这三大块如果严格落实,人均劳动报酬将比上年提高一倍左右,企业难以承受。

2.人民币持续升值影响大 2007年全年人民币升值达到6.44%,对出口企业的影响最大。虽然企业对升值的中长期有判断,但是在实际操作中存在诸多不确定因素,在节奏上很难把握。河北容城、宁晋的出口服装加工企业表示,"二三月份正是接单的季节,订单虽然很多,但不敢接单"。因为无法预测今后几个月汇率到底是多少。有的先前接了单子,现在叫苦不迭。

3. 出口退税率下调直接抵消出口利润 纺织品和服装出口退税率下调,直接抵消企业的出口利润,冲击较为明显,难以消化。国外进口商一般认为出口退税率下调是政府行为造成的,与市场无关,普遍不接受议价。

4. 银根紧缩造成贷款难和融资成本上升 2007年下半年以来的从紧货币政策,大大增加了企业的融资成本。江苏盛泽镇分析,该地中小企业贷款成本除按照基础贷款利率上浮20%外,加上担保成本1.8%,再加上贷出来都是现金,综合成本上升到12%～13%,企业负担很重,基本上是在"替银行打工";江苏张家港市某企业介绍,由于货币政策影响,企业现金流紧张,上下游企业用银行票据付款,但现在贴现利息飞速上涨,已经从2007年1月的3.08%上升为6.05%;广东沙溪企业反映,承兑汇票手续费有了十几倍的增长;湖州织里镇企业由于目前贷款困难,民间借贷年息已从2007年的10%提高到2008年的12%。更为严重的是,一些行业优势企业也出现了"贷款难"。

5. 劳动力结构性短缺问题突出 "招工难"问题在广东、福建等地较为严重。反映缺口较大的主要是缝纫工等熟练工种,其实质是劳动力的结构性短缺。企业缺员成为普遍问题,大部分企业用工缺口都在20%～30%,还有更严重的,缺口在30%以上。但是在广东的虎门、深圳等地,一些大企业反映近期招工形势好转。劳动力正流向有吸引力的优势地区和优势企业。另一方面,专业人员和管理人员的紧缺更为突出。

6. 美国等主要出口市场疲软 由于美国次贷危机的后果在去年下半年逐渐显现,导致美国市场需求不足,美国客户订单数量减少和推迟下单时间。其中一些大数量、低价位订单的流失与我国出口价格上升有关。

7. 土地资源紧缺 由于近些年制造业发展迅速,许多地区地价上涨较快,造成纺织企业用地紧缺,租用厂房租金上升明显。如广东张槎厂房租金近期由每平方米10～12元涨到了13～15元,幅度为25%～30%;山东海阳一家企业表示,已得到通知土地税将由当前的2元/平方米大幅提高至4元/平方米,并且山东省2008年的政策将可能让其提高到6元。

8. 原材料能源运输价格上涨幅度大 近年来原材料和能源运输价格大幅上涨。据统计,浙江绍兴煤电和蒸汽价格上涨了50%,运输费提高了一倍。广东小榄镇统计,2007年内,与石油相关的化纤原材料涨价30%,棉纱等原材料涨价也近10%,包装材料涨价达20%以上;福建长乐运输费用每吨提高了100～200元。

分析以上各种困难因素,有行业内部长期粗放经营和体制改革过程积累的深层次矛盾和问题,也有国际新形势、新情况带来的经济贸易环境的变化,如美国次贷危机、国际经济疲软,更有国内政策原因,如为了防止经济增长过热和全面通货膨胀而采取的货币紧缩政策。

(二)我国纺织行业发展的策略

随着全球纺织产业转移进程的推进和其他发展中国家纺织产业的日趋成熟,国际市场竞争也会更加激烈。在这样的环境下,必须端正对产业调整和升级的思想认识,发觉自身不足,积极地采取各项措施应对,主动进行调整提升。

1. 坚持技术进步,加强研发能力 一些企业开始投入大量资金进行产品升级换代,进入高端市场,对其高附加值产品有主动定价权,出口时能与进口商协议锁定汇率,化解汇率风险和损失。一些企业还主动走出国门,在海外开设专卖店和网上直销,取得了良好效益,这些都体现了企业长期以来技术进步所积累形成的较强议价能力和国际竞争力。

2. 推进品牌建设,提升产品竞争力 在困难形势下,品牌企业具有较强的产品议价能力,可以有效消化成本上涨因素,使许多企业已经意识到自有品牌的重要性,进行不同形式的品牌培育和推广。

3. 加速设备更新,提高劳动生产率 加大对装备更新换代的投入,尤其是以自动化程度高、节能降耗效果好的新型装备,来缓解产品结构调整和用工成本上升的压力。

4. 建设公共服务平台,完善产业配套 一些地方已开始注重服务平台功能的延伸和完善,开展专业市场建设、共性技术支撑服务、人力资源开发、区域品牌推广等。如福建泉州市丰泽区投入了200多万元建立区人力资源综合服务平台,为企业提供人力资源培训、管理和引进服务,解决企业劳动力特别是熟练技工短缺的问题。

5. 加强企业管理,稳定职工队伍 企业呼吁尽快建立起劳动力市场的档案制度和信用管理体系,减少劳动力恶性流动,保障劳动力市场秩序。

6. 发挥自身优势,积极开拓两个市场 纺织出口企业在市场方面寻找新的出路。一是调整出口市场布局,开拓新兴的经济体市场,降低风险;二是调整内外销比例,利用产品质量和加工水平的优势,适当转移到内销市场。同时,采取多种金融工具和结汇方式,降低汇率风险。

7. 落实社会责任,构建和谐关系 落实企业社会责任,积极解决职工福利,提高职工待遇,可以成功化解“招工难”的问题,使企业形象上升,海外订单增多。这类企业由于用工规范,在《劳动合同法》出台之后,将感觉到用工成本上升压力不大。

8. 开展各种培训,注重人才培养 倡导建立学习型企业,加强劳动者技能培训,引导企业向现代管理制度过渡。

目前,中国纺织工业已进入产业升级的关键时期,当前遇到的诸多困难和问题,既是挑战,也是机遇。要从纺织大国发展成纺织强国,作为充分竞争的纺织工业,必须把握住战略机遇期,主动调整产业结构,转变发展方式,才是根本的出路。

第五节 纺织品营销综合环境分析

一、企业对营销环境的态度

(一)消极适应

消极适应者认为,环境是客观存在、变化莫测、无规律可遵循的,企业只有被动地适应而不能够主动地利用,因此企业只能根据变化了的环境来制订或调整营销策略。持这种态度的营销者忽视了人和组织在环境变化中的主观能动性,而始终跟在环境变化的后面走,维持或保守经营,缺乏开拓创新精神,因此难以创造显著的营销业绩,容易被激烈的市场竞争所淘汰。

(二)积极适应

积极适应者认为,企业在与环境的对立统一中,企业既依赖于客观环境,同时又能主动地认识、适应与改造环境。营销者积极主动地适应环境,主要表现在三个方面:一是认为不可控的环境的发展变化是有规律可循的,企业可以借助于科学的方法和现代营销手段,研究并揭示出营销环境的变化规律,准确预测环境的发展趋势并及时制订和调整营销策略与计划;二是把适应环境的重点放在研究环境发展的变化趋势上,根据环境变化趋势制订营销战略,使得环境发生实际变化时,企业不至于措手不及,也不会盲目跟在变化了的环境后面而被动挨打;三是通过各种宣传手段如广告、公共关系等,来创造需求、引导需求,从而影响环境、创造环境,促使某些环境因素朝着有利于企业实现其营销目标的方向发展、变化。

二、环境威胁与环境机会分析

(一)环境威胁分析

环境威胁是指环境中一种不利的发展趋势所形成的挑战,如果不采取果断的战略行为,这种不利趋势将导致公司的竞争地位被削弱。企业面对环境威胁,如果不果断地采取营销措施避免威胁,其不利的环境趋势必然会侵害企业的市场地位,甚至使企业陷入困境。因此,营销者要善于分析环境发展趋势,识别环境威胁或潜在的威胁,并正确认识和评估环境威胁的可能性与严重性,以采取相应的措施。

1. 环境威胁矩阵　在分析环境威胁时,通常要考虑环境威胁出现的概率和威胁的严重程度两个方面,用矩阵图分析威胁对企业带来的后果。图 2 - 2 反映了南通某纺织企业环境威胁的分析过程。

2. 案例分析　由图 2 - 2 可知,图中第 1 部分,即竞争者引进全套先进纺织设备的威胁

图 2 - 2　南通某纺织企业环境威胁矩阵

是关键性的,它将严重威胁南通某纺织企业的利益,并且出现的可能性很大。因为纺织品的生产技术对于纺织企业的生产和效益起着至关重要的作用,而且引进全套先进纺织设备对于大的纺织企业来说并非难事。当时,江苏省内几家重要纺织企业已准备引进全套先进的纺织设备,南通某纺织企业必须对这一威胁有清醒的认识,并准备相应的计划。

图 2 - 2 中第 2 部分,即国家宏观经济状况持续恶化的威胁虽然对南通某纺织企业的影响很大,但出现的可能性较小。

图 2－2 中第 3 部分，即加入 WTO，国外纺织品逐渐进入中国市场的威胁，尽管由于其价格高和销售成本较高，而不会严重削弱南通某纺织企业的优势，但其出现的可能性却非常大。事实上，国内尤其江苏省内已有很多国外纺织品进入。

图 2－2 中第 4 部分，即政府限制纺织企业放任发展的威胁比较微弱，可以不必太重视。

对于第 2 种和第 3 种威胁，尤其是第 3 种威胁南通某纺织企业需要密切加以关注，因为中国要加入世界贸易组织，国外纺织品的价格可能大幅度下降，因此第 3 种威胁可能发展为重大威胁。事实证明，南通某纺织企业的确受到了第 1 种和第 3 种威胁。

3. 企业面对环境威胁时的对策

（1）反抗策略：即企业利用各种不同的手段限制不利环境对企业的威胁作用，或者促使不利环境向有利的方向转化。

（2）减轻策略：即调整市场策略来适应或改善环境，以减轻环境威胁的影响程度。

（3）转移策略：即对于长远的、无法对抗和减轻的威胁采取转移到其他可以占领并且效益较高的经营领域或干脆停止目前的经营的策略。这是万不得已采取的策略。企业在采取转移策略时需要果断。

（二）环境机会分析

同样，营销人员也应该识别环境变化所带来的环境机会。环境机会是指营销环境中对企业有利的各种因素的综合。这些因素构成了对企业行为富有吸引力的领域，在这一领域，该企业将拥有竞争优势。

有效地捕捉和利用环境机会，是企业营销成功的前提。企业只有密切注意环境变化带来的机会并适时作出评价，并结合企业自身的资源和能力，及时将市场机会转化为企业机会，才能开拓市场、扩大销售，提高企业的市场占有率。

1. 环境机会矩阵 环境机会的分析也要考虑两个方面的因素，即机会可能带来的利益大小和机会出现的概率。用矩阵图分析环境机会对企业带来的影响，如图 2－3 所示。值得注意的是，企业在每一个特定机会中的成功概率取决于它的业务实力是否与该行业的关键成功因子相匹配。

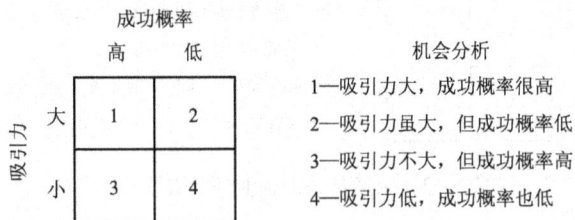

图 2－3　环境机会矩阵

由图 2－3 可知，一个公司应该努力捕获的最佳机会是图中第 1 部分的那些吸引力大、成功概率高的机会；而对图中第 4 部分吸引力低、成功概率也低的机会可以不必考虑。对图中第 2 部分和图中第 3 部分的机会，企业也应该密切关注，因为其中任何一个机会的吸引力和成功概率都可能因环境的变化而变化。

需要强调的是,一个企业仅仅能够识别环境带来哪些机会和威胁是不够的,还必须具有对这些机会和威胁作出迅速反应的能力,对那些持续时间短的重大机会或比较突然的威胁,企业必须作出快速的反应和果断的决策,而要做到这一点,就必须拥有很强的核心能力。

2.企业面对环境机会的对策 当企业面临环境机会时,必须慎重对待:机会是公开的,企业应该关注竞争对手的存在;机会是有时间性的,企业应该即时反应;机会在理论与实践上是不平等的,企业要充分估计到机会所带来的潜在风险;机会是多样的,企业要抓住主要机会。

(三)机会—威胁综合环境分析

一般情况下,企业实际面临的客观环境都是机会与威胁并存、利益与风险结合在一起的综合环境。

1.综合环境矩阵 一般情况下,可以根据综合环境中威胁水平和机会水平的程度,将环境分成四种类型,如图2-4所示的综合环境矩阵。

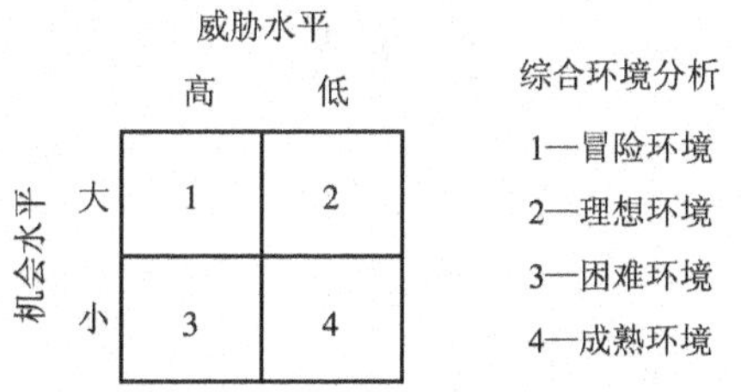

图2-4 综合环境矩阵

图2-4中第1部分,机会与威胁水平都高,属于冒险型环境;第2部分,机会水平高,威胁水平低,是一种理想的环境;第3部分,机会水平低,威胁水平高,企业经营困难,是困难型环境;第4部分,机会水平和威胁水平都比较低,企业所处的环境属于成熟型。

2.企业面对威胁—机会综合环境的营销对策

(1)面对冒险环境的对策:冒险环境下机会与威胁水平都比较高,在存在很高利益的同时也存在巨大的风险。面对这样的环境,企业必须加强调查研究,进行全面分析,发挥专家优势,审慎决策,以降低风险,争取利益。

(2)面对理想环境的对策:理想环境下机会水平高、威胁水平低、利益大于风险,是企业难得遇到的好环境,企业要抓住机遇,开拓经营,创造营销佳绩。

(3)面对困难环境的对策:困难环境下机会小于威胁,企业处境十分困难。面对困难环境,必须想方设法扭转局面。如果大势已去,无法扭转,则必须果断决策,撤出在该环境中的经营,另谋发展。

(4)面对成熟环境的对策:成熟环境下机会与威胁水平都比较低,是一种比较平稳的环境。面对这样的环境,企业一方面要按常规经营,规范管理,以维持正常运转,取得平均利润;另一方面,要继续积聚力量,为进入理想和冒险环境做准备。

本章小结

纺织品营销环境是指纺织企业外部的情况与条件,纺织企业的市场营销活动要受到营销环境的制约。通过本章的学习,可以了解纺织企业所处的微观与宏观环境,掌握分析环境的基本方法,针对纺织企业的现状采取必要的措施与策略。

思 考 题

1. 什么是营销环境? 营销环境具有什么特点?
2. 企业进行营销环境分析的目的何在?
3. 分析我国的纺织企业如何适应宏观环境?
4. 试对某纺织企业进行环境分析,说明机会与威胁对企业经营活动的影响。
5. 中国加入 WTO 后,纺织企业的环境发生了什么变化? 如何适应这一变化?

实 训 题

背景资料:聊城适宜纺织服装产业发展的环境

纺织服装行业作为山东聊城市的"十大百亿产业"(年销售收入达 100 亿元人民币)之一,在聊城具有得天独厚的发展优势。

1. 行业配套完善

聊城市纺织工业门类比较齐全,现有棉纺织、毛纺织、色织、印染、针织服装行业,并培植了一批骨干企业。

聊城开发区香港华润纺织集团,总投资 3500 万美元,年产 30 万锭高档高支纱及各类高档成品布,可为进入该区的纺织服装企业提供原料。

聊城东润纺织有限公司位于开发区,主要采用 24 支纱生产幅宽 64 英寸(1 英寸 = 2.54 厘米)的棉坯布,年产量 840 万米。

聊城开发区昌润纺织机械有限公司,总投资 9600 万元人民币,年产剑杆织机 3000 台,保证了纺织企业的设备来源。

港润(聊城)印染有限公司位于开发区,现有固定资产 5000 万元人民币,员工 400 多人,年出口蜡染印花布 5000 万米。

宏润(聊城)印染有限公司现有固定资产 4000 万元人民币,职工 440 多人,是中国最大的蜡染布生产工厂,年产量 3000 多万米。

鑫润(临清)印染有限公司现有固定资产 2500 万元人民币,职工 580 多人,年产量 4000 万米。

聊城市的服装企业可为进入开发区的企业提供专业配套服务,进区企业可整合这些小规模的企业,充分利用这些企业的加工优势,尽快实现产业化。

2.原料来源充足

聊城位于中原地区,原材料充足,棉花产量大,年产棉花200万吨。在"放开棉花收购、打破垄断经营"政策影响下,国际市场的棉花开始进入国内市场竞争,逐渐形成了棉花的买方市场,收购价格出现逐步降低的趋势。在聊城既可以利用国内棉花市场,也可以利用国际棉花市场。

3.人力资源丰富

聊城劳动力资源丰富,劳动力成本较江、浙、粤地区低40%~50%,适于纺织这种劳动密集型产业的发展。

聊城有服装专业培训学校12所,职业技术学校20余所,普通高校3所。开发区内有聊城最大的服装专修学院,在校生(含在校大专生及短期培训班)2000人左右,专业设置涉及服装设计、制作等服装加工各领域,可为服装加工企业提供源源不断的优质毕业生。

聊城现有大小服装加工企业800余家,其中部分企业经营不善,部分熟练工人及技术人员闲置。

4.生产要素价格低

聊城的水、电、暖、气、通信等配套设施完善,价格低廉。

案例思考:

聊城市纺织业采取了哪些措施来适应企业的营销环境?其纺织服装产业的发展给我们什么启示?

第三章　纺织品市场购买行为分析

● 本章知识点 ●

1. 纺织品市场消费者需求的概念与特点。
2. 影响消费者购买行为的因素分析。
3. 消费者需求、购买动机和购买决策过程分析。

导入案例

消费心理是消费者在满足消费需要活动中的思想意识,它支配着消费者的购买行为。研究老年人的心理特征,有助于了解老年消费者的消费心理,为企业的营销决策提供依据。某服装企业在为老年人提供服装时采用了以下一些营销措施。

(1)在广告宣传策略上,着重宣传产品的大方实用、易洗易脱、轻便、宽松。

(2)在媒体的选择上,主要是电视和报纸杂志。

(3)在信息沟通的方式、方法上,主要采取介绍、提示、理性说服,避免炫耀性、夸张性广告,不邀请名人明星。

(4)在促销手段上,主要是价格折扣、展销会。

(5)在销售现场,生产厂商派出中年促销人员,为老年消费者提供热情周到的服务,详细介绍商品的特点和用途,若有需要,就送货上门。

(6)在销售渠道的选择上,他们主要选择靠近居民区的大商场,并设立了老年专柜或老年店中店。

(7)在产品的款式、价格、面料的选择上,分别是以庄重、淡雅、突出民族的风格为主,以中低档价格为主,以轻薄、柔软面料为主,适当地配以福、寿等喜庆寓意的图案。

(8)在老年顾客的接待上,厂家再三要求销售人员在接待过程中要以介绍质量可靠、方便健康、经济实用为主,在介绍品牌、包装时要注意顾客的神色、身体语言,适可而止,不可硬性推销。

经过这8个方面的努力,该厂家生产的老年服装很快被老年消费者所接受,销售量急剧上升,企业得到了很好的经济效益。

这8个方面体现了老年消费者怎样的消费心理和购买行为? 企业这样做的营销依据是什么? 老年消费者与青年消费者相比在消费心理、购买行为上有什么区别? 这样的心理和行为是怎样形成的? 本章将会给你一个答案。

(资料来源:http://jp.gdgm.edu.cn/yingxiao/)

第一节　纺织品市场的消费需求

一、消费需求的概念

消费是指享用以货币为交换媒介获取的商品或服务,使人的某种需要得到满足的行为。消费主要包括物质消费和精神消费两个方面。

消费需求是希望获得某种物品或劳务以满足物质或精神消费的欲望。按照西方经济学的相关定义,消费需求包括消费欲望和消费能力两个方面,两者缺一不可。如果对于某商品,仅有"消费欲望"而无"消费能力"则不能构成消费需求,反之仅有"消费能力"而无"消费欲望"也不能构成对该商品的消费需求。

二、纺织品市场消费需求的特点

(一)纺织品消费需求的多样性、层次性和发展性

形形色色的消费者群体构成无形的消费市场。市场上,不同的消费者由于年龄、性别、文化程度、收入水平的差异,民族、风俗习惯、宗教信仰、审美情趣的区别,宏观和微观环境因素的影响,致使消费者对纺织品的需求必然是千差万别、复杂多样的。例如,对服装的需求,我国民族众多,各民族都有自己民族特色的服饰需求,服装因民族而不同,需求因民族而有别。从需求的层次性和发展性来说,人的消费需求总是由低层次、最基本的物质消费需求向高层次的精神消费需求方向逐渐发展和延伸的。人们的消费心理、消费意识现已进入一个新的境界,一个更高的层次,服饰消费不再单纯追求保暖,而已成为人们展示自我、张扬个性的一种途径。现代社会,人们越来越重视自我形象的塑造,重视自我价值的实现,崇尚以独特的自我形象、外在气质、魅力风度展现自己。受这种心理意识的影响,在服装、鞋帽及室内装饰等纺织品消费需求方面,人们越来越重视商品的时尚化、个性化、流行性等特征。所以,受消费者的收入水平、文化修养、年龄阶段、消费观念等方面差异的影响,纺织品消费层次的发展会因人而异,呈现不同的特点,如随着人们收入水平的不断增长,人们对服装的需求呈现出层次分布,由低档服装需求逐步过渡到对高档服装的消费,即按结实、耐用低档服装→保暖、舒适的中档服装→引领时尚并能显示主人身价地位的高档服装的顺序变化。

(二)纺织品消费需求的伸缩性和结构性

同其他商品的消费相同,纺织品消费需求层次的高低和需求程度的强弱会随着某些因素的变化而变化,这就是纺织品消费需求的伸缩性。例如,对装饰用或生产用纺织品,当产品在市场供应充足或价格上涨时,人们需求减少,会自动减少或延缓其消费;而市场供给不足或价格下降时,人们消费增加,不管需要不需要,都可能多多购买,储存起来以备后用。另外,对纺织品的需求会随着社会文化环境、经济条件、季节时令的变化而伸缩。比如,消费者收入增加时,对纺织品的消费需求就会增加,需求层次上升。否则,则呈反方向变化。服装需求随着季节变化而变化的特点是纺织品消费需求伸缩性的最好说明。从消费结构看,目前纺织品消费中,衣着消费约占65%。随着住房、交通等基础设施的迅猛发展,装饰用、产业

用纺织品的需求必然持续增加,它们将成为纺织品市场快速增长的主动力。

(三)纺织品消费需求同其他商品之间的互补性和替代性

消费者对某些纺织品的需求往往呈现出互补性。例如,随着住房建设步伐的加快,城市住房面积不断增长,人们在增加住房消费的同时,也增加了对装饰用纺织品的消费需求。在汽车消费不断增加的同时,也增加了汽车装饰用纺织品的消费。

纺织品消费需求同样具有替代性,因为许多商品的功能可以互相替代,在一定程度上它们都可以满足人们的某一需要。比如,从透气、吸汗和自然的特点看,棉织品和丝织品就可以互相替代,消费者可根据个人的喜爱、购买力进行选择。人们从经常观察到的事实中发现,某些在效用上能相互替代的商品其需求量会随替代品价格的变化而变化,如棉织品和化学纤维产品在效用上可以互相替代,对于棉织品的需求量,在棉织品价格既定条件下,会随化学纤维产品价格的下降而减少,随化学纤维产品的提高而增加。

(四)纺织品消费需求的习惯性

消费需求的习惯性是指消费者在长期消费生活中积存下来的一些消费偏好和倾向。某些习惯性消费需求由于受历史文化、消费心理、风俗习惯、民族宗教等多种因素的影响,在人们的消费生活中长期存在,难以轻易改变。例如,同样年龄的消费者,有的喜欢穿休闲服饰,有的喜欢穿美丽时尚的服饰。对消费者需求的习惯性特征,一方面,要顺应它,生产消费者喜爱的纺织品,满足他们对纺织品的消费需求;另一方面要通过大力开展产品创新,创造消费新概念,创造新的消费需求,不断提高消费者的消费质量。

(五)纺织品消费需求的从众性

组织行为学的研究表明,群体中的"意见领袖"或群体中大部分人的行为态度,将对群体中的个体产生心理上的压力,在这种压力下,个体行为和态度往往会自动或被动地与群体保持一致。表现在消费活动中,就呈现出一种从众的消费趋向,即在某一特定时空范围内,消费者对某些商品或劳务的需求趋向一致。例如,上下楼的邻居家窗帘用的都是粉红色的,自己也买粉红色窗帘;班上很多同学穿的都是李宁运动服,自己也买了一套。

(六)纺织品消费需求的易变性和流行性

追求时尚和富于变化是纺织品消费的一大特点,也是纺织品市场的显著特点。随着人们收入水平的不断增长、生活消费水平的不断提高,人们追求消费个性的张扬、消费品种的变化、衣着的时尚新奇,使纺织品消费更具变动性。同时,纺织品消费是"流行性"最强的消费,而流行消费具有广泛性、易变性等特点,又是难以预测的。因此,如何及时反映消费者多样性的纺织品消费需求,生产出满足消费者需要的产品,是纺织品营销所要研究的主题。

(七)纺织品消费的品牌效应

随着经济的发展和人民生活水平的提高,人们对纺织品特别是知名品牌的高档纺织品的需求将不断增加。这些消费对象主要是城市中的中高收入阶层,包括企事业单位的白领阶层、政府机关的工作人员、个体和私营老板等。这些消费者具有如下共同的特征。

(1)收入较高,有能力消费高档商品和选择品牌。

（2）有较强的受人尊重的需要及自我实现的需要,而高档品牌的纺织品恰好能够帮助他们满足上述需要。

（3）工作、生活时经常进出于较高的社交场合,故要求穿着体面、注重形象。所以,知名纺织品牌对于消费者来说,有时也是非常重要的。

（八）纺织品消费需求与生活水平的关系

纺织品属于人们生活的基本消费品,从消费意识的发展规律看,首先人们是从追求生存需求开始,要求在纺织品数量上得到满足;在数量基本得到满足后,则开始追求纺织品的外观、质量和舒适清洁等;而后又以追求享受需求为目的,在高质量的基础上追求流行时髦、花色品种和环保卫生等,并进一步扩大消费领域。这种需求与消费观是建立在人们的经济收入和生活水平基础上的,随着经济收入和生活水平的不断改善,人们的消费观念亦在逐渐改变。也就是说,人们对纺织品的需求与消费趋势是与国民经济的发展水平相关的。

（九）衣着在纺织品消费支出中的比重随着收入的增加呈下降趋势

作为生活必需品,纺织品的消费符合恩格尔法则,即随着收入的增长其占家庭消费的比重会下降。不管是服装消费还是饮食消费,在达到一定水平后,其消费比重都要下降。

（十）服装产品更新周期随着消费水平的提高而缩短

从衣着的功能来看,更新周期的变化包含以下几个方面的因素:其一是自然更新,即衣着达到破损程度,使用寿命终了而需要更新,它的消费观念是坚固结实、经久耐用,其更新周期主要取决于衣服的寿命;其二是适时更新,即衣服穿着虽然尚未达到破损程度,但是由于褪色、陈旧、式样过时而需要更新,这是耐用和美观一致的消费观所起的作用,其更新周期取决于衣服的换代时间;其三是追求更新,这种更新是指衣服既不是破损,也不是不适用,而是不能领导和反映时代的新潮流,这是一种追求时髦、流行、个性化的消费意识在起作用,其更新周期取决于流行的期限。也就是说,衣服更新周期是由消费水平和消费意识决定的,它的弹性很大,可以长到五年、十年,也可以缩短到一年、二年。

第二节　影响消费者购买行为因素分析

影响消费者购买行为的因素很多,既有来自消费者自身的,也有来自外部社会环境的,主要有经济因素、心理因素、社会因素和个人因素等方面(图3-1)。分析影响消费者购买行为的因素,对于纺织企业把握消费者的行为,有针对性地开展市场营销活动,具有极其重要的意义。

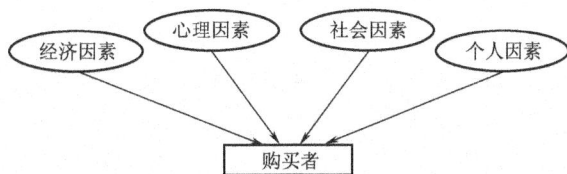

图3-1　影响购买者行为的主要因素

一、经济因素

经济因素是决定购买行为的首要因素,决定着能否发生购买行为以及发生何种规模的购买行为,决定着购买纺织品的种类和档次。影响消费者的购买行为的经济因素主要有社会生产能力、消费者可支配收入、价格等。

(一) 社会生产能力对消费者购买行为的影响

消费者消费的商品最终是由社会生产决定的,生产者能够生产什么、生产多少,客观上直接制约着消费者的消费内容和消费数量。社会生产不仅制约着消费的品种、类型、质量和数量,而且还制约着消费的结构。例如,在生产力极其低下的原始社会,人们过着茹毛饮血的生活,只能以兽皮、树叶避寒遮羞;到了奴隶社会和封建社会,随着生产力的发展,出现了纺织技术,人们对纺织品的消费逐渐增加,品种和样式逐渐增多,纺织品主要用于人们日常保暖的需要。而如今人们消费的纺织品品种之多、样式之广、质量之优,与过去已不可同日而语,人们消费纺织品已由过去单纯的保暖目的转向对美和舒适的追求,对表现自我、张扬个性的诉求。另外,装饰用纺织品、产业用纺织品正以前所未有的规模向前发展。所有这些,不能说不是社会生产力发展的必然结果。

(二) 消费者可支配收入对购买行为的影响

由于消费者可支配收入水平各不相同,而且在不断发展变化着,这将直接影响消费者对纺织品的购买数量、质量、结构及消费方式。

1. 消费者名义收入和实际收入变化对消费者购买行为的影响 名义收入是指人们领取的薪酬,实际收入是指扣除物价上涨因素对名义收入的影响,通过消费使人获得的真正收入。决定人们对纺织品消费的直接因素是消费者的实际收入而非名义收入。

2. 消费者绝对收入的变化对消费者购买行为的影响 造成消费者绝对收入变化的主要因素是消费者薪酬收入的增加或减少。一些偶然因素也可能使消费者绝对收入发生变化,如买彩票中奖、突然得到他人馈赠、继承遗产、意外地遭受灾害损失等。一般情况下,人们绝对收入增加,势必会增加对高档纺织品的消费支出。而政府税收政策变动,企业经营业绩优劣等都直接影响着个人收入的变动,也会导致消费者绝对收入的增减,从而影响消费者消费纺织品的品种、数量、结构及方式。

3. 消费者预期收入的变化对消费者购买行为的影响 消费者对未来收入的预期直接影响着当前消费。如果消费者预期未来收入将增长,那么他就可能增加当前的消费支出,甚至可能借债消费;如果预期未来收入将要减少,那么消费者就可能减少现期消费而增加储蓄。

(三) 纺织品价格对购买行为的影响

由于消费者在一定时期内的收入是既定的,同时,可供人们消费的纺织品必须以一定的价格形式在市场上出现。因此,消费者为了满足消费需要,必须根据自己的收入水平,根据不同纺织品的价格水平,在各种纺织品之间进行选择。例如,对于收入高、负担轻的新婚夫妇,由于经济压力不大,结婚时会选择更多、更高档的服装或床上用品;而收入低、负担重的新婚夫妇,则可能较多地选择中低档用品。又如,经济发展稳定,物价平稳,人们预期未来纺织品价格不会发生太大变动时,则很难发生因物价上涨而出现的抢购行为。通常情况下,和其他商品相似,纺织品价格越高,对消费者的推力越大,消费者就可能减少对该类商品的购买数量;反之,价格越低,对消费者的拉力越大,消费者就可能增加对该类商品的购买数量,储存起来以备后用,如商场特价销售服装或床上用品时出现的抢购行为。但这种现象并不是绝对的,在现实生活中,有的消费者出于某种偏好或消费心理,不顾价格的昂贵,反而以购买高价服装为荣,这是一种特殊现象,需另作分析。

二、心理因素

消费者在作出购买决策前,还会受到感觉与知觉、生活方式与个性、需要与动机、学习与模仿、信念与态度等因素的影响。

(一)感觉与知觉

客观事物都具有一定的属性,如纺织品,其颜色、造型、气味、保暖性、柔软性、舒适性等属性是消费者最关心的。当事物的这些个别属性作用于人的感觉器官,大脑就会对它产生反映。这种由大脑对直接作用于感觉器官的客观事物个别属性的反映就是感觉。在现实生活中,人脑总是以事物的整体为单位来反映的。比如,在市场上找了很长时间才看到一件期盼已久的外套,人并非只对这件外套的某一属性,如保暖性、款式或手感……作出反映,而是把外套的颜色、款式、保暖性、柔软性、舒适性、面料及价格等所有属性综合起来,对外套作出整体反映。这种由大脑对直接作用于感觉器官的客观事物的整体反映,就是知觉。感觉和知觉之间存在着不可分割的联系。感觉是知觉的基础,知觉是在感觉的基础上产生的。感觉和知觉是影响消费者购买行为的重要心理因素。消费者产生购买动机后,他将如何作出购买决策,最终会作出什么样的购买行为,要受其感觉和知觉程度的综合影响。因此,在购买行为发生前,消费者对商品的第一印象非常重要。有经验的纺织企业在设计、宣传和销售自己的产品时,总是想方设法突出自己与众不同的地方,力求制造自己的卖点,增强产品吸引力,刺激消费者的感官,加深对自己产品的第一印象,使消费者有"相见恨晚"的感觉,产生购买冲动,作出购买决策。

(二)生活方式与个性

生活方式是一个人生活中表现出来的对衣、食、住、行等日常活动、个人兴趣和爱好的整体看法和行为模式,直接影响个人对某品牌的观点和喜好。营销者往往可以通过消费者的生活方式理解其不断变化的价值观及其对购买行为的影响。例如,成熟而有品味的女性,她们很注意自己的穿着打扮,知道自己需要什么样的型号、款式、面料与色彩的衣服,懂得利用何种发型、妆容与饰品来展示女性独特的韵味。企业就应该多推出适合她们生活方式的服饰产品。

个性是个人特有的心理特征,它促使人们对所处环境作出相对一致和持续不断的反应,通过自信、自主、顺从、保守等性格特征表现出来。了解个性因素,可以更好地赋予品牌某种个性特征,以期顺应消费者的个性需求。有学者研究发现,喜欢穿休闲服装的和喜欢穿正规套装的消费者之间,存在着明显的个性差别——前者表现为热情、豪放、不计小节、喜欢社交,而后者表现出谨小慎微、严肃认真的姿态。

(三)需要与动机

需要和动机是有区别的。需要是人积极性的基础和根源,动机是推动人们行动的直接原因。人类的各种行为都是在动机的作用下,向着某一目标进行的。而人的动机又是由于某种欲望或需求引起的。但不是所有的需要都能转化为动机,需要转化为动机必须满足以下两个条件。

第一,必须有一定的强度。就是说,某种需要必须成为个体的强烈愿望,这种愿望迫切要求得到满足。如果需要不迫切,则不足以促使人去行动以满足这个需要。

第二,必须有适当的客观条件,即诱因的刺激。诱因的刺激既包括物质的刺激也包括外界环境的刺激。有了客观的诱因才能促使人去追求它、得到它,以满足某种需要;相反,就无法转化为动机。

可见,人的行为动机是由主观需要和客观条件共同制约决定的。按心理学所揭示的规律,欲望或需要引起动机,动机支配着人们的行为。当人们产生某种需要时,心理上就会产生不安与紧张的情绪,成为一种内在的驱动力,即动机,它驱使人选择目标,并进行实现目标的活动,以满足需要。需要满足后,人的心理紧张消除,然后又有新的需要产生,再引起新的行为,这样周而复始,循环往复。

(四)学习与模仿

人类的行为有些是与生俱来的,但多数是从后天经验中取得的。学习或模仿,是指人自觉、不自觉地从多种渠道、经过不同方式获得后天经验,引起个人行为持续不断地改变。

对于纺织企业而言,在消费者的学习与模仿过程中有以下两点值得关注。

(1)保留:在学习与模仿过程中常伴有行为或行为潜能的改变,而这种改变是相对持久的,也就是说消费者会保留这种行为。例如,对某品牌的服装或床上用品,消费者购买后在使用过程中感到非常满意,便会加强对该品牌的信心,甚至念念不忘,以致重复购买。相反,如果不满意则从此不再购买,甚至告诉朋友不要购买。

(2)推广:消费者对某种产品感到满意后,对与之有关的一切也会产生好感。例如,对某品牌的服装或床上用品,消费者购买后非常满意,则会对该品牌产生信任感,甚至信赖其推出的其他产品如鞋、袜等,并继续购买。

(五)信念和态度

消费者在购买和使用商品的过程中,通过实践和学习,形成了信念和态度。这些信念和态度又反过来影响其购买行为。信念是指人们认为确定的、真实的事物,一般说,信念来自知识、见解,也有来自信任的。在实际生活中,消费者不是根据知识,而常常是根据见解和信念来作购买决定的。如"服装可以保暖","棉比化学纤维更有助于人体健康"等,这些信念可能是建立在"见解"之上,也可能是由"信任"而来。

不同的消费者对同一事物会抱有不同的信念,而信念又直接影响消费者的态度。所谓态度,是人们关于某种事物的持久的、一致的评价、反应、是非观、好恶观等。例如,一些消费者认为棉的性能比化学纤维好,更有助于人体健康;另一些消费者则坚持认为,随着产品的成熟,两者之间没有太大差别。很显然,上述不同的信念会导致对两种产品的不同消费态度。态度的形成是渐进的,受产品性能、企业形象、其他消费者的介绍、个人生活经历、家庭环境熏陶等因素的综合影响。态度一旦形成,很难轻易改变。

三、社会因素

人是生活在社会之中的,其思想和行为不可避免地受一系列社会因素的影响,如受社会文化、家庭因素、社会相关群体、社会角色与地位等的影响。

(一)社会文化因素对消费者购买行为的影响

文化通常是指人类在长期生活实践中建立起来的价值观念、道德观念及其他行为准则和生活习俗,是人类欲望和行为最基本的影响因素。要做好纺织企业的营销,必须研究、了解消费者所处的文化背景。社会文化由一些较小的群体或所谓的亚文化群构成。这些亚文化群有许多不同类型,其中对购买行为影响最显著的主要有以下三个方面。

1. 民族亚文化群　民族亚文化群以历史渊源为基础,具有基本文化总特征,包含自身较稳定的民族观念、宗教信仰、语言文字、风俗习惯、爱好禁忌等因素。如"中华民族文化"是由56个民族亚文化构成的,他们在食品、服饰、礼仪等方面各自保留着本民族的许多情趣和特色。

2. 宗教亚文化群　我国同时存在着佛教、道教、伊斯兰教、基督教等,其特有的信仰和禁忌体现在信教群体对纺织品的购买行为和购买种类上也会表现出许多特征。

3. 地理亚文化群　如我国中南地区与西北地区,沿海地区与内陆偏远地区,都有不同的生活方式和服饰喜好,从而对纺织品的购买也有很大差别。例如,服装消费,我国南方人喜好浅色的,北方人则喜好深颜色的。

(二)家庭因素对消费者购买行为的影响

对购买行为影响最大的因素就是家庭成员,家庭是社会中最重要的购买群体。一家之中,在作出购买决策时,丈夫、妻子和孩子谁起主导作用,在很大程度上取决于产品种类以及产品对满足他们需求的重要性。在美国,妻子是家庭购买活动的主要完成者,特别是在服装、食品和日用品方面。在我国现阶段,在服装、家庭装饰用纺织品的消费上,大约80%是由妻子做主的。当然,在家庭的购买活动中,其决策并不总是由妻子单方面作出的,实际上有些价值昂贵或耐用品的购买,往往是由夫妻双方包括已长大的孩子共同作出购买决定的。所以,不同国家或社会阶层情况有所不同,市场营销人员必须对目标市场的有关情况不断进行研究。

(三)社会相关群体对消费者购买行为的影响

相关群体也称为参照群体,是指对消费者的态度和购买行为具有直接或间接影响的组织、团体和人群等。它不仅包括那些具有互动基础的个人和群体,而且也涵盖了与个体没有直接面对面接触但对个体行为产生影响的个人和群体。消费者作为社会一员,在日常生活中要经常与家庭、学校、工作单位、左邻右舍、社会团体等发生各种各样的联系。人们常受参照群体的影响,虽然他们本身不在参照群体中。

(四)社会角色与地位对消费者购买行为的影响

一个人可以同时属于多种组织,如家庭、企业、学校或其他组织。人在组织中的位置通常用社会角色和地位来衡量。社会角色代表一种社会地位,反映了在社会中人所处的位置、为社会所作的贡献、社会对他的评价等。人们常常选择能代表自己社会地位的产品进行消费。

四、个人因素

消费者购买行为还可能受消费者个人特征的影响,如年龄与家庭生命周期、消费者的职业和地位、消费者的自我形象和性别等。

(一)年龄与家庭生命周期

消费者的欲望和行为,因年龄不同而有所差异。比如,半岁和一岁的婴儿,对玩具的需求就不同;同一消费者在青年时期和中年时期,对服饰的要求也不相同。

家庭生命周期是一个以家长为代表的从产生到消亡的家庭生活的全过程。处在不同阶段的家庭都有自己最感兴趣的产品,从青年时期独立生活开始,到年老后并入子女的家庭或死亡时为止。在不同阶段,同一消费者及家庭的购买力和对产品的偏好有较大差别。

(二)消费者的职业和地位

不同职业的消费者,对于商品的需求与爱好往往不尽一致。例如,工人、农民、公务员和教师,对不同产品及品牌会表现出不同的看法和购买意愿,消费上也表现出许多不同之处。看中服装品牌的多是公务员和教师,而对于时装模特儿来说,引领时尚的服饰和高档典雅的化妆品则更为需要。消费者的地位不同也影响着其对商品的购买。身在高位的消费者,将会购买能够显示其身份与地位的较高级的商品。

(三)自我形象和性别

自我形象是指个人怀有的有关自己的"图案",它驱使其寻求与此一致的产品、品牌,采取与自我形象一致的购买行为。注重自己形象的人更关注衣服的款式和合身性。为此,营销者要了解消费者自我形象与其拥有物之间的关系。

不同性别的消费者,其购买行为也有很大差异。男性消费者对烟酒类产品的购买频率明显高于服装,而女性消费者则喜欢购买时装、化妆品和首饰等。

此外,影响消费者购买行为的主要因素,除消费者自身因素、社会因素之外,还有企业和产品因素,如产品的质量、价格、包装、商标和企业的促销活动等。

第三节　消费者购买决策过程分析

一、消费者购买决策的内容

消费者在作出购买决策的过程中主要解决的问题,也是营销管理者值得关注和研究的问题,弄清楚这些问题对于增强营销效果,提高市场占有率有十分重要的作用。消费者购买决策过程中主要解决的问题有以下几个方面。

1. 消费者为何购买(Why)　消费者为何购买,即消费者的购买动机是什么。消费者为什么作出自己的购买决策,其目的是什么,有什么样的需求急需通过消费该商品而得到满足,消费者追求该商品的利益点是什么。作为企业管理者,必须围绕上述问题,尽量为消费者创造更多的符合不同需求或利益点的产品。如休闲服饰,有好的内在质量、舒适的感觉、美观的款式以及实惠的价格,则能够吸引追逐不同利益点的消费者,扩大目标消费者群体。

2. 消费者要购买什么(What) 消费者要购买什么,即消费者购买的目标商品是什么,也就是说消费者通过购买何种性质和品牌的产品来满足自己的消费需求。消费者不仅仅决定着自己的购买对象,更决定着自己将要购买产品的品牌。品牌忠诚度高,意味着消费者在决定购买对象的同时就已经决定了购买什么品牌。作为纺织企业,要努力提高自己的品牌知名度,培养更多的忠诚顾客,稳定市场占有率。

3. 消费者何时购买(When) 消费者何时购买,即消费者进行购买的具体时间。决定购买时间的因素主要有:消费需求的迫切性、市场行情、产品价格及供求状况、商品经销者的营业时间及消费者自身的作息时间等。如就服装和家用纺织品来说,上班族一般在傍晚或节假日采购,而退休和无固定工作的消费者则没有什么明显的规律。对于家庭装饰用纺织品而言,多在对房子进行装修时才会大批采购。另外,何时使用以及在什么地方使用,也是纺织企业必须了解的消费者的消费习惯。同时可以通过宣传,改变消费者的消费习惯,增加潜在的目标顾客。

4. 消费者在何处购买(Where) 消费者在何处购买,即消费者进行购买的具体地点。如今,消费者在购买产品尤其是纺织用品时,首先考虑的是到哪里购买,是到一般的批发市场还是到大型超市购买,是在路边小店还是去专卖店购买,是随便购买一般品牌的产品还是选定某些知名品牌,这些都是现代纺织企业必须关注和研究的知识。现代消费者正在由传统冲动型消费向理智型消费转变,在作出购买决策前,心里已有比较成熟的品牌和购买目的地。他们往往是先确定他们想要的产品,然后直奔目的地而去。一些国际性分销集团的实力远远超过生产企业,如沃尔玛、家乐福等是现代消费者青睐消费的地方。

5. 消费者购买多少(How much/How many) 理性时代的消费者在购买产品尤其是纺织产品时,购买的数量不大,但频率较高。这是因为,时尚的服饰产品生命周期都不长,在市场上流行一段时间很快就被新推出的更具流行色的产品所代替。企业必须抓住这一特点,了解消费者的购买数量和购买频率,制订出有针对性的营销战略。对纺织产品而言,许多纺织产品虽然比较耐储藏,但消费者购买数量主要取决于产品的颜色、款式、质地及时尚性等。根据消费者购买的数量,可以细分出哪些是该产品的大量消费者,哪些是少量消费者。

6. 消费者如何购买(How) 消费者如何购买,即消费者具体的购买方式。是亲自到店铺购买,还是选择函购、邮寄或网上购买等方式;其付款方式是现金支付,还是信用卡支付;是分期付款,还是采用其他支付方式:这些都是纺织企业需要关注的问题。

二、消费者的购买决策过程

消费者从不了解某种商品到经常购买某种商品,要经过哪些步骤?在这些步骤中企业要做好哪些工作,才能使之向下一步发展,直至经常购买企业的产品?要弄清这些问题,就需要研究消费者的购买决策过程。任何一个消费者在作出购买决策的过程中,都会自觉或不自觉地遵循如图 3-2 所示的规律。

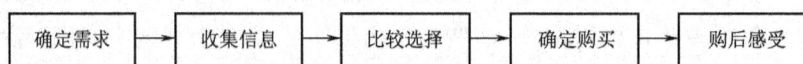

确定需求 → 收集信息 → 比较选择 → 确定购买 → 购后感受

图 3-2　消费者购买决策过程

(一)确定需求

它是消费者购买决策过程的起点。消费者有需求,才可能产生购买行为。需求可能由内部刺激引起,也可能由外部刺激而引起。消费者需求的产生,既可以是体内机能的感受所引发的,如因寒冷而引发购买服装,因刚买了新房子而引发购买装修饰品等,这种需求是内在的;同样,需求又可以是由外部条件刺激所诱发的,如受电视中的西服广告刺激而打算自己买一套,在某酒店住宿看到新颖的窗帘而决定购买类似的产品,看到别人穿着非常漂亮得体的服装,从而产生拥有的欲望。因此企业要加大宣传力度,通过适当的方式刺激顾客,使之了解、喜欢本企业的产品,并产生购买欲望。当然,有时消费者的某种需求可能是内、外因素共同作用的结果。

(二)收集信息

在市场营销中,研究发现,消费者购买决策的第二步是收集信息。当消费者产生了购买动机之后,便会开始进行与购买动机相关联的活动。如果购买的东西就在附近,消费者便会实施购买活动,从而满足需求。否则,消费者便会把这种需求存入记忆中,并注意收集与需求相关的信息,以便进行决策。消费者获取信息的来源有许多种,如报刊、杂志、电视、互联网等。因此,企业在做广告宣传时,对广告媒体的选择也要有针对性。

消费者信息的来源主要有以下四个方面。

1.个人来源　个人来源指消费者从与家庭成员、亲戚朋友、邻居同事等个人交往谈话中获取有关消费某种商品的信息,它对消费者个人购买决策起非常重要的作用,有很多时候个人消费决策就是由他们帮着作出的。

2.商业来源　商业来源是消费者获取信息的主要来源,其中包括广告、人员介绍、商品包装、产品说明书、产品推广会、权威机构推荐会、展览会等提供的信息。这一信息来源是企业可以控制的。

3.公共来源　公共来源指消费者从电视、广播、报刊、杂志等大众传播媒体或者消费者评审组织获取信息,这一信息来源企业在一定程度上可以加以控制。

4.经验来源　经验来源指消费者从自己亲自购买、使用商品的过程中得到的具体经验和感受。

上述信息来源中,个人信息来源是一个不可忽视的因素,邻居和同事对某商品的消费感受可能会成为指导他人消费的依据,属参考型信息来源。商业来源最为重要,也是最多的,是营销人员最能控制的,对消费者而言,它不仅具有指导作用,而且有很强的针对性和目的性。个人经验来源只能是经验判断,在购买决策中起一定作用。而公共来源的信息可信度较高。

(三)比较选择

消费者通过收集信息,了解了市场上的竞争品牌。如何利用这些信息来评价、确定最后可选择的品牌?其过程一般是:某消费者只能熟悉市场上全部品牌中的一部分,而在熟悉的品牌中,又只有某些品牌符合该消费者最初的购买标准,在有目的地收集了这些品牌的大量信息后,便对可供选择的品牌进行分析和比较,并对某种品牌的产品作出客观评价,最后决定购买。通常消费者分析比较的内容主要包括如下方面。

1.分析产品属性　产品属性即产品能够满足消费者需要的特性。消费者一般将某一产品看成是一系列属性的集合,是消费者在购买决策过程中最为关注的,如对服装产品,他们关心的属性一般是柔软度、舒适度、保暖性、透气性、手感、面料、款式、价格等。而对装饰用纺织品,他们关心的是颜色、光泽、图案、气味、安全性、透光性等。

2.建立属性等级　属性等级即消费者对产品有关属性重要程度所赋予的权数大小。在非特色属性中,有些可能被消费者遗忘,而一旦被提及,消费者就会认识到它的重要性。市场营销人员既要关心属性权重,又要关心属性特色。

3.确定品牌信念　消费者会根据各品牌的属性及各属性权数的大小,建立起对各个品牌的不同判断,并在自己的购买意向中形成初步判断。

4.形成"理想产品"并作出最后评价　消费者从众多可供选择的品牌中,通过各自不同的评价方法,对各种品牌进行比较评价,从而形成对它们的态度和对某种品牌的偏好。

在顾客的比较选择阶段,企业应该做到:第一,在这个阶段,向消费者传播大量的能够打动他们的信息;第二,提供消费者愿意接受的、在性能和价格上让他们比较满意的产品;第三,增加产品附加功能,尽量使产品能给消费者带来更多利益。所以,企业在宣传中,要注意突出自己产品的特色和优点,尽量让顾客多了解自己产品的特色和优点,吸引消费者作出正确的判断和选择。

(四)确定购买

确定购买是消费者购买决策中的第四步。根据一项调查结果显示,在对1000名声称年内要购买某知名品牌服装的消费者进行追踪调查以后发现,只有近200名消费者实际购买了该品牌服装。因此,只让消费者对某一品牌产生好感和购买意向是不够的,真正将购买意向转为行动,还必须考虑身边人态度和意外情况两方面因素的影响(图3-3)。

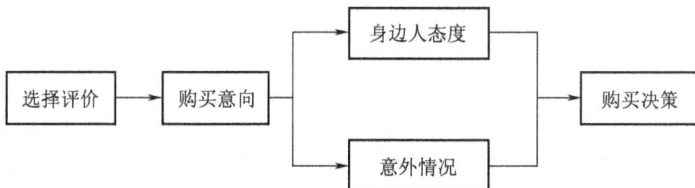

图3-3　消费者确定购买意向过程图

1.身边人态度 消费者的购买意图,会因身边人的态度而增强或减弱。身边人的态度对消费意图影响力的强度,取决于其态度的强弱及其与消费者的关系。一般说来,身边人的态度愈强、与消费者的关系愈密切,其影响就愈大。例如,丈夫想购买某款式和颜色的窗帘,而妻子坚决反对,丈夫就有可能降低甚至放弃购买意向。

2.意外情况 消费者购买意向的形成,总是与预期收入、预期价格和期望从产品得到的好处等因素密切相关。如果这些预期因素发生一些意外的情况,诸如因失业而减少收入,因产品涨价而无力购买,或者有其他更需要购买的东西等,这些都可能使消费者改变或放弃原有的购买意图。例如,即将谈妥的服装购买生意,极有可能因为售货员服务态度的恶劣而告吹。

所以,企业应该注意,前期的工作尽管成功了,但在消费者实际购买阶段也一定要把握好,做到热情接待、周到服务,因为在实际购买的过程中,顾客依然可能作出否定购买的决策。

(五)购后感受

消费者购买商品以后,往往通过使用或消费购买所得,检验自己的购买决策、重新衡量购买决策是否正确、确认消费满意程度,作为再次购买决策的参考依据。

进入购后感受阶段,此时,市场营销人员的工作并没有结束。消费者对其购买的产品是否满意,将影响到以后的购买行为。如果对产品满意,则在下一次购买中可能继续采购该产品,并向其他人宣传该产品的优点。如果对产品不满意,则会尽量减少或避免再次购买同一产品,同时还可能告诉和规劝身边的人不要购买。

研究和了解消费者的需要及其购买过程,是市场营销成功的基础。市场营销人员通过了解购买者如何作出购买决策的全过程,就可以获得许多有助于满足消费者需要的有用线索;通过了解购买过程的各种参与者及其对购买行为的影响,就可以为其目标市场设计有效的市场营销计划。

本章小结

影响消费需求的因素是多方面的,各因素之间相互联系、相互制约,这些因素交织在一起,共同影响和决定着消费者的购买行为。而消费者作出购买决策的过程是一个极其复杂的心理过程,最终的购买决策直接关系到企业的市场份额和赢利率,因此,企业必须研究消费者买卖行为及其影响因素,采取应对措施。通过本章学习,可以了解纺织品市场消费需求的特点及其主要影响因素,了解消费者购买决策的过程。

思 考 题

1.什么是消费者需求?可以分为哪几个层次?

2.简述纺织品市场消费需求的特点。

3.影响消费者需求的因素有哪些?

4.文化因素是怎样影响消费者的购买行为的？

5.相关群体有哪些类型？对消费者行为的影响有哪些？

6.企业如何帮助和促使消费者认识需求？

7.消费者获取信息的来源有哪些？在消费者搜集信息时,营销人员应做什么？

8.简述购买决策的基本步骤。

9.企业为什么要重视消费者的购后感受？

10.试举一例说明自我形象对购买行为的影响。

实 训 题

背景材料:雅戈尔细心研究消费者购买行为,巧妙抓住运营成功的秘诀

雅戈尔品牌在国内已拥有较高的知名度和美誉度,也具备广阔的产品覆盖率和市场占有率。雅戈尔公司目前已在全国各地建立了150多家分公司2000多个商业网点,形成了强大的营销网络。雅戈尔已成为国内服装业公认最大的内销名牌服装生产商。

雅戈尔的成功在于其准确地把握住了纺织品市场消费者的购买行为特点,并有效地利用这一特点采取了适当的营销活动和网络铺设措施。

首先,雅戈尔注意到了西服是一种高档消费品,充分认识到了全国西服生产企业虽众多,但有品牌的西服在市场上仍是凤毛麟角。尽管穿西服的人仍不到1/12,但在一个拥有13亿多人口的"穿衣大国",随着经济的发展和人民生活水平的提高,人们对西服特别是拥有知名品牌的高档西服的需求将不断增加。

其次,雅戈尔从国内消费者收入水平的高低和消费的不同心理,将主要消费对象定格为城市中的中高收入阶层,包括企事业单位的白领阶层、政府机关的工作人员、个体和私营老板等,在研究这些消费对象的共同消费心理的基础上,雅戈尔根据消费对象的特点来制订市场营销策略、开拓市场,充分考虑到了服装消费品市场的针对性和层次性。

第三,品牌对于消费者购买高档消费品来说,是非常重要的。由于雅戈尔西服与雅戈尔衬衫所面对的消费对象基本相同,而雅戈尔衬衫又是中国知名品牌,雅戈尔西服利用雅戈尔衬衫国内第一品牌的名牌效应,依靠业已遍布全国的销售渠道和强大销售网络,依靠集团的雄厚实力,迅速打开市场突破口,并获得巨大成功。

第四,雅戈尔西服上市走的是一条从大城市到中小城市、从大商场到专卖店的营销道路。雅戈尔西服在市场树立的是一种名牌产品,采用的是一种不同于一般低档服装产品的高价策略,因此必须选择好市场的切入口。雅戈尔西服首先选择上海作为抢占国内市场的制高点,在上海的几家大商场首次推出雅戈尔西服。就目前实际消费情况而言,大商场商品消费属中高档消费,商品价格相对较高且商品在市场上都具有一定的知名度。在大商场推出雅戈尔西服能针对产品所服务的消费者群体进行有针对性销售,能给产品一个确切的定位。因此,雅戈尔西服选择的市场进入点是非常成功的。

第五,不同的消费者由于其社会地位、收入水平、文化素养和民族风俗等方面的原因,表

现出其消费特点和消费需求有一定的不同,在购买行为上也有很大的差异。为消除这些差异,找出影响消费者购买行为的各种因素,吸引消费者,雅戈尔率先采取了旗舰式自营专卖店和窗口商场为基础的营销网络,既恰当地表达了雅戈尔西服作为名牌产品的意愿和概念,又能够借助这一网络很好地吸引广大消费者来购买,并通过消费者的购买了解市场状况,了解地区的经济、文化、气候等,充分掌握消费者需求的多样性和各种影响因素。

案例思考:

(1)雅戈尔西服成功的主要原因是什么?

(2)雅戈尔西服从哪些方面抓住了服装消费者的消费心理和购买行为特点,企业这样做的营销依据是什么?

第四章 纺织品目标市场战略

本章知识点

1. 市场细分、目标市场营销的概念。
2. 消费者市场的细分依据。
3. 目标市场策略的主要类型、特点及其选择。
4. 市场定位的概念、步骤及其策略。

导入案例

"靓妞"魅力翩然地华丽转身

2006 年对于嘉兴市靓妞羊绒制衣有限公司来说,是机遇和挑战并存,创新自我,战胜自我的一年。"靓妞"从生产混合羊绒全面转型到山羊绒,产品重新定位,终于实现了品牌的再提升。

据了解,靓妞羊绒制衣有限公司董事长张凤霞于 1993 年创立嘉兴凤霞羊绒制衣厂时,就成功地从生产羊毛衫转型到混绒,并于 1996 年注册"靓妞"商标,倾力打造自主品牌。回想起那次转型经历,张凤霞记忆犹新,"刚转型的时候压力真的很大,没有任何退路可言。但市场形势决定了转型是唯一出路。值得庆幸的是,各代理商都十分支持我的决定,最后一起努力获得了成功。有了上次的经验,这次我一提转型,代理商都是集体响应。"对公司来说,领导者的决策十分重要,因为这不仅关系着厂家自身的利益,而且还维系着各级代理商的利益。张凤霞更是深谙其中的道理,每作出一个决策都经过深思熟虑。

2006 年,嘉兴市靓妞羊绒制衣有限公司决定将品牌锁定在更高端的领域,通过跻身高端市场与竞争对手拉开距离,使品牌形象得以提升。张凤霞董事长给自己和代理商制订了一个 10 年内主攻山羊绒的计划,产品市场定位于 35～55 岁的高消费人群。有了明确的方向后,公司在产品质量、工艺技术、设计水平等方面作了相应的调整。实践是检验真理的唯一标准,后来,事实证明"靓妞"的选择是正确的。这一年,全国重点大型百货商场类商品销售数据显示,各大商场对服装的经营档次进行高度细分,大城市大商场不断调高定位。以沈阳为例,75 家混绒和半精纺压缩到 30 家左右,而"靓妞"以强大的品牌号召力稳踞一线品牌阵营。

(资料来源:中国针织网,2007 年 12 月 26 日)

这一案例表明,在激烈的市场竞争中,纺织服装企业有意识地选择目标市场,以自己的专长和特色,独辟蹊径,开拓自己的目标市场,是目前纺织服装企业生存与发展的主要出路。

为什么这样认为呢？本章将会给你一个答案。

第一节　纺织品市场细分

纺织企业要取得竞争优势,就要识别自己能够有效服务的最具吸引力的细分市场,而不是到处参与竞争。因为市场是由产品或服务的实际或潜在的购买者组成,然而购买者众多,购买者的需要和购买行为又有着很大的差异,因此,企业营销成功的关键在于发现和评价市场机会,进行正确的市场定位。

一、市场细分概念的产生与发展

市场细分,也称市场区别、市场划分或者市场区隔,是指根据消费者需求的差异性,选用一定的标准,将整体市场划分为两个或两个以上具有不同需求特性的"子市场"的工作过程。将整体市场划分成若干个细分市场是有其客观依据的,首先是由于消费者需求的差异性,其次是由于企业资源的有限性和为了进行有效的市场竞争。

市场细分是市场营销理论发展到 20 世纪 50 年代时提出的一个重要概念,是由美国著名营销专家温德尔·史密斯在总结一些企业的实践经验后提出来的。它表现出极强的生命力,不仅立即为理论界和企业界所接受,直至今日仍被广泛应用。

市场细分概念的形成与发展,大致经历了以下三个阶段。

1. 大量营销阶段　在此阶段,企业面向整个市场大量生产、销售同一品种规格的产品,试图满足所有顾客对同类产品的需求。如我国服装业,二十世纪六七十年代,由于经济水平较低和特殊的社会政治背景,人们穿着单调、缺乏色彩,企业生产服装就像生产标准件一样。

2. 产品差异性营销阶段　在此阶段,企业意识到产品差异在激烈市场竞争中的好处,开始采用差异营销策略。企业生产多种具有不同品质、性能、规格、外观款式及包装的产品,是为了给消费者提供多种选择,而不是为了吸引不同的细分市场。此阶段还没有划分市场、选择目标市场的意识。例如,我国服装业,20 世纪 80 年代,随着改革开放和经济形势的好转,人们长期被压抑的对美的追求终于可以实现了,各种款式、各种色调、各种面料的服装,争奇斗艳。市场上的服饰品种大大丰富了,但大多数服装店都千篇一律,什么好销卖什么,乍看品种很多,实际则缺少特色,缺乏目标。

3. 目标市场营销阶段　此阶段企业首先要辨认出主要的细分市场,然后从中确定一个或几个细分市场作为自己的目标市场,最后根据每一目标市场的特点来制订营销策略,以满足多样化需要。例如,现在我国的服装制造和销售企业,已经在有意识地选择目标市场,以自己的专长和特色,独辟蹊径,发现和占领最有利的市场机会,以最少的费用取得最大的经济效益。纺织企业的目标市场营销要求企业可以有的放矢地进行面料开发、款式设计、工艺组织,使产品适销对路,并针对目标市场进行品牌定位和制订价格策略,进行促销宣传,安排分销渠道,以使企业在激烈的竞争夹缝中能够生存和发展。

二、市场细分的作用

市场细分不仅可以反映出不同消费者的不同需求,进一步分析,还可以使企业发现消费者尚未被满足的需求。对于纺织企业而言,满足这方面的需求是个极好的营销目标。纺织品市场细分是纺织企业确定目标市场和制订营销策略的前提和基础,这种理论对纺织企业有重要的作用,概括地讲有以下三个方面。

(一)有利于纺织企业发现新的市场机会,实现市场的开拓创新

通过市场细分过程,企业可以深入了解不同子市场中的消费者的不同需求,因此,更容易发现新的营销机会,形成新的目标市场。例如,日本吉田工业公司(YKK)通过市场细分发现了拉链的新的应用市场,把拉链推进到人类生活的每一个角落:帐篷、渔网、围网、化妆盒、皮包、服装、工具箱等,YKK因而成了闻名遐迩的"世界拉链大王"。另外,市场细分过程,还可使企业比较不同细分市场(或子市场)中的需求情况和企业的竞争者在各个细分市场中的地位,在充分了解竞争态势的前提下,确定企业自身适当的位置。

(二)有利于纺织企业有效地分配人力、财力、物力

通过市场细分,可使企业营销人员更清楚地知道各细分市场的消费者对不同营销措施和策略的反应及差异,据此进行企业的人力、财力、物力的全面分派、使用,不仅可以避免企业资源的浪费,而且可以使有限的资源用在最适当的地方,发挥最大的功效。

(三)有利于纺织企业自身的应变和调整

通过市场细分过程,企业比较容易发现购买群体的反应,信息反馈快,从而根据市场的变化,调整产品结构、营销目标,提高企业的应变能力。例如,李宁公司根据消费者需求的变化,把产品一次又一次地重新定位,表现在广告上是:从最早的"中国新一代的希望"到"把精彩留给自己"到"我运动,我存在"、"运动之美世界共享"、"出色,源自本色"。又如,在国际市场上,特别是发达国家,对某些产品如老人服装、儿童服装以及家庭装饰用织物,都有一定的阻燃要求,因此,我国纺织企业可以根据市场的变化,不断调整产品。

三、市场细分的依据

由于市场细分是建立在市场需求差异的基础上的,因此形成需求差异的各种因素均可作为市场细分的标准。消费者市场与生产者市场的细分依据是有所区别的,需分别分析,本章将重点介绍消费者市场细分的依据。

(一)地理细分

地理细分,就是纺织企业按照消费者所在的地理位置以及其他地理变量(包括城乡状况、地形气候、交通运输等)来细分消费者市场。

1.地区　我国地域辽阔,不同地区的市场特征明显不同,因而市场是不同质的。经济特区和沿海地区的经济发展速度与市场发育程度要高于中部地区、西北地区和东北地区,表现在市场密度、购买力等方面存在着很大的差异。

2.气候　气候也是一个重要的细分变量,如我国气候分热带、亚热带、中温带、暖温带、寒带等。不同的气候有着不同的消费需求,需要不同的产品。

3. 地域文化 不同地区有着不同的消费方式与习俗、不同的传统与风情、不同的市场交换观念,这也会对营销活动产生影响。所以,地域文化也常被营销者用来作为消费者市场细分的一个重要依据。

(二)人口细分

人口细分,就是纺织企业按照人口变量(包括年龄、性别、收入、职业、教育水平、家庭规模、家庭生命周期、宗教、种族、国籍等)来细分消费者市场。

1. 年龄 人的年龄是一个重要的变量,不同年龄阶段人的体形有很大的差别。消费者的欲望与需要常随着年龄的变化而变化。以年龄区段划分市场必须注意人口分布在各个年龄区段上是不均匀的,应根据人口普查的数据作纺织品市场的推算,如不同年龄层次的女性其个性和对服装的要求都是不同的(表4-1)。

表4-1 不同年龄层次女性的个性及对服饰的偏好

年 龄	个性特点	对服饰要求	消费特征
15~17岁 (花季期)	生理和心理不稳定,好动,爱新奇,喜欢引人注目	要求款式活泼新奇、颜色鲜艳夺目,喜欢追赶潮流	注重款式,要求颜色跳跃有节奏,喜欢名牌,关注装饰配件,要求价格较低,对做工面料不讲究,运动装需求大
18~24岁 (婚恋期)	生理和心理趋于成熟,喜欢刻意装饰,执著爱美,对他人的评价和穿着反应敏感,表现欲强烈,有收入,负担轻	追求时髦,对服饰欣赏品味高,对服饰美有强烈要求且目的明确	要求款式颜色符合潮流、面料考究,关注名店、名牌、名师,易受广告诱惑,价格可较高,售货员应懂行,看好高级套装、礼服、休闲装
25~34岁 (成熟期)	有生活、社会经验和较高的文化素养,稳重,收入稳定,打扮成为生活的一部分	欣赏水平高,对衣着有独特的见解	款式、颜色应符合流行趋势,面料要考究,做工要精细,关注名店、名师,对广告较为关注,价格可较高,对正规套装、休闲装有需求
35~50岁 (不惑期)	生活经验丰富,其中一大部分为职业女性,有较高文化素养、稳重,对渐去的青春留恋与回忆	雅而别致,俏而不艳,对服饰的选择标准趋于稳定	要求颜色冷而凝重,款式设计线条简洁、庄重而不古板,不受广告诱惑,对正装、休闲装需求量大

2. 性别 性别是经常用来细分诸如服装、化妆品、滋补品、个人服务等产品市场。人口的性别结构是指男女在人口总数中所占比例。人们由于性别不同,其消费需求也有所差异。这种差异在纺织品的消费中表现得更为显著。

3. 收入 收入决定了支出,决定了购买力大小。如实际年收入10万元与实际年收入1万元的消费者,在购买产品的档次和所能承受的价格方面有许多差别。又如,随着我国低收入人群收入的提升,国内纺织品消费还会保持快速增长的势头,如家纺工业将成为中国纺织经济增长的主要拉动力,北京及上海、广州等沿海城市市场增长潜力最大。

4.家庭生命周期 家庭生命周期表示了一个家庭生活的变化过程,在周期的不同阶段,家庭的支出模式会发生变化(表4-2)。

表4-2 家庭生命周期八阶段及其购买模式

家庭生命周期阶段	购买行为模式
1.单身阶段	无财务负担,领导潮流,喜娱乐
2.新婚阶段	财务状况较好,有最高的购买率和耐久产品购买量
3.满巢一期: 最小的孩子小于六岁	购买家庭用品的巅峰时期,有很少的流动资产,对新产品有兴趣,喜欢广告中的商品,对财务状况不满意
4.满巢二期: 最小的孩子已经六岁	财务状况较好,购买大型包装产品、数量多的商品,上音乐课等
5.满巢三期: 中年夫妇,孩子未独立	财务状况仍好,很难受广告影响,对耐久产品平均购买力最高
6.空巢一期: 小孩不同住,家长仍工作	自有房子,对财务状况满足,喜远游、娱乐、自我教育,对新产品没兴趣
7.空巢二期: 小孩不同住,家长年老退休	所得减少,购医疗用品及保健用品
8.年老丧偶独居阶段	和其他退休者类似

(三)心理细分

心理细分,就是按照消费者的生活方式、个性等心理变量来细分消费者市场。

1.生活方式 生活方式是指消费者对自己的工作、休闲和娱乐的态度。生活方式不同的消费者,他们的消费欲望和需求不同。企业可根据生活方式将消费者分为紧跟潮流者、享乐主义者、主动进取者、因循保守者等,以此为依据将整体市场划分为不同的细分市场,如服装市场可以划分为"传统型"、"新潮型"、"严肃型"和"活泼型"等几个细分市场。

2.消费者个性 消费者的个性千差万别、表现各异,消费个性对消费者的需求和购买动机会产生不同程度的影响。例如,目前市场上有不少床上用品厂家,针对不同的目标消费群,如新婚族、新居族、单身贵族等标榜个性化和时尚品位的消费者,推出了具有个性化色彩的床上用品系列。这种风格的产品特点是不拘泥于以往既定的模式,在色彩和搭配上推陈出新,比如在色彩上,一款有着春天般绿意的床单,搭配上深蓝色的枕套及红色的被单,年轻人注重自我的个性就被张扬出来。在图案选择上,抽象、卡通图案成为最时髦的选择,加菲猫、史努比和各种抽象的图案成为青年人不愿长大的宣言和追求个性的旗帜。

3.购买动机 购买动机是驱使消费者实现个人消费目标的一种内在力量,购买动机可分为求实动机、求名动机、求廉动机、求新动机、求美动机等。企业可把这些不同的购买动机作为市场细分的依据,把整体市场划分为若干个细分市场,如廉价市场、便利市场、时尚市场、炫耀市场等。例如,在一些发达国家,亚麻产品属高档产品,是时尚与身份的象征,以其天然绿色环保的特性受到广大消费者的青睐,因此亚麻产品将会有更大的发展空间与前景。

4.购买态度 购买态度通常指个人对所购产品持有的喜欢与否的评价、情感上的感受和行动倾向。企业可以按照消费者对产品的购买态度来细分消费者市场。消费者对企业产品的态度有热爱、肯定、不感兴趣、否定和敌对五种。企业对持不同态度的消费者群,应当酌情采取不同的市场营销组合策略。对那些不感兴趣的消费者,企业要通过适当的广告媒体,向他们大力宣传介绍企业的产品,使他们转变为有兴趣的消费者。

(四)行为细分

行为细分,就是企业按照消费者购买或使用某种产品的动机、消费者所追求的利益、消费者对某种产品的使用率、消费者对品牌的忠诚程度等行为变量来细分消费者市场。例如,利用阻燃纺织品制作宾馆床上用品、出口欧美的儿童服装等,或用抗菌织物生产内衣裤。袜子等日用品在欧美消耗量很大,此类商品的包装一般以半打为宜,不仅便于购买与销售,也节约了包装成本。手绘真丝手帕只是在正式场合才使用,因此宜采用精致小包装,定价宜高,以显示其珍贵,这是以使用率或数量细分。

四、市场细分的原则

纺织企业在明确市场细分的意义之后,决定要对整体市场进行细分时,首先要掌握市场细分的原则并寻求合适的细分依据,才能细分好整体市场,选择好自己的目标市场。市场细分的原则有以下六个方面。

(一)差异性

差异性是指欲细分的市场需求差异比较明显,否则,细分意义不大,即使花了钱和时间进行了细分,也不会有多大效果。如,意大利布料厂商在每季与每个流行周期都会开发出不同风格的新产品,除了在色彩及款式上提出最新的设计外,也在纱线成分与组织结构上进行改良,以创造出意大利布料产品的差异性,长期保持在国际市场上的良好声誉与无法被取代的地位。意大利厂商展示的布料种类相当广泛,包括纯丝与人造丝、纯羊毛与羊毛混纺、棉与麻等各种材质,并配合最新的高科技与强大的产品开发设计能力,因应市场多元化的需求。

(二)相似性

相似性即同一细分市场中的顾客需求应具有尽可能多的相似性,以便有效地应用同一种市场营销策略。如服装市场,按照性别可以细分为男士服装和女士服装,但是,每一个细分市场由于又受消费者年龄、职业、个性、心理等许多因素影响,存在着太多的差异性,很难应用同一种市场营销策略。如果再在性别细分的基础上,采用年龄、职业等标准进一步细分,则可使每一个细分市场具有较多的相似性。

(三)可衡量性

可衡量性是指细分市场的规模、购买力是可以被衡量的,以便企业正确评价各个细分市场,有效地选择目标市场。而某些细分变量是很难衡量的,如对于左撇子,很少有产品是针对这个市场的,主要问题在于很难找到和衡量这个市场,目前甚至还没有有关左撇子人口的统计数据。

(四)可接受性

这是指纺织企业在细分整体市场之后,应选择哪些细分市场作为自己的目标市场。面对这个问题,要考虑两方面的因素:一是各个细分市场吸引力的大小,也就是市场需求的大小,需求大,吸引力就大;二是要考虑企业的资源实力,也就是企业的人力、物力、财力、技术等方面,若市场的吸引力与企业的资源相适应,这样的细分市场才能成为企业的目标市场,否则市场的吸引力再大,也应该放弃。例如,妩媚动人的香港影星张曼玉在《花样年华》中据说穿了20多套旗袍,将其动人的身体曲线展现得淋漓尽致,加之电影中浓厚的怀旧情绪,立刻在全世界掀起了旗袍热。哈尔滨一家刚刚开业的婚纱店以"花样年华"为店名,搜集了上百套旗袍,还开展了量身定做服务,专门满足新娘们的复古愿望。由于市场定位准确,抓住了与电影同步的时机,该婚纱店一开张就顾客盈门。设想一下,假如一家从事食品的公司做起旗袍生意结果会是如何。

(五)实效性

这是指企业对所选择的目标市场要求有相当的效益,对这样的目标市场的营销才有实际意义。为此,企业应对所选择的目标市场进行认真核算,看其产品的成本有多大、价格有多高,利润有多少,取得预期的效益有多大,并明确其开发的意义。若企业花大力气对目标市场进行开发,而取得利润甚微,甚至亏本,那么这样的细分市场就缺乏开发的意义,不应选择为企业的目标市场。

(六)稳定性

这是指企业对所要选择的目标市场要考虑其有相对稳定的时间。若其相对稳定的时间能足以实现企业的营销计划,这样的细分市场才能作为企业的目标市场,否则企业尚未很好地施展其营销策略,市场就发生了变化,这样的细分市场就是昙花一现,就不应选为目标市场。例如,中国将保持吸收外资政策的连续性和稳定性,这将促使国外一些纺织品集团加大对我国的投资,因为只有这样才能保证这些企业实现营销计划,达到赢利的目的。

第二节　纺织品目标市场选择

一、目标市场的含义

纺织企业在进行了市场细分之后,便面临着选择目标市场的问题。这时,企业必须根据自己的资源条件选择一个或几个细分市场作为自己的服务目标,这样确定的市场即为企业的目标市场。在真正确定目标市场之前,大多数企业都必须做好多方面的准备工作,这些工作对于纺织企业确立下一步的经营策略具有重要意义。

目标市场与市场细分是两个既有区别又有联系的概念。市场细分是发现市场上未满足的需求与按不同的购买欲望和需求划分消费者群的过程,而确定目标市场则是企业根据自身条件和特点选择某一个或某几个细分市场作为营销对象的过程。因此说,市场细分是选择目标市场的前提和条件,而目标市场的选择则是市场细分的目的和归宿。

二、目标市场策略

可供企业选择的目标市场策略,主要有三种,如下图所示。

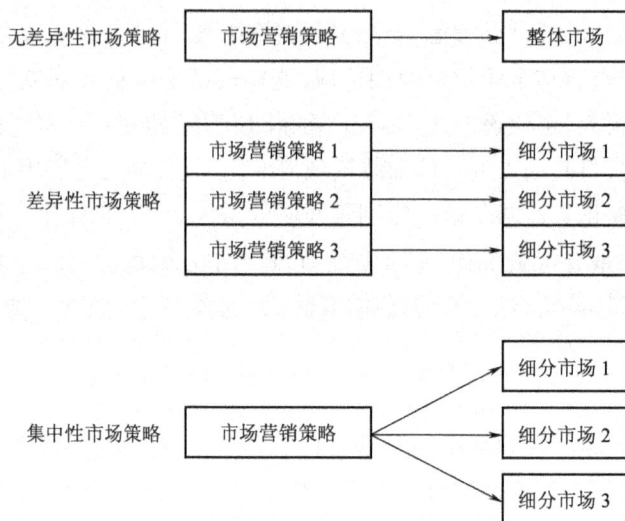

```
无差异性市场策略    [市场营销策略] ────────→ [整体市场]


                   [市场营销策略1] ──────→ [细分市场1]
差异性市场策略      [市场营销策略2] ──────→ [细分市场2]
                   [市场营销策略3] ──────→ [细分市场3]


                                        ┌──→ [细分市场1]
集中性市场策略      [市场营销策略] ──────┼──→ [细分市场2]
                                        └──→ [细分市场3]
```

三种目标市场策略示意图

(一)无差异性市场策略

无差异性市场策略即用一种商品和一套营销方案吸引所有的消费者。采用此策略的纺织企业把整个市场看成一个整体,不进行细分,或是在纺织企业作了细分化的工作之后,决定把整个市场作为目标市场。这种无差异性的市场策略,可以解释为向全部市场提供单一产品。

无差异性市场策略的优点十分明显。首先,这种策略可以降低营销成本,大批量地生产,使单位产品的生产成本能够保持在相对较低的水平;单一的营销组合,尤其是无差异的广告宣传,可以相对节省促销费用。其次,广告宣传等促销活动的投入,不是分散使用于几种产品,而是集中使用于一种产品,因此有可能强化品牌形象,甚至创造所谓超级品牌。

无差异性策略的缺点同样明显。首先,它不可能使消费者多样的需求得到较好的满足。在很多情况下,并非需求没有差异,而是企业"忽略"了差异。可以说,在一定程度上,这种营销方式是靠强大的广告宣传"强迫"具有不同需求的顾客暂时接受同一种产品。这就潜藏着失去顾客的危险。其次,易使本企业受到其他企业发动的各种竞争力的伤害。再次,如果在同一市场上众多企业都采用无差异性策略,就会使市场上的竞争异常激烈,最后形成几败俱伤的局面。

一般而言,无差异性市场策略适用于两种情况:一是具有同质性市场的产品;二是具有广泛需求、可以大批量产销的产品。但对于大多数需求存在明显差异的产品而言,这种策略并不适用。需要特别提醒的是,市场是不断变化的,那些具有同质需求的产品和需求差异性较小的产品,随着时间的推移,很可能在多种因素的作用下,由同质渐变为异质、由差异性较小渐变为差异性较大。如果企业不注意这些变化,及时改变策略,势必使企业陷入困境。

总之,采用无差异性策略,企业经营者都是千方百计地给大多数消费者制造一个产品优良的印象。显然,在多样化的纺织品市场领域中,这种策略应用有限。但也有不少纺织品服装企业在经营大众基本需求产品如中低档的袜类、牛仔裤、内衣裤等时,应用这种策略获得了成功。

(二)差异性市场策略

差异性市场策略即针对每个细分市场的需求特点,分别为之设计不同的产品,采取不同的市场营销方案,满足各个细分市场上不同的需要。

采取差异性策略的企业,一般拥有较宽、较深的产品组合和更多的产品线,实行小批量、多品种生产;不仅不同产品的价格不同,同一产品在不同地区市场的价格也有差异;分销渠道可能各不相同,也可能几种产品使用同一渠道;促销活动也有分有合,具体产品的广告宣传是分开进行的,而品牌的宣传则常常是统一的。

差异性市场策略具有四方面优点。第一,这种营销方式大大降低了经营风险。由于企业同时在若干个既互相联系又互相区别的子市场上经营,某一市场的失败,不会威胁到整个企业。第二,这种营销方式能够使顾客的不同需求得到满足,也使每个子市场的销售潜力得到最大限度的挖掘,从而有利于扩大企业的市场占有率。第三,这种营销方式大大提高了企业的竞争能力,特别有助于阻止其他竞争对手利用市场空当进入市场。第四,如果企业能够在几个子市场上取得良好经营效果、树立几个著名品牌,则可以大大提高消费者或用户对该企业产品的信赖程度和购买频率,尤其有利于新产品迅速打开市场。

差异性市场策略也有其局限性,最大问题是营销成本的提高。小批量、多品种的生产,使单位产品的生产成本相对上升;多样化的广告宣传必然使单位产品的广告费用增加;此外,还会增加市场调研和管理等方面的费用。所以,这一策略的运用,要有这样的前提,即销售领域扩大所带来的利益必须超过营销总成本的增加。由于受有限资源的制约,许多中小型纺织企业无力采用此种策略。较为雄厚的财力、较强的技术力量和高水平的营销队伍,是实行差异性策略的必要条件。

(三)集中性市场策略

集中性市场策略又称密集性市场策略,就是指企业选择一个或少数几个子市场作为目标市场,制订一套营销方案,集中力量为之服务,争取在这些目标市场上占有大量份额。这是一个比较特殊的策略,前两种策略不论哪一种,它面对的都是整个市场。而采取集中性市场策略的企业,是集中针对一个或两个细分后的小市场并以之为目标市场。这样的决策主要是考虑到要避免财力资源的过分分散,也就是说把企业的实力集中用于一个市场细分的面上来求得成功。这个策略的出发点,不是在一个大的市场当中,寻求一个小的占有率,而是谋求在一个小的市场当中,获得比较大的占有率。这种策略的优点是可以节省费用,集中精力创名牌和保名牌。这是一种特别适用于小企业的策略。小企业的资源和营销能力,使其无法与大企业正面抗衡。但通常市场上总是存在着这样一些子市场:它们的规模与价值对大企业来说相对较小,因而大企业未予注意或不愿踏足,但却足以使一个小企业生存并发展。如果小企业能够为其子市场推出独到的产品,并全力以赴加以开拓,则往往能够达到目标。实行这种策略,可以使某些子市场的特定需求得到较好的满足,因此有助于提高企业与产品的知名度,今后一旦时机成熟,便可以迅速扩大市场。值得注意的是,这种策略强调的是一种"独辟蹊径、蓄势待发"的经营思想,对于我国企业在选择目标市场方面避免近年来屡屡发生的"追风赶潮"现象,即一旦某个企业成功开发了某一市场,便有许多企业争相跟进,应具有积极意义。这种策略的不足之处在于经营风险较大,因为选择的市场面比较窄,把全部精力都放在这儿,一旦市场消费者突然改变了需求偏好,或某一更强大的竞争对手闯入市场,或预测不准以及营销方案制订得不好,就会使企业因为没有回旋余地而陷入困境。因此采用这一策略的小企业必须特别注意产品的独到性及竞争方面的自我保护,还要密切注意目标市场及竞争对手的动向。例如,一家纺织品连锁店为自己定位为,以其过人的创意为缝纫业者服务的零售店,即为喜爱缝纫的妇女提供"更多构想的商店",获得了成功。

三、目标市场策略的选择

上述三种市场策略各有利弊,它们各自适用于不同的情况,纺织企业在选择目标市场策略时,必须全面考虑各种因素,权衡得失,慎重决策。这些因素主要有以下几个方面。

(一)企业的实力

企业的实力包括企业的设备、技术、资金等资源状况和营销能力等。如果企业的实力较强,则可实行差异性营销,否则,最好实行无差异性营销或集中性营销。

(二)产品差异性的大小

产品差异性的大小指产品在性能、特点等方面的差异性大小。如食盐、食糖、大米等产品,需求的差异是很小的,因而可视为"同质",对于同质产品或需求上共性较大的产品,一般宜实行无差异性营销。反之,对于差异性较大的产品,如纺织品、化妆品、钟表等,则应实行差异性营销或集中性营销。

(三)市场差异性的大小

市场差异性的大小即指市场是否"同质"。如果市场上所有顾客在同一时期偏好相同,购买的数量相同,并且对营销刺激的反应相同,则可视为"同质市场",宜实行无差异营销战略。反之,如果市场需求的差异性较大,则为"异质市场",宜采用差异性或集中性战略,如多数纺织企业应采用差异性或集中性战略。

(四)产品生命周期的阶段

对处于不同生命周期阶段的产品,应采取不同的目标营销战略。处在介绍期和成长期的新产品,营销重点是启发和巩固消费者的偏好,不宜提供太多的品种,最好实行无差异性营销或针对某一特定子市场实行集中性营销;当产品进入成熟期时,市场竞争剧烈,消费者需求日益多样化,可改用差异性营销战略以开拓新市场,满足新需求,延长产品生命周期。

（五）竞争者的战略

一般说来，企业的目标营销策略应该与竞争者有所区别，宜反其道而行之。如果强大的竞争对手实行的是无差异性营销，企业则应实行集中性营销或更深一层的差异性营销；如果企业面临的是较弱的竞争者，必要时可与之"对着干"，采取与之相同的策略，凭借实力击败竞争对手。

当然，以上所述只是一般原则，并没有固定模式，营销者在实践中应根据竞争对方的力量对比和市场具体情况灵活选择。

第三节　纺织品市场定位

一、市场定位及其必要性

纺织企业选择了自己的目标市场和目标市场策略后，企业的服务对象和经营范围虽然可以确定了，但还需要对市场定位进行决策。

（一）市场定位的含义

市场定位就是纺织企业为某一种产品在市场上树立一个明确的、区别于竞争者产品的、符合消费者需要的地位。也就是纺织企业为某一种产品创造一定的特色，树立良好的市场形象，以满足消费者的特殊需要和偏爱。

（二）市场定位的必要性

在现代社会中，消费者对纺织品的各种各样的偏好和追求都与他们的价值取向和认同的标准有关，纺织企业要想在目标市场上取得竞争优势和更大的效益，就必须在了解购买者和竞争者两方面情况的基础上，确定本企业的市场位置，进一步明确企业的服务对象。企业只有在市场定位的基础上，才能为企业确定形象，为产品赋予特色，以特色吸引目标消费者，这也是当代纺织企业的经营之道。

二、市场定位的方法

各个纺织企业经营的产品不同，面对的顾客不同，所处的竞争环境也不同，因而市场定位的方法也不同。一般来说，市场定位的方法有以下几种。

（一）根据具体的产品特色定位

产品特色定位是根据产品本身特征，确定它在市场上的位置。构成产品内在特色的许多因素都可以作为市场定位所依据的原则，如产品构成成分、材料、质量、档次、价格等。例如，紫罗兰品牌在产品特色上，以清新、淡雅的特色绣花、提花、印花床品为主，每年推出的几百种花型系列床品在国内、国际市场都取得了很高的美誉度，产品涵盖套件、四件套、被子、枕芯等十大系列二百多款，用料讲究，款式新颖，做工精良，价格适中，产品设计将中国文化与近代法国文化相结合，其时尚的生活理念深得顾客青睐，并为同行所难效仿。紫罗兰用优秀的品牌文化和高品质的产品倡导全新的生活理念，以生活温情、亲民高尚、健康身心为品牌传播核心定位理念，以期在消费者心目中形成亲切、温暖、健康的品牌形象。

(二)根据所提供的利益和解决问题的方法定位

产品本身的属性及由此衍生的利益,以及企业解决问题的方法也能使顾客感受到它的定位。例如,环保棉纺织品的开发对棉花的科研育种工作提出了较高的要求,而彩色棉花的种植、收购、生产加工等环节都必须实行高度的专业化。因此,企业在各个环节上的投入较多,加之环保棉花本身的单产量就较普通白色棉花低,其最终产品的成本也就远高于普通棉制品,一般来说要高出 30% ~150% 。同时,由于其绿色环保的特点,受到消费者喜爱,国际市场上需求旺盛、供不应求,其产品价格往往高出普通棉制品 1~3 倍。相应的,其产品销售策略应该适应这一特点,具体到销售中所采用的品牌策略也应与此产品特性相一致。

(三)根据使用者的类型定位

根据使用者的类型定位,即根据使用者的心理与行为特征及特定消费模式塑造出恰当的形象来展示其产品的定位。例如,对开发和经营环保棉纺织品的企业而言,由于其最终产品价格往往高出普通棉制品 1~3 倍,因此,目前该类企业一般使用单一品牌,面向中高档服装服饰市场,针对受过较好教育、具有较强消费能力的中产阶层。可以说,这一市场定位及品牌策略基本上是正确的,因为其所面对的目标市场中的消费者既有消费环保棉纺织品的能力又有消费的愿望,同时其品牌内涵也符合这一人群的爱好。

(四)根据竞争的需要定位

根据竞争者的需要定位,即根据竞争者的特色与市场位置,结合企业自身发展需要,将本企业产品或定位于与其相似的另一类竞争者产品的档次,或定位于与竞争直接有关的不同属性或利益。

事实上,许多企业进行市场定位的方法往往不止一种,而是多种方法同时使用,因为要体现企业及其产品的形象和特色,市场定位必须是多维度、多侧面的。

三、市场定位的步骤

市场定位一般要经过如下步骤。

(一)调查研究影响市场定位的因素

1. 竞争者的定位状况　要了解竞争者的产品在顾客心目中的形象,衡量竞争者的竞争优势。

2. 目标顾客对产品的评价标准　要了解购买者对所要购买的产品的最大愿望和偏好,以及他们对产品优劣的评价标准是什么。不同产品评价标准是不同的,一般来说对于纺织品消费者主要关心的是产品质量、价格、款式、服务等。

3. 企业在目标市场上的潜在竞争优势　一般来说,竞争优势有两种形式:一是在同样条件下比竞争者价格可以更低,从而在价格上具有竞争优势;二是可以提供更多且更具特色的产品,从而在产品特色上具有竞争优势。

(二)选择定位优势和定位战略

企业通过对顾客喜好与偏爱的分析,以及与竞争者在产品、成本、促销、服务等方面的对比,就可以准确判定企业的竞争优势所在,选择合适的定位战略,进行正确的市场定位。

（三）准确传播企业的定位观念

企业在市场定位后,还需花大力气进行定位的广告宣传工作,才能把企业的定位观念准确地传播给目标顾客和社会公众。

企业要避免因宣传不当而在顾客心目中造成三种误解。一是宣传定位太低,不能体现企业特色。如企业以高质量定位,却片面宣传价格如何低廉,或在一些信誉不高的小报上做宣传,结果使顾客对产品质量产生不信任。二是宣传定位太高,不符合企业的实际情况,使公众认为企业经营的是高档产品,实际上是高档产品的需求者看不上,中低档产品的需求者不敢光顾,反而失去了目标顾客。三是宣传上混淆不清,在顾客心目中没有统一、明确的形象。比如,有时宣传产品是高档享受,有时又宣传是真正的低档消费,致使同一产品在消费者中有人认为是高档的,又有人认为是低档的。

四、市场定位的策略

对于处在不同市场位置的纺织企业,应采取不同的市场定位策略。

（一）填补定位策略

填补定位策略,是指纺织企业为避开强有力的竞争对手,将产品定位在目标市场的空白部分或是空隙部分。

填补定位策略的优点是,可以避开竞争,让企业在市场上迅速站稳脚跟,并能在消费者或用户心目中迅速树立一种形象。这种定位方式风险较小,成功率较高,常常为多数企业所采用。

采用填补定位策略需要注意以下几点。

（1）研究市场空白处的存在是因为没有潜在的需求,还是竞争对手无暇顾及。

（2）如果确定存在潜在需求,就要考虑这一市场部分是否有足够的需求规模,是否足以使企业有利可图。

（3）要客观地考虑企业的营销管理能力是否能胜任市场部分的开发,自身是否有足够的技术开发能力去提供足够的产品。

（二）并列定位策略

并列定位策略,是指纺织企业将产品定位在现有竞争者的产品附近,服务于相近的顾客群,与同类同质产品满足于同一个目标市场部分。

采用这种定位方式有一定的风险,但不少企业认为这是一种更能激励自己奋发向上的、可行的定位尝试,一旦成功就会取得巨大的市场优势,因为这个市场部分肯定是最有利可图的部分。

采用并列定位策略需要注意的是,必须知己知彼,尤其应清醒估计自己的实力,不一定要压垮对方,只要能够平分秋色就已是巨大的成功。

（三）对抗定位策略

对抗定位策略,是指纺织企业要从市场上强大的竞争对手手中抢夺市场份额,改变消费者原有的认识,挤占对手原有的位置,自己取而代之。采用此策略的目的在于企业准备扩大自己的市场份额,决心并且有能力击败竞争者。

企业在以下两种情况下可以采用对抗定位。

(1)实力比竞争者雄厚。所谓实力,是指企业在产品开发、科研、销售、筹资、广告、宣传、形象战略诸方面的综合能力。

(2)企业所选择的目标市场区域已经被竞争者占领,不存在与之并存的可能,并且企业有把握赢得市场。

(四)重新定位策略

重新定位策略,是指随着纺织企业的发展、技术的进步、社会消费环境的变化,企业对过去的定位作修正,以使企业拥有比过去更强的适应性和竞争力。

一般来说,企业采用重新定位策略有以下几种情况。

(1)企业的经营战略和营销目标发生了变化。

(2)企业面临激烈的市场竞争。

(3)目标顾客的消费需求发生了变化。

第四节　纺织品市场营销组合策略

一、市场营销组合的概念

(一)市场营销组合概念

市场营销组合是指企业针对目标市场,综合运用各种可能的市场营销策略和手段,组合成一个系统化的整体策略,以达到企业的经营目标,并取得最佳的经济效益。一个企业运用系统方法进行营销管理时,管理人员应针对不同的内外环境,把各种市场手段,包括产品设计、定价、分销路线、人员推销、广告和其他促进销售的手段,进行最佳的组合,使它们互相配合起来,综合地发生作用。由于市场手段和营销因素多种多样,细分起来十分复杂,人们为了便于分析利用,曾经提出各种分类方法,其中以美国市场学家麦卡锡教授的"4P"理论最为流行。

麦卡锡教授把各种营销因素分为四大类,即产品(Product)、价格(Price)、分销渠道(Place)、促销(Promotion),这四种营销因素的组合,因其英文首字母都是 P,所以简称 4Ps组合。

(二)市场营销组合基本策略构架

关于市场营销组合的四个基本策略构架,将在后文中分别研究,这里仅作简要介绍,以便对市场营销组合整体概念有所理解。

1. 产品策略　产品策略是指纺织企业作出与向市场提供的产品有关的策划与决策。它包括产品种类,产品规格,质量标准,产品包装,产品特色,产品外观式样,产品商标,产品的维修、安装、指导、担保、承诺等连带服务措施。

2. 价格策略　价格策略是指纺织企业如何估量顾客的需求与成本,以便选定一种吸引顾客、实现市场营销组合的价格。价格策略主要是考虑与定价有关的内容,包括价格水平、折扣价格、折让、支付期限、商业信用条件等相关问题。

3.分销渠道策略　分销渠道策略是指企业选择商品从制造商到消费者手中的最佳途径。分销渠道策略包括区域分布、中间商选择、营业场所、网点设置、运输储存及配送中心、服务标准等因素组合运用。

4.促销策略　促销策略是指企业利用信息传播手段传播产品信息,告诉消费者何时、何地、何价销售何种产品,激发购买兴趣,扩大产品的知名度。促销策略方法包括人员推销、广告、营业推广、公共关系等因素的运用。

产品、价格、分销渠道、促销是纺织企业在市场营销中可以控制的四个因素,它们相互依存、相互影响、相互制约。

二、市场营销组合策略的特点

(一)市场营销组合的可控制性

企业生产和销售产品,除了受顾客需求的影响外,还会受到各种因素的影响,其中产品、分销渠道(地点)、促销、定价是企业本身可以控制的因素,另外还有企业不能控制的因素,如社会人口、宏观经济、政治法律、风俗习惯等市场环境因素。营销因素组合作为市场营销手段,企业有自己选择的余地。例如,企业可以根据市场分析,针对消费者的需要,选择自己的产品结构和服务方向;企业可以自己决定选择什么样的分销渠道;企业可以根据市场竞争状况,自行决定产品的销售价格;企业可以根据产品的特点,自由选择广告宣传手段……但是应当看到,营销组合虽然是企业可以控制的因素,它也要受到企业外部环境的影响。例如,世界市场的能源价格暴涨,对企业的产品结构和产品价格不能不产生直接的影响。所以,企业在综合运用营销因素组合时,既要善于利用可以控制的因素,又要善于灵活地适应外部不可控制因素的变化,只有这样才能在市场上争取主动。

(二)市场营销组合的动态性

市场营销组合是一个动态的组合,是一个变数,这是因为在产品、分销、促销、价格四大因素中,每一个因素中又包括许多因素。企业根据内外环境制订营销组合时,只要其中一个因素发生变化,就会出现一个新的组合。例如,中国某纺织品企业产品打入美国市场,可以选择以下两种完整的营销组合方式。

(1)产品——质量中低档,但款式新;分销——直接卖给零售商;价格——比较便宜;促销——利用零售店做 POP 广告。

(2)如果把产品由"质量中低档"改为产品"高质量,高档次",就可能会引起其他因素发生变化:产品——小批量生产;价格——比较高;促销——利用高档精美的专业杂志做广告;分销——由代理商销售商品。

由此可见,企业选择的营销因素会因为一个因素的改变而完全不同。

(三)市场营销组合的整体性

企业营销组合策略是围绕企业营销目标制订的统一的整体策略,是在调查总结的基础上,把各种各样的策略、方法、手段归结为一个统一系统内的多层次子系统。根据目标市场的外部环境各因素的情况,力图使各个子系统在动态、复杂的过程中相互协调,求得总体策略的优化。因此,当产品策略、价格策略、分销策略、促销策略分别运用时,必须与其他策略相互协调、相互配合,形成一个有较强合力的整体。企业各职能部门在采取部门策略时一定要从整体出发,考虑到可能对其他营销策略的效应所带来的影响。

三、市场营销组合策略的作用

对于纺织品企业来说,营销组合在企业实际工作中的作用表现在以下几个方面。

(一)它是制订营销战略的基础

对于贯彻营销观念的企业,营销战略本质上就是企业经营管理的战略,而营销战略主要是由企业目标和营销因素协调组成的。由于制订市场营销战略的出发点是完成企业的任务与目标,所以以投资收益率、市场占有率或其他目标为比较选择的依据来进行营销组合是比较符合实际的。

(二)它是应付竞争的有力手段

在市场竞争中,一家企业具有全面的优势是很难得的。一般情况是,竞争对手之间都各有自己的优势和劣势。因此,企业在运用营销组合时,必须分析自己的优势和劣势,以便扬长避短,在竞争中取胜。

(三)它能为企业提供系统管理思路

贯彻营销观念的企业,其内部各部门工作要统一协调为一个整体系统,彼此互相分工协作,共同满足目标市场的需求,以实现企业既定的目标。在市场上,消费者对一种商品的需求是整体需求,企业必须以适当的产品,适当的价格,在适当的时间和适当的地点,进行整体销售。

本章小结

衣、食、住、行、用,是人们日常生活的五大内容,相应也就产生了五大行业。五业之中,纺织行业的地位尤为重要,同时,纺织品市场又最变幻无常。如今,纺织品市场已由过去单一的服用纺织品市场发展为服用纺织品、家用纺织品和产业用纺织品并存的市场。传统品种构成也出现了新变化,纺织品内销市场,已从单一服用棉布市场发展为化学纤维、棉布、呢绒、丝绸等同争市场。消费者需要呈现出个性化、多样化、展现自我的特点,纺织企业无法用有限的资源来生产纷繁复杂的纺织品以满足每一个顾客的需求。纺织企业的市场营销活动总是在特定的市场范围内进行的,因此,如何从企业自身的特色与能力出发来开发纺织品市场,已成为企业参与激烈竞争的重要砝码,而STP营销(即市场细分、目标市场和市场定位)则是调节砝码的关键所在。纺织企业只有对整体市场进行市场细分,明确目标市场并实施相应的营销策略,才能实现企业的营销目标。

本章着重介绍了纺织品STP营销,即市场细分(Segmentation)、目标市场(Target Market)和市场定位(Positioning),并且通过纺织品STP营销案例分析,明确了市场细分的作用及其依据。通过本章的学习,要求会运用市场细分的原理对消费者市场进行细分,能够根据有关影响因素的状况选择适宜的目标市场策略,阐述市场定位步骤及定位策略。

思　考　题

1. 什么是市场细分？为什么要进行市场细分？
2. 市场细分的依据是什么？
3. 市场细分的原则有哪些？
4. 企业在选择目标市场时应考虑哪些因素？
5. 举例分析目标市场策略。

实　训　题

背景资料："平价时装"走向何方

近年,ZARA、H&M、C&A、UNIQLO卷起的平价时装热潮在中国的快速时尚消费市场上发展十分迅猛。在这股"平价时装"之风来袭之时,我们不禁要思考,这股浪潮能走多远,又将走向何处呢？同时,我们看到还有一批品牌在这场变革大潮基础上正不断地再探索、再创新。

在2008年中国国际服装服饰博览会上,来自英国品牌CC&DD将"平价时装"的条幅挂满展场,也引起了业界对于"平价时装"操作运营方式的再探索。那么CC&DD的"平价时装"路线,又如何将品质与"平价"结合？对此,CC&DD(中国)总经理由东平用"一流的设计和面料,三流的价格"给出了如此的概括。

1. 差异决定胜算

对于越来越细分的女装市场,找准适合自己的定位尤为关键。不同年龄、不同职业、不同层次的女性对服装有着不同的要求和选择。因此CC&DD旗帜鲜明地将时尚大众化。

同时,差异决定胜算。面对ZARA、H&M等平价时装巨头,CC&DD胜算又在何处呢？我们看到不同于H&M等品牌尽可能多款式、多受众群体的大跨度大众化思路,CC&DD从开始便明确提出在大众定位的基础上,进行市场细分,明确界定20~30岁的白领为其核心受众,产品以简约时尚的风格为主,围绕核心受众、以统一的产品风格、匹配的卖场空间、针对性的文化传播,精确运作品牌。这就避免了图多贪大所导致的诸多问题,如产品全却无品牌差异,受众群体量大而不准确,产品过多缺少品牌自身的设计文化等。

2. 自主研发,定位精准

以ZARA为代表,偏重大量买手的产品开发模式,震撼性地紧跟时尚,快速复制、超多款推出、创造巨额销量,让业界惊叹。CC&DD却不同于此,它正不遗余力地追求着自主研发。

CC&DD认为,"设计崛起"是世界大牌崛起的通用定律,设计实力才是品牌长青的黄金法则。因此,CC&DD无论如何变革,都从不动摇自主研发的产品路线。CC&DD依靠其强大的研发团队,很好地保证了产品的精确性:充分的设计含量,保证了作为时装的产品定位;简约时尚的风格,保持了品牌的稳定性,也保证适销核心受众;设计源头上就开始的成本控制,保证是"大众买得起的时装"。

总之,设计实力保证了 CC&DD 产品品牌的系统性和对市场把握的准确性。如果说 ZARA 们追求的是以大为核心,那么 CC&DD 追求的则是以精为核心。

3. 渠道探索与变革

在震荡激烈的市场环境中,渠道的规划与变革是直接涉及品牌是否能在市场存活、如何获取市场土壤、如何长远立足的实质性问题。当 H&M 等纷纷在中国开出大店的时候,CC&DD 却没有跟从,而更多地在根据自身的产品风格、价格、核心消费者等因素,规划出匹配的商圈,每个店都按要求选址,并且在布局一线市场的同时,非常看重在广大二、三线市场的纵深发展,而不是一味求多、求大。在科学选定商圈的同时,CC&DD 还对卖场进行全方位的规范,打造出以简约风格为主感觉,以"轻松"、"简约"体验为核心诉求的卖场空间。其次,CC&DD 还推行重点市场深度营销策略,帮助分销商迅速扩张网点,快速完成渠道布局。

(资料来源:《中国纺织报》,文/肖莹,2008 年 4 月 25 日)

案例思考:

(1)来自英国的品牌 CC&DD 是如何进行市场定位的?

(2)假如你是一位服装生产商,你将如何寻找差异化经营?

第五章 纺织品市场调查与预测

导入案例

宁波地区服装消费调查分析

宁波全市辖象山、宁海二县,余姚、慈溪、奉化三个县级市。市区设鄞州、海曙、江东、江北、镇海、北仑六个区。宁波市总人口为560.4万,其中市区人口215.8万。

宁波是服装大市,有许多知名服装品牌。宁波是个能接受新观念的城市,因此,在服装消费上,注重对外来品牌的研究,高收入人群尤其注重穿着能体现自身价值的国内和国际知名品牌。而一年一度的宁波国际服装节则为各种品牌提供了展示的舞台。

(一)宁波地区服装市场的显著特点

1. 国内品牌是主流

在服装节上,太平鸟、洛兹、杉杉、雅戈尔、纳帕佳、马克·华菲、百事、汉帛、33Layer、依迪菲等品牌常常是服装发布会的主体。

2. 奢侈品牌的消费增长较快

在服装消费上,奢侈品消费在增加,主要体现在国际名牌服装销量增长迅速。据统计,国际购物中心目前总共22个顶级品牌中,月销售额最差的也有50万~60万元人民币。而且,这些顶级服装品牌单笔收入基本都在几万元人民币。购买奢侈品的大部分消费者是25~45岁的白领和私营老板。他们对时尚的嗅觉非常敏锐,非常看重生活的质量。虽然奢侈品消费只针对一小批人群,但其中所爆发的消费能量是相当惊人的。

3. 注重当地服装品牌的推广

近几年,宁波非常注重当地服装品牌的推广,在第十届宁波国际服装节上,在首届宁波女装品牌优势评选活动中产生了13个入围品牌,太平鸟、德玛纳、33Layer、仙甸、喜丽美狮、旦可韵等品牌榜上有名。

4. 城镇服装市场的特点明显

从对宁波城镇服装市场需求的调查中发现,宁波城镇服装市场需求具有以下特点。

(1)多元化的服装需求越来越明显。像宁波这样一个相对经济发达的地区,消费者对服装消费需求的多元化趋势越来越明显。

（2）随着消费能力的提高和对健康卫生要求的提高，消费者越来越注重服装的内在质量。

（3）儿童服装消费增长较快，消费者更注重品牌儿童服装的消费。

（4）同在城镇中生活的人群，由于购买力的差别，购买动机呈现出多样性。

5. 农村服装市场的差异较大

宁波农村人口的收入和城镇相比较低，但和全国平均水平相比仍然较高，而且农村人口的收入呈现显著的不平衡性。研究中发现，农村人口在服装消费上差异比城市更大，主要是收入的差异所致。

（二）宁波服装市场发展趋势

1. 服装市场更加细化

调查中发现，在宁波地区服装消费过程中，品牌和市场细分不仅仅局限于品种、档次、区域的进一步细分，更表现在以产品风格和消费群细分为特点的深度细分，体现为品牌在市场中的横向细分，即同一品种或相同档次产品层中通过"产品风格"和"消费群"进行的横向再细分。市场被拉平，占据各个市场位置的品牌个数将被摊薄。

可见，新一轮细分的竞争焦点是"文化"、"创新"和"研发"，最终的目标是"销售收入"和"市场份额"，"差异化"之剑在这一时期格外锐利，缺乏科技投入和市场研发的盲从行为，在市场机遇和挑战面前将显得十分无力。随着国际品牌加入竞争，细分也成了民族品牌生存发展的必然要求。目前的运动装市场、时尚休闲装市场的竞争态势就已明显体现出"洗牌"和市场细分的迹象。同时，细分也为企业的多品牌发展创造了条件。

2. 农村市场将被大力开发

近两年农村人口人均收入以两位数增长。随着农村人口收入的提高，购买力也得到了提高。为此，有预见的服装企业和商家开始注重农村市场的开发。可以说，农村市场已经不再只是城镇服装的后备市场。农民对服装的消费不再是被动的，而是主动的需求，它意味着农村市场具有广阔的发展空间。

3. 老年市场发展空间广阔

近年来，老年服装市场发生了很大的变化，突出地表现在以下几方面。

（1）补偿性消费心理明显。处于经济水平较高地区的老年人的消费心理与相对落后地区的老年人的消费心理不同，处于经济水平较高地区的老年人消费的补偿性心理较明显，主要体现在购买家具、旅游以及服装消费方面。而且随着观念的更新，老年人在服装消费上更注重美观性，这给老年人服装市场带来了更大的发展空间。

（2）用于服装消费的支出增加。随着社会保障制度的完善，老年人的社会保障建立起来后，用于服装消费的支出会有所增加。调查显示，老年人服装市场除了自己购买外，更多的晚辈为老年人购买服装或作为礼品赠送给其他的老人的消费也有明显增加趋势。

从宁波地区的服装消费行为来看，总体上呈现多元化的消费需求和多元化的服装消费的双重性特点。消费者在消费本地品牌的同时，由于购买力的提高，越来越多的人有能力和兴趣消费外地和国际的品牌服装。这对本地品牌来说是个挑战，本地品牌的建设和保护任重道远。

宁波地区服装消费调查为企业和商家提供了发展的机会。那么，如何进行市场调查，如何在市场调查的基础上进行市场预测呢？下面的内容会帮助你找到答案。

第一节 纺织品市场调查

一、市场调查的含义与作用

(一)市场调查的含义

市场调查就是运用科学的方法,系统地搜集、记录、整理和分析相关市场的信息,从中了解市场的供求、价格等调节机制的发展变化,为企业市场预测和经营决策提供科学依据,如利用其引导企业的资产投资方向、产品开发以及经营过程等。所以说,市场调查的基本功能是将市场情报反馈给企业的决策者,向其提供营销战略调整的依据。

(二)市场调查的作用

由于市场经济的不断发展,市场的信息数量在急剧膨胀,在纷繁复杂的环境中,企业难以凭少量、分散的信息把握市场的趋势。纺织企业可通过纺织品市场调查来了解目标市场的现状,对企业在目标市场的营销中存在的问题进行判断,进而对纺织品市场发展趋势进行全面、系统的预测。纺织品市场调查的作用体现在以下几个方面。

1. 了解市场波动的原因 纺织品市场波动的原因往往是多种因素造成的,凭主观经验不能够作出正确判断,只有通过市场调查才能找到市场波动的原因,为制订相应的调整措施提供依据。如当纺织企业的销售量、产品价格、产品在消费者心目中的形象发生较大波动时,可采取市场调查方式寻找原因。

2. 发现新的市场机会 纺织企业需要进行产品开发时,通过市场调查,可以及时捕捉到各类市场信息,经过分析了解消费者需求的特征或市场空间的大小,使产品开发符合市场的需要。

3. 掌握营销环境的变化 纺织企业在发展、壮大的过程中,更需要特别重视营销环境变化对企业产生的影响,如供求关系、竞争对手等情况的变化。市场调查能够帮助企业及时发现这些变化,以适应环境的改变。

4. 有利于促进商品销售 商品销售是商业企业业务活动的中心。扩大商品销售,加快资金周转,将商品尽快从流通领域输送到消费者手中,是商业企业履行职能的客观要求。商业企业通过市场调查,可掌握消费者的购买心理和购买动机,为搞好商品的广告宣传提供重要信息。

5. 有利于提高企业的管理水平和竞争能力 重视市场调查是纺织企业从经验管理转向科学管理的重要标志。通过市场调查,企业不再凭经验进行决策,而是在充分的市场调查的基础上,进行科学管理。

二、市场调查的类型与步骤

(一)市场调查的类型

由于调查的目的和出发点不同,调查的内容和范围也不一样。作为宏观决策的市场调查不同于微观决策的市场调查,作为生产者的市场调查也不同于商品经营者的市场调查。按调查目的的不同,市场营销调查可分为描述性调查、因果性调查和探测性调查。

1. 描述性调查 这是对纺织品市场历史与现状的客观情况如实地加以反映的一种调查方法。它是在已明确所要研究目标的重点后,拟订调查计划,对所需资料进行收集、记录、整理和分析,找出事物之间的联系,将分析结果如实叙述表达,从而起到描述市场现状的作用。

2. 因果性调查 因果性调查是为了找出事物之间的因果关系而进行的调查。它是侧重于了解市场变化原因的专题调查,分析市场上各种变量之间的因果性质的关系,以及可能出现的相关反应,如销售量、市场占有率、成本、利润等与价格之间的因果关系,以达到控制其因、获取其果的目的。

3. 探测性调查 探测性调查是企业为了明确进一步调查的内容和重点而进行的非正式调查。探测性调查可以从方向上更准确地把握市场变化。比如,某纺织企业最近某种产品销售下降很快,是什么原因导致这种情况呢?是产品未能准确抓住消费者心理?是价格太高?是竞争对手的市场行为导致的?这些原因都有可能存在,但不能逐一对它们进行调查,只能通过探测性调查寻找最大的可能、最主要的因素,确定了调查重点和方向才是最可行的方法。

探测性调查的主要做法是对所能够获得的手头资料进行分析,通过询问一些对调查主题可能有了解的相关人,对以往类似的案例进行比较分析。如果是较简单的问题,通过探测性调查就可能弄清楚,不需再作进一步的调查了。

(二)纺织品市场调查的步骤

纺织品市场调查是一项复杂、细致、涉及面广、对象不稳定的工作。为了取得良好的预期效果,必须加强准备工作,合理安排调查步骤。比如,纺织企业在复杂的市场竞争中为了更好地满足市场消费需求,确立纺织产品的特色,纺织企业的决策者可以开展市场消费调查,认识在消费者印象中本企业产品与其他企业同类产品的差别,以此调整企业的经营战略,形成企业产品的竞争优势,树立本企业的品牌形象。

为了保证调查结果的质量,调查的步骤应循序渐进,认真落实。不同类型的市场调查,程序虽不尽相同,但大致都包括以下内容,即明确调查目的、制订实施计划、整理资料并提出调查报告。

市场调查的步骤大致如下。

1. 调查准备阶段 这一阶段主要是明确调查目的,它是市场调查首先要解决的问题。总的来说,市场调查应收集与企业生产经营有关的情报信息,经过分析整理,提供给企业作为决策的参考,为市场预测和经营决策服务。

这一阶段的具体工作程序分为以下两步。

(1)确定市场调查的范围和调查目的。调查的范围,一般可以从区域上来确定,即根据商品使用对象来确定调查的群体范围,并且确定本次调查的直接目的或者需要解决的主要问题。通常可以采用设问法来进行,如:这次调查的原因是什么?调查后应获得什么资料?

了解情况后有什么用途?

(2)制订调查计划。调查计划的内容包括调查时间、调查地点、调查人员、调查对象、调查的具体项目、调查的费用预算、调查的方法。制订调查计划后,还要进行调查人员的培训、调查表格的印制等相应的准备工作。

2.调查实施阶段　在市场调查中该阶段是最复杂的,影响调查实施的因素也比较多,其中调查人员的素质是影响比较大的一个因素。该阶段的主要任务是开始对与调查有关的信息资料进行收集。调查实施阶段涉及调查项目、调查方法、调查形式、调查人员、调查费用等内容。

(1)调查项目:是指为了实现调查目的所必须取得资料的项目。它常可根据主题分解为调查提纲和调查细项。其中,调查提纲需要说明实现市场调查目的的主题,调查细项需要说明实现调查提纲必须取得的资料。例如,"女式职业装的消费者最喜欢与最不喜欢的面料是什么"这样一个调查问题,它要收集的资料有两方面:一是消费者个人基本资料,如性别、收入、职业、文化程度及年龄等;二是对商品对象的具体评价,如服装的面料、色彩、款式、包装、品牌、销售场合及价格等。

调查项目选择的原则取决于调查目的的主题和调查结果的用途。项目切忌过多,同时要求每个项目要有具体的说明,并且要注意项目之间的相互关系。

(2)调查方法:是指取得资料的方法。调查中有四种基本的资料收集方法,即访问法、观察法、实验法和态度测量表法。具体采用哪种方法要依据资料的来源、调查任务紧迫程度和收集资料的成本等因素,在综合考虑每一种调查方法的基础上,进行最佳的选择。

(3)调查形式:是指获取第一手资料的组织形式。第一手资料要通过实地调查,从调查对象那里获取。实地调查的方法有访问法、观察法和实验法。而调查对象指涉及调查的范围与对象。因此,调查形式的选择包括选择调查地点、调查对象、组织调查的形式(包括选择样本数目和抽样方法)等内容。

(4)调查人员:由于市场调查对象来自社会各阶层,他们在阅历、文化上有一定的差异,因此需要调查人员准备充分,并具有相当的思想水平、工作能力、业务技能等。

加强对调查人员的培训是取得有质量的调查结果的保证。一方面,调查工作对象具有复杂多变性,工作能力的不断提高,需要通过培训来实现。另一方面,在市场调查工作量大的情况下,可能需要聘请一些临时人员,如果不进行事先的培训,所采集到的信息可能会受到影响,给工作带来损失。因此,在市场调查工作开展之前,进行培训是十分必要的。

培训工作的内容主要包括调查目的和调查工作技能两个部分。前一部分内容,可以通过讲授、报告的形式,使调查人员认识到本次工作的重要性和作用。通过培训还要介绍本次调查工作的过程、工作内容、调查项目的意义、统计资料的口径、选择调查对象的原则和条件等。调查人员应该在工作上互相配合、互相衔接,通过解释调查问题使收集资料口径一致,避免由于人员理解不一致而导致的调查差错。另一部分内容是工作技能,包括如何面对调查对象、如何提问、如何解释、如何处理在调查过程中遇到的情况等。

(5)调查费用:市场调查活动都需要支出一定的费用。因此,在执行市场调查计划前,就要编制调查费用预算。申请调查费用的原则是节约、有效,即在调查费用有限的情况下,力争取得最好的调查效果。调查费用一般包括印刷费、资料费、交通费、选择样本支出、上机费、汇总费、人员开支和杂费等。以上费用要根据每次调查的具体情况而定。

根据某些市场调查预算的经验显示,整个访问调查费用大致可按以下比例分配:访问调查前期工作(包含明确目的和计划制订)约占20%,访问调查工作约占40%,汇总整理和统计工作约占30%,撰写报告约占10%。若是接受委托办理的市场调查,还需加上全部经费的20%~30%的服务费。其中访问调查工作是整个工作的重点,这阶段工作关系着整个调查工作的得失。

(6)调查计划的实施:包括对工作进度日程、工作进度监督检查、对人员的考核等的具体安排。

工作进度日程,是对调查活动分阶段、分步骤的时间要求,体现在何时做好准备工作、何时开始培训工作、何时开始正式调查、何时完成资料整理工作、何时完成调查报告等方面有了上述具体内容的时间要求,可以使调查的人员有工作责任心和紧迫感,互相协调,使得整个调查工作有序开展,也为工作检查提供了依据。

工作进度监督检查,可以掌握调查的情况,及时发现问题所在,从而使整个调查活动顺利进行,获得圆满结果。工作进度的监督检查,应该不影响调查工作的开展。有条件的情况下可采取现场监督检查,或者在每日工作之后有个简单碰头时间,交流工作情况,检查工作进度,随时发现、解决问题。

对调查人员的工作考核,也是按期、按质完成调查工作的重要保证。对调查人员的考核,应结合其工作情况提出具体的考核标准,例如,在同等条件下,对入户调查的数量、回收调查表格的数量、选定样本拒绝访问数、调查记录和资料整理差错数等指标进行考核中,前两个指标数量越多,说明调查人员工作越负责细致,后两个指标数量越少,说明工作越有成效。对调查人员的考核,要结合工作进度及时调整,以推动工作的进行。

3.分析结果阶段 分析结果阶段指调查人员将收集到的市场信息资料进行整理、汇总、归纳,对信息资料进行分类编号,对资料进行初步加工等,如进行统计汇总,计算出各种比例,制成各种统计图表,并撰写调查报告,将调查结果形成书面形式。它是整个调查工作的结束阶段。

市场调查所获得的资料通常大多数是分散的、零星的,某些资料还可能是片面的、不准确的。同时由于参加的调查人员往往比较多、工作分散,因此获得的资料还可能头绪纷繁。因此,为了反映市场的特征和本质,必须对资料进行整理加工、使之系统化、条理化,符合客观逻辑,能够对企业的决策具有指导作用。

分析结果阶段由以下两个步骤组成。

(1)汇总收集到的市场资料,分析研究市场情况。由专人收集整理获得的调查资料,对资料编号保存,然后制成相应的图表,进行分析。统计图表常见的有单栏表、多栏表、频数图、分布图和趋势图。一般而言,如果调查内容比较单一,只是为了了解某一类市场情况,可以采用单栏表。

在实际调查工作中,为了更大限度地利用调查结果,往往要了解两种或两种以上的特征。这时,则需列成多栏表。表5-1是调查某地区某品牌西服拥有率时,加上个人月均收入这一特征制成的多栏式统计表。

表5-1　某地人均月收入与西服拥有率表

人均月收入	该品牌西服拥有率(%)	无该品牌西服比率(%)
800元以下	10	90
800~1500元	20	80
1500元以上	30	70

增加一个特征后,可以使统计表提供更多的资料。从表5-1中不仅可以知道某品牌西服的拥有率,而且可以看出人均月收入与西服拥有率之间的关系。

分析资料还可以列成图的形式。把收集到的数据标到一个坐标图上,可以直观地看到市场变化发展的趋势,如下图所示。

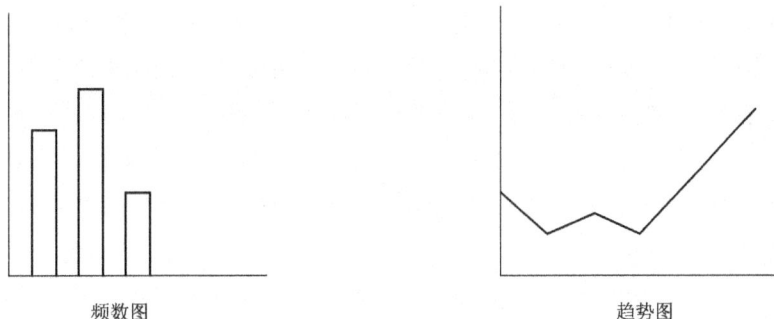

频数图　　　　　　　　　　　趋势图

资料统计所用图的形式

对资料进行统计分析,除了计算百分比的记录分析外,还需要对现象进行分析。进行现象分析时比较常用的方法有综合归纳法、对比分析法、典型分析法、相关分析法、时间序列分析法和因果分析法等。其中相关分析法、时间序列分析法、因果分析法的运用目的是进行预测。

(2)撰写调查报告,对调查结果进行跟踪。调查报告通常分为专业性调查报告和一般性调查报告两种类型。专业性调查报告,是供给市场研究人员参考的,要求内容能够详细介绍调查的全过程,说明采用何种调查方式、方法,对信息资料如何取舍,如何获得调查结果等。一般性调查报告,是供经济管理部门、部门的管理人员、企业的领导者等非专业人员阅读使用,所以这种报告应该重点突出,介绍情况客观、准确,写作简明、扼要,避免使用调查的专门性术语。

在报告完成后,调查人员还要追踪市场调查结果,检查情况的落实,了解调查报告中所得出建议的执行情况。如果发现新情况就要开始新一轮市场调查活动。

三、市场调查的内容

市场调查以配合生产经营活动为出发点,是企业经营决策的前提,纺织企业只有对市场需求变化有明确的认识,才能减少在生产经营中的风险,提高本企业的经济效益。纺织市场调查的内容很广泛,包括行业市场环境调查、消费者专题调查、商品专题调查、流通渠道专题调查等。

(一)行业市场环境调查

行业市场环境是指企业在经营活动中所处的社会经济环境,它是企业不可控制的因素。在生产经营中,企业主要受到政治法律、经济技术、社会文化等方面的影响。市场环境的变化,既可能是企业的市场机会,也可能是某种挑战。所以,企业顺利开展生产经营的前提是对市场环境的调查。

关于社会经济环境的具体阐述,详见第二章第三节的宏观环境分析。

(二)消费者市场调查

消费者市场是产品最终的市场。消费者市场调查是最为重要的市场调查内容。我国消费者市场人口众多,社会商品零售额相当高,2007 年我国消费品零售总额超过 89210 亿元人民币,较 2006 年增长 16.8%左右,我国是世界上具有最大潜力的消费者市场。

消费者市场以消费生活资料为对象,它区别于其他市场的特征主要表现在:消费者的消费并非生产性消费,而是生活性消费;消费者市场需求的变化,主要体现在商品量和商品需求结构的变化上,它主要受到人口、收入、心理等方面因素的影响。因此,消费者市场调查的主要内容包括消费者规模及其构成、消费者家庭状况和购买模式等的调查。

1. 消费者规模及其构成

(1)人口数量:在一定程度上,人口数量能够概括一个市场规模的大小,尤其对于一些生活必需品,如针纺织品等,其产品的市场需求量常以人口数量为消费依据。因此,通过了解市场范围内人口总数的变化,可以掌握某些商品最低需求量及变化趋势,对纺织品的营销有指导作用。

(2)人口分布:人口在地理上的分布情况对纺织品需求会产生影响。如居住在不同地区、不同地理气候条件下的人们,对纺织品的需求会有所不同。南方居民对凉席、草帽等防暑降温用品的需求量较大,北方居民则对棉衣、棉帽等冬季商品需求量较大。而且城市与农村,沿海与内地,平原与山区,在消费水平、消费结构及购买习惯上都有较大的差异,从而产生了消费需求的不同。因此,针对以上各情况进行市场调查会得到较为真实、客观的结论。

(3)人口的年龄结构:不同年龄的人群对于纺织品的规格、款式有着不同的需求。研究企业市场范围内人口年龄结构分布比重和各个人口年龄段的需求特点和规律,有益于企业的营销决策。

(4)消费者的职业:职业不同的消费者的消费心理会有所不同,体现在对纺织品的消费上有时也会有很大的差异。因此,要对不同职业的消费者进行调查。

(5)性别构成:消费者的性别不同,对于纺织品需求的内容也不同。这种状况除了表现在一些特别的商品以外,还表现在购买习惯上的不同。企业通过了解性别构成的市场信息,可以进一步提高营销决策的准确性以适应市场的变化。

（6）民族构成：我国是一个多民族国家，各民族对纺织品需求呈个性化的特点。为了掌握不同民族对纺织品需求的特点，需要调查研究市场的民族构成。

（7）文化程度：一般而言，消费者对纺织品的需求与其文化程度有相当密切的关系，如文化程度较高的消费者，会对纺织品体现的风格及带来的优雅、安全感受感兴趣。在市场经济高度发展后，人们对纺织品的要求早已不限于当初的那种纯实用功能了。对目标市场文化程度差异与构成的调查分析，可以使纺织企业在决定商品的生产品种和规格上更有前瞻性。

2. 消费者家庭状况和购买模式　纺织品的购买基本上是以家庭作为消费单位的。因此，对消费者家庭状况的调查，可以从中把握到一些纺织品的消费特点。

（1）家庭户数和家庭平均人口：一些以家庭为消费单位的纺织品的需求数量直接受家庭成员人数变化的影响。家庭户数增加会导致这些纺织品需求量的增加。

（2）家庭收入和支出比例：按照我国通常的统计方法，居民的收入是按家庭人均月收入计算的（农村是按人均年收入计算）。而家庭支出则包括商品支出、储蓄、非商品支出三部分。了解上述三部分的比重，对于从事纺织品经销企业的市场安排、了解商品需求量和需求比例具有重要价值。

（3）家庭购买模式：我国居民的生活习惯体现在重要商品购买方面，即是每个家庭范围内的决策者是不同的，每个家庭成员承担着不同的角色。有的商品是由丈夫决定的，有的则是妻子决定，有的是共同研究决定。因此，在市场调查中，企业应重视了解家庭购买模式，同时向购买决策者提供有关纺织品质量、价格、购买地点等信息，以促使决策者购买其产品。

四、市场调查方法及其应用

（一）市场文案调查法

1. 市场文案调查法的概念　市场文案调查法，也叫间接调查方法，是指通过收集企业内部和外部、历史和现实的各种资料，经过整理、统计及分析得到想要的资料的一种调查方法。

文案调查法具有以下特点。

①花费较少的时间和精力就可以获得有用的信息资料，但这些资料是已经加工过的信息。

②不受时空的限制，可以获得有价值的历史资料，可以比直接调查获得更广泛的多方面的资料。

③常常以文字、图表表现，不受调查人员和调查对象主观因素的干扰，反映的信息较真实、客观。

文案调查法还有些不足，表现为以下几个方面。

①时效性不够强，作为预测的数据是已经发生的，作为将来的参考会存在一定的误差。

②所收集的间接资料都是为过去的目的而准备的，往往数量大，分布广泛，需要作进一步的处理。

③在处理间接资料的时候通常要使用较难的分析技术,在一定程度上也限制了间接资料的使用。

2. 收集文案资料的原则　在文案调查过程中,调查人员要根据调查的目的,从繁多的文献档案中识别、归纳出对调查目的有价值的资料,必须遵循一定的原则。

(1)相关性原则:作为间接资料调查的首要的原则,是指调查人员要着重收集的资料必须与调查的目的有关。

(2)时效性原则:间接资料大部分是历史资料,要考虑资料的时间是否符合调查目的的需要,选择与市场变化相符的内容,才能准确反映市场变化的本来面目。

(3)系统性原则:要求文案调查的资料能全面反映市场实际情况。针对纺织品市场调查的目的,调查时既要有宏观资料,又要有微观资料;既要有历史资料,又要有现实资料;既要有综合资料,又要有典型资料。只有这样,才能保证间接资料的科学性。

(4)经济效益原则:省时、省费用是间接资料调查的最大优点。为此,要参照具体标准,一味追求深入全面是没必要的。

3. 文案调查资料的来源渠道　文案调查所需的间接资料来源于企业的内部和外部。内部资料主要是来源于企业内部,包括各种业务、统计及其他有关资料。外部资料主要来源于企业外部各类机构所提供的各种资料。

内部资料的来源具体包括以下几个方面。

①业务资料,包括与订货合同、发货单、销售记录、顾客反馈信息等与纺织营销有关的各种资料。

②统计资料,包括各类统计报表,企业生产、销售、库存记录,各类统计资料的分析报告等。

③财务资料,包括纺织企业各种财务报表、会计核算和分析资料、成本资料、销售利润、税金资料等。

④其他资料,包括纺织企业平时积累的各种调查报告、经验总结、顾客的各种建议记录、竞争对手的分析资料等。

外部资料的来源主要有以下几方面。

①国家统计机关公布的统计资料,包括有关纺织行业的工业普查资料、统计资料汇编、商业地图等。这些信息综合性强,覆盖面广。

②各种经济信息中心、专业信息咨询机构、统计部门、行业协会公布和保存的市场信息和有关行业情报,如有关国民收入、居民购买力、行业产品销售及发展趋势等资料。上述资料信息全、可靠性强。

③国内外有关书籍、报刊、电台、电视台所提供的文献资料。通过这些大众传播媒介中的大量以传播经济、市场信息为主导的专栏和专题节目,可以获得有价值的纺织品市场信息资料。

④各种国际组织、商会所提供的国际市场信息,如国内外各种纺织品博览会、展览交易会、订货会等活动所发放的各种文件资料。通过对上述资料的收集和分析,可以获得最新的

行业信息。

⑤各种类型的图书馆也是市场调查人员查找有关文献资料的场所,市场调查人员可以充分利用图书馆内的资料进行调查。

(二)市场实地调查法

实地调查法是指调查者为获得信息资料所采用的在实地进行调查的方法,主要有询问调查法、观察调查法和实验调查法三种。

1. 询问调查法 询问调查法也称直接调查法,是以询问为手段,从调查对象的回答中获得信息资料的一种方法。它是市场调查中最常用的方法之一。

按传递询问内容的方式以及调查者与被调查者接触的方式的不同,可以分为面谈调查、邮寄调查、电话调查、留置调查等方法。

(1)面谈调查法:是调查人直接面对被调查者了解情况、获得资料的方法。这是一种最常用的方法。面谈调查法按谈话方式不同,分为自由交谈与调查表提问两种方式。自由交谈方式采用围绕调查主题进行自由交谈的形式,具体有个人面谈、小组面谈和集体面谈三种形式;调查表提问形式是指采用提前设计好的问卷或提纲按问题顺序提问的形式。

面谈调查法具有以下优点。

①调查表的回收率高。通过面对面的交谈,可以避免被调查者因种种原因而拒绝的情况,这是回收率最高的调查方法。

②真实性较强。面对面的调查可以使调查者观察到现场的环境、气氛,适时了解被调查者的心理,从而判断获得信息的可靠性。

③偏差小。通过面对面的调查,调查者可以对调查表中不清楚的问题及时加以解释,能够避免由于被调查者理解错误而产生的调查偏差,获得准确的信息资料。

④灵活性较强。通过面对面的形式,调查者可以根据现场的情况确定对被调查者采用的调查的方式。

面谈调查法也存在着以下不足之处。

①调查费用高。对于被调查者分布较广的情况,各种费用比较高,有时还需支付调查人员的培训费等。面谈调查法是询问调查法中使用费用最高的形式。

②受被调查对象主观因素影响大。在面对面的调查过程中,不可避免地存在着调查对象回答问题带有一定主观性的现象,从而导致获得结果的真实性受到影响。

③对调查者要求高。由于面对面调查过程中,调查者对被调查者的影响较大,为此,要求调查者有较高的素质,如有调查经验、采用适当的询问方式和态度等。表现为不同调查者对同一对象的调查结果可能相差很大。

(2)邮寄调查法:是将设计好的调查表通过邮局寄给被调查者,请被调查者填好后在规定的日期内寄回以获得调查资料的方法。

邮寄调查法具有以下优点。

①调查面广。调查的区域可以很广,调查数量也可能多些,在费用上、时间上耗费较少,对不同调查对象的调查也可以同时进行。

②费用低。邮寄调查法所需费用要比面谈调查法少得多。

③调查结果较为客观。和面谈调查法相比,由于调查者和被调查者不见面,所以被调查者不受调查者主观因素的影响。

邮寄调查法的不足体现在以下几方面。

①回收率低。由于被调查者可能较忙或对调查不感兴趣而拒绝答卷,导致问卷回收率较低。

②容易产生理解差错。调查者不能在现场当面解答被调查者询问的问题使被调查者的理解可能出现差错,调查结果的可靠性会受到影响。

③调查表回收期较长。受地域和调查形式的限制,调查表的回收期较长。

(3)电话调查法:是指调查者与被调查者之间通过电话交谈,从而获得调查资料的方法。

电话调查法的优点体现在以下几方面。

①速度快。能马上得到结果,这是电话调查法最大的优点。

②费用低。和面谈调查法相比,电话费用相对较少些。

③回答率较高。大多数情况下电话调查能得到被调查对象的配合而拥有较高的回答率。

电话调查法的缺点主要有以下几方面。

①不适宜用于复杂的调查。受电话交谈时间的限制,电话调查所询问的问题较肤浅,不够深入。这种方法比较适用于探索性的初步调查。

②调查对象有局限性。在未普及电话的地区,电话调查法受到一定的局限性。

(4)留置问卷调查法:是指调查人员将调查表当面交给被调查者后,再对有关问题作适当解释说明,然后由被调查者事后自行填写回答,再由调查人员在约定日期回收,也可以由被调查者寄回。

留置问卷调查法有以下优点。

①理解偏差少。经过向被调查者当面说明调查的目的和要求,被调查者的理解出现偏差的可能减少,从而提高了调查结果的可靠性。

②受调查者主观影响小。被调查者是经过独立思考后回答问题的,因而调查结果受调查者的主观因素影响较小。

留置问卷调查法的缺点主要表现在以下两方面。

①费用高。这种调查方法的费用接近于面谈调查法费用。

②调查地域不广。这种调查方法需要调查人员亲自送调查表到被调查者手中,在人力、财力和时间上都受到限制。

在运用四种询问方法时,应根据调查对象的目的和要求、各种方法适用的特点和适用条件,经综合分析比较后,选择相对最佳的方法。

2. 观察调查法　观察调查法,是指调查人员凭借自己的眼睛或借助一定的摄像录像器材,在现场对调查对象的情况直接观察和记录,获得市场信息资料的一种调查方法。例如,对于纺织企业或从事纺织品经销的商业组织来说,可通过对竞争对手专柜的纺织品的陈列风格、购物环境以及现场消费者对纺织品的反映等来获得有关商品的信息。

观察调查法和其他市场调查法相比,有其特殊的优点,表现为以下几个方面。

①真实性高。调查者是在被调查者处于自然状态下进行调查的,其言行未受外界因素的影响,因此,得到的调查资料比面谈询问法更为可信。

②受调查人员偏见影响小。调查者在调查过程中没有直接接触被调查者,对其行为未施加影响,所以获得调查结果受调查人员偏见影响小。

观察调查法也有缺点,具体表现为以下几个方面。

①受时间和空间限制,所获得的信息资料往往有局限性。因为调查事件发生的场所无法预料,以及观察的地点及时间存在差别,导致调查资料存在片面性。

②调查费用大。这种方法需要调查人员亲自到调查现场进行调查,在空间范围比较大的情况下,所需费用可能大幅增加。

③对调查人员素质要求高。观察法需要调查人员的耳闻目睹来获得现场的信息,调查人员需要有敏锐的观察力、良好的记忆力和判断力、相应的一些心理学知识。

④无法观察到被调查者的动机等心理因素。因为只能观察到事实本身,所以无法通过询问知道被调查者的心理想法,诸如购买动机之类的。

3. 实验调查法　实验调查法,是指在给定的实验条件下,在一定范围内观察经济现象中自变量与因变量之间的变动关系,并作出相应的分析判断,为预测和决策提供依据。它是从影响到调查问题的若干可变因素中找出一个或两个因素,将它们放在同一条件下进行小规模的实验,对实验结果加以分析后,确定获得研究结果可否进行大规模推广。例如,对某类纺织品进行降价促销活动方案是否可行就可以采取实验法,先在小范围内降价,通过销售额的对比,分析促销效果。

实验调查法可以广泛应用于对纺织品品种、包装、设计外观、广告、纺织品陈列方法以及价格等的调查中。

实验调查法的优点主要表现在以下三个方面。

①结果具有客观性和实用性。它是一种真实的或模拟真实环境下的具体的调查方法,具有很高的推广价值。

②方法具有主动性和可控性。调查者可通过主动调整市场因素,在控制其变化程度的条件下对一些现象之间的因果关系及相互影响程度进行分析,为企业经营决策提供依据。

③实验结论具有较强的说服力。

实验调查法也存在一些缺点,主要有以下三方面。

①用实验法获取调查资料需较长时间,费用也比较高。由于影响环境的因素较多,有时为了获得比较准确的信息,经常需要做多组实验,才能真正掌握因果变量之间的关系。

②有一定的局限性。通过实验只能够掌握因果变量之间的关系,不能对过去和未来的情况进行分析。

③受到一定的时间限制。由于影响环境的因素会随着时间变化而变化,因此,其实验结

果的推广必定受一定的时间限制。

第二节 纺织品市场预测

一、市场预测的概念和作用

(一)市场预测的概念

市场预测是在市场调查和市场分析基础上,采用逻辑和数学方法,预先对市场未来的发展变化趋势作出描述与量的估计。狭义的理解认为,纺织品市场预测就是指纺织品市场需求预测,即纺织品销售量预测,广义的市场预测则把宏观经济预测也包括在市场预测之中。

(二)市场预测的作用

纺织品市场是个大市场,其突出表现为市场范围大、品种多、消费需求呈现多样性等方面。为此,在对纺织品市场调查的基础上进行纺织品市场预测对于纺织企业的市场决策有着极为重要的作用。纺织品市场预测的作用具体表现为以下几个方面。

1.加强纺织品市场预测有利于促进纺织品生产的顺利发展 纺织企业生产的发展依赖于纺织品市场。只有通过商品交换才能实现纺织品的价值,才能使纺织品的生产过程不断地进行下去。而完成交换的必要前提条件是生产的商品必须满足消费者的需要。科学的市场预测能够帮助企业掌握市场需求变化的状况,从而使生产能够按消费者的需求的变化不断地进行。

2.加强纺织品市场预测有利于适应和满足消费者对纺织品的需要 纺织品市场在满足人们生活需要方面起到很重要的作用。通过对纺织品市场的调查,可以掌握消费者更深层次的需求,从而满足不断变化的市场需求。

3.加强纺织品市场预测有利于充分发挥市场机制的调节作用 市场机制的调节作用发挥有效与否,主要取决于企业的经济活动能否对市场机制的调节信号作出灵敏的反应,及时进行自我调整。而市场调节信号通常以价格及供求变动等形式发出。因此,纺织企业通过市场预测,可以随时了解纺织品市场供求状况及趋势,促使各领域的经济活动自觉地按照市场导向及时调整,从而有利于发挥市场机制的调节作用。

4.加强纺织品市场预测有利于提高政府宏观管理水平 纺织品市场在主要利用市场机制进行调节的同时,一些涉及纺织行业总体规划和发展的战略,需要发挥政府的宏观管理作用。通过对纺织品市场进行预测,有助于政府掌握纺织品市场的现状和发展趋势,从而提高宏观管理水平,使纺织企业避免不必要的损失、少走弯路。

5.加强纺织品市场预测有利于提高纺织企业的经济效益和经营管理水平 企业的生存和发展要在市场大环境下进行,通过科学有效的市场预测,可以帮助纺织企业寻找市场机会,并把市场机会转变成企业发展的机会,掌握市场需求的动态变化,提供纺织品市场需要的纺织品,从而提高纺织企业的经济效益。同时,通过市场预测可使企业遵循客观经济规律的要求,运用科学的方法和管理手段,提高纺织企业经营管理的水平。

二、市场预测的类型与内容

(一)市场预测的类型

从不同角度划分,市场预测一般可分为以下几种不同类型。

1. 按预测的时间跨度分类　市场预测按预测的时间跨度可分为近期预测、短期预测、中期预测和长期预测。

(1)近期预测:一般指预测期在半年以下的预测,主要是为纺织企业日常经营决策服务的。

(2)短期预测:一般指预测期在半年以上2年以内的预测。它为纺织企业确定短期内的销售任务和制订具体实施方案及措施提供依据。例如,年度纺织品市场需求量的测算,可为纺织企业编制年度计划、安排市场及组织货源提供依据。

(3)中期预测:一般是指预测期在2～5年的预测。它一般是考虑了政治、经济、技术及社会等因素对纺织品市场的长期影响,在市场调查分析后,作出的纺织品市场发展趋势的预测,可为纺织企业制订中期规划提供依据。

(4)长期预测:一般是指预测期在5年以上的预测,主要研究与纺织企业产品发展有关的经济技术发展趋势、政治和社会发展趋势。它可为纺织企业制订长期的发展规划和经营战略提供依据。

2. 按预测的空间范围分类　市场预测按预测的空间范围分,有两种理解:一是按照地理范围划分,二是按照经济活动的空间范围划分。按地理范围划分,市场预测可分为地区市场预测、国内市场预测和国际市场预测。按经济活动的空间范围划分,市场预测可分为宏观的市场预测和微观的市场预测。

(1)按地理范围划分,具体分类情况如下。

①地区市场预测:是指针对某一地区纺织品市场的市场预测,如针对东北地区、西北地区及中南地区等地区市场进行的市场预测。

②国内市场预测:是对某类或某种纺织产品的国内需求和市场竞争状况的预测。国内市场可以按地区进行划分,如农村市场、城市市场;也可以按地理区域划分,如华北、华南地区市场等。

③国际市场预测:是对国际纺织品市场发展趋势的预测。它还可以划分为不同的地区市场预测,如拉美市场、中东市场等。国际纺织品市场预测主要对纺织企业国际营销环境的发展趋势及营销方式、营销渠道、纺织企业国际竞争及企业在国际市场的机会进行预测。

(2)按经济活动空间范围划分,具体分类情况如下。

①宏观的市场预测:是在广泛的纺织品市场调查的基础上,对各种影响市场活动的社会经济环境因素的发展变化所进行的预测,如针对纺织品生产结构状况、国家财政金融、纺织品对外贸易政策、居民收入和支出的变化等进行的预测。

②微观的市场预测:是指把宏观因素对纺织行业的影响缩小到某纺织企业及某一类纺织产品或某项纺织产品上,针对纺织行业、纺织企业产品生产经营发展变化趋势及某类纺织品(如中年女性职业装)的市场需求进行的估计和判断。

3. 按预测的性质分类　市场预测按预测的性质的不同可以分为定量预测和定性预测。

（1）定量预测：是指根据市场调查的信息资料，运用数学分析方法建立的数学模型，对运动规律进行描述，以此确定未来量的变化程度。例如，运用过去八个月童装的销售量数据，对下一个月童装的销售量进行预测。定量预测的方法主要包括时间序列分析法和因果关系分析法。

（2）定性预测：是指对预测对象运动的内在机理进行质的分析，据此判断未来质的变化趋向，并辅以量的描述，如对国外知名品牌服装在长三角地区销售趋势的预测。

（二）市场预测的内容

1. 纺织品市场需求预测　纺织品市场需求预测，是预测消费者、用户在一定时期、一定市场范围内，对某种纺织品有货币支付能力的需求。它包括纺织品量的预测，需求纺织品的品种、规格、花色、型号、款式、质量、包装及需要的时间等变化趋势的预测等。

2. 纺织品资源预测　纺织品资源预测，是指对在一定时期内，可以投入市场出售的纺织品总量及各种具体纺织品供应量的变化趋势的预测。

3. 纺织品供求动态预测　纺织品供求动态预测是对纺织品供求平衡状况的预测。

4. 纺织品生命周期预测　纺织品生命周期预测是对某种纺织品进入市场直至被市场淘汰而退出市场的全过程中所处不同阶段的发展变化趋势作出预测。

5. 纺织品市场占有率预测　纺织品市场占有率预测是对一定市场范围在未来某时期内，纺织企业提供的某种纺织品销售量在同一市场该类纺织品总销售量中所占比例及其变动趋向作出的预测。

三、市场预测的步骤与系统

（一）市场预测的步骤

1. 明确预测目的　在进行纺织品预测之前，首先需明确预测的目的。例如，要预测纺织品消费者对纺织品的需求情况，就需要通过抽样调查了解消费者需要哪些纺织品、数量是多少、什么时候需要等。

2. 拟定预测工作计划　拟定预测的工作计划要根据预测目的进行，其主要内容包括指定预测工作负责单位、预测前的准备工作、收集与整理信息资料的内容和方法、选择预测方法、建立预测模型以及预测准确度的要求、预测工作的期限及预测费用等。

3. 搜集和整理信息资料　这是市场预测的基础工作。纺织品市场预测要搜集的资料既有历史资料和现实资料之分，也有内部资料和外部资料之别。信息资料的整理包括分类、编校、编号、列表、百分比计算等。

4. 选择预测方法，建立预测模型　在纺织品市场预测时，要根据预测的目的和已有的信息资料，选择适当的预测方法和模型进行预测。通常，采用的预测方法不同，预测的结果也会不同。在选择预测方法和建立预测模型时，还要考虑预测费用及对预测精度的要求等。

5. 进行实际预测　实际预测就是根据预测模型，输入有关的数据资料等，从而获得预测结果的预测，这是个很烦琐的工作。

6.分析、评价预测结果　在预测过程中,由于使用了纺织品的历史数据对未来市场趋势进行预测。因此,不可避免地存在误差,需要对预测结果进行初步的验证方可投入使用。

7.提出预测报告　预测报告是对预测活动的全过程及取得的预测结果进行概括说明,提出预测精确度、预测目标实现的前提和可能性、实现预测结果应采取的措施和计划等,并对经验和教训进行总结。

(二)市场预测系统

1.市场预测系统的基本要素　市场预测系统的基本要素包括预测依据、预测方法、预测分析和预测判断。

①预测依据:是指反映预测对象过去、现实的资料与信息。

②预测方法:是指市场预测过程中对市场预测对象事物进行质和量的分析时采用的各种方法和手段。

③预测分析:是指市场预测过程中,对各种预测依据的核对、比较和综合分析与各种预测方法的比较分析,以及对预测结果的合理性、可靠性的评价分析。

④预测判断:是指存在于市场预测过程中所进行的各种判断。

2.设计市场预测系统　市场预测系统,是市场预测过程中预测依据、预测方法、预测分析和预测判断四个基本要素的有机结合。

纺织企业设计市场预测系统的目的在于:一方面,要为企业科学决策创造条件,促使其围绕企业市场经营风险发挥最好作用;另一方面,要便于企业各类管理者进行管理,对相互间的沟通尽可能发挥好的作用。

为某一特定对象选择定量预测方法的工作主要有:熟悉各种预测方法;比较各种预测方法,从中找出最合适的一种;调整选定的预测方法。

四、市场预测方法

(一)定性预测法

1.定性预测法的概念　定性预测法又称判断预测法。它是指在纺织品市场预测中,凭借人们在市场活动实践中获得的经验、知识和综合分析能力,通过对有关纺织市场资料的分析推断,对未来纺织市场发展趋势作出判断的方法。这是一种传统的预测方法。它的优点是简便易行,不需要多少费用,花费时间也较短。由于这种方法主要依靠预测者的直观判断力,所以其预测欠精确。

在经济活动过程中,有很多情况缺乏历史资料或准确的数据,或者是无法用定量指标来表示预测目标的时候常使用定性预测法,如在一定时期对某种纺织品市场形势发展变化的估计、纺织企业战略规划及企业经营环境等问题的判断,常常采用定性预测法。

2.定性预测法的种类　定性预测法又可分为主观估计预测法和技术预测法。

主观估计预测法是以人们的主观判断为依据作出预测值的估计,如管理人员、纺织品销售人员对销售趋势的判断意见,预测商品需求(销售)量的集合意见法。

技术预测法是根据一定情报资料,以相应技术的发展情况作为预测依据进行市场发展预测。如以现在可靠情报为根据,以本行业或其他相关方面的一些专家为咨询对象探索未来市场情况而进行预测的专家小组法。又如,以已知类似市场的发展过程预测目标市场发展过程的类推。

常用的定性预测法有对比类推法、集体经验判断法、特尔斐法、市场调查预测法等。

(1)对比类推法:是利用事物之间的相似特点,把先行事物的表现过程类推到后续事物上去,从而对后续事物的前景作出预测的一种方法。纺织品市场预测依据类比目标的不同可以分为产品类推法、地区类推法、行业类推法和局部总体类推法。

(2)集体经验判断法:又称专家小组意见法,它是指利用集体的经验、智慧,通过思考分析、判断综合,对事物未来的发展变化趋势作出预测。

[例5-1] 某纺织企业为使下一年度的销售计划制订得更为科学,组织了一次销售预测。由销售部经理主持,参与预测的有销售处、财务处、计划处、信息处四位处长,他们的预测估计见表5-2。

表5-2　某纺织企业年度销售额预测值估计表　单位:万元

预测人员	销售额估计值						预测期望值
	最高销售额	概率	最可能销售额	概率	最低销售额	概率	
销售处长	5000	0.3	4600	0.6	4200	0.1	4680
财务处长	5200	0.2	4700	0.7	4200	0.1	4750
计划处长	4900	0.1	4500	0.7	4000	0.2	4440
信息处长	5100	0.2	4600	0.6	4100	0.2	4600

表内"预测期望值"栏的数据是各种情形下的销售额估计值与概率的乘积之和。例如,对财务处长而言,其预测值期望值为:

$$5200 \times 0.2 + 4700 \times 0.7 + 4200 \times 0.1 = 4750(万元)$$

其他各位预测者的预测期望值计算方法同上。

不同的预测参加者对市场的了解程度和经验等因素不同,所以他们的预测结果对最终结果的影响力、作用有可能不同。为了表示这种差异,我们分别给予不同的权数表示这种差异,最后采用加权平均法获得最终预测结果。在此例中,经理从各方面考虑后,给各人的权数分别为:销售处长5,财务处长6,计划处长7,信息处长5,则该企业下一年度销售额的最终预测值为:

$$\frac{4680 \times 5 + 4750 \times 6 + 4440 \times 7 + 4600 \times 5}{5 + 6 + 7 + 5} = 4607.8(万元)$$

集体经验判断法,主要优点是可以集思广益,避免个人独立分析判断的片面性。不足之处是,因许多企业都把完成销售计划的情况作为考核销售人员业绩的主要依据,故销售人员一般都希望尽量把计划压低,从而影响所得结果的准确性。

（3）特尔斐法（Delphi Method）：也称专家调查法或专家意见法,它是美国兰德公司（Rand Corporation）于 20 世纪 40 年代末首创的。它是以匿名方式,轮番征询专家意见,最终得出预测结果的一种集体经验判断法。这种方法可用于预测某种纺织品供求变化、市场需求、纺织品的成本价格、商品销售量、市场占有率、纺织品生命周期等。

特尔斐法不仅用于企业预测,还可用于行业预测、宏观市场预测;不仅用于短期预测,还可用于中长期预测。尤其是在缺少必要的历史数据,应用其他方法困难时,采用特尔斐法会收到较好效果。

［例 5 - 2 ］某纺织公司采用特尔斐法,请 15 位专家对一项新产品投放市场成功的可能性的主观概率估计如下:6 人认为成功的可能性主观概率为 0.6,4 人认为成功的可能性主观概率为 0.5,2 人认为成功的可能性主观概率为 0.7,3 人认为成功的可能性主观概率为 0.8,则该项新产品投放市场成功的主观概率加权平均值为:

$$\frac{6 \times 0.6 + 4 \times 0.5 + 2 \times 0.7 + 3 \times 0.8}{6 + 4 + 2 + 3} \approx 0.627$$

因此,该项新产品投放市场成功的可能性为 62.7%,这就是 15 位专家预测的结果。

（4）市场调查预测法:市场调查预测法是指纺织企业市场营销人员组织或亲自参与或委托有关机构对纺织品市场进行直接调查,在掌握大量的第一手资料的基础上,对未来纺织品市场发展趋势作出预测的一类方法。

市场调查预测法的特点表现在以下两个方面。

①较客观。市场调查预测法由于直接按调查获得的客观资料进行分析推断,人为主观判断很少,所以比其他定性预测法客观。

②适用性强。在缺少历史资料的情况下,通过直接调查,可以获得较可靠的预测结果。

市场调查预测法的类型主要有购买意向调查法、展销调查法和预购测算法等。

［例 5 - 3 ］某纺织公司对该公司经营地区进行下一年度各类纺织品购买意向调查,挑选了 300 户,最后的调查结果汇总情况是:肯定购买者 6 户,有较大购买意向者 12 户,还未定者 50 户,可能不买者 160 户,肯定不买者 72 户,则在对 300 户的调查中,购买比例的期望值（E）为:

$$E = 6 \times 100\% + 12 \times 80\% + 50 \times 50\% + 160 \times 20\% + 72 \times 0 = 72.6$$

（二）定量预测法

1. 定量预测法的概念　它是依据大量的数据资料,运用统计分析和数学模型方法建立预测模型,描述预测对象发展过程中质的规定性规律,据此作出预测值的估计。它的特点是:要求数据资料齐全;需要统计方法和数学模型等工具;量与质的分析要结合。

2. 定量预测法的分类　定量预测法可以分为时间序列分析法和因果关系分析法。时间序列分析法,也称历史延伸法,它是以历史数据为基础,运用一定的数学方法寻找数据变动规律并向外延伸,来预测市场未来的发展变化趋势的。因果分析法是通过分析市场变化的原因,找出原因与结果之间的联系方式,建立预测模型,并据此预测市场未来的发展变化趋势。

定量预测法有很多方法,比较常见、实用的预测纺织品的方法主要有:平均法、直线趋势延伸法、季节指数法和回归分析预测法。

(1)平均法:它是通过对过去若干期时间序列的历史数据计算平均数,以消除时间序列的随机波动和季节波动,以此对未来基本发展趋势进行预测的方法。它主要包括简单平均法和移动平均法两种。简单平均法又分为简单算术平均法和加权算术平均法两种;移动平均法也可分为简单移动平均法和加权移动平均法。

(2)直线趋势延伸法:它是根据具有线性变化趋势的历史数据拟合出直线方程进行预测的方法。线性变化趋势的特点是历史数据呈增长趋势,且增长幅度大致接近。

(3)季节指数法:它是以市场的循环周期(1年或1季)作为跨期求得移动平均值,并在此移动平均值的基础上求得季节指数,以此来描述纺织品市场的季节性变化规律,再对市场的发展趋势作出量的预测的方法,常用于预测具有季节性波动的情况,如服装产品。用该法可以预测服装的供应量、需求量及价格变动趋势。

(4)回归分析预测法:它是因果分析法的一种,应用得较多。因果关系分析法,是指从事物变化的因果关系的本质规律出发,用统计方法寻求市场变量之间依存关系的数量变化函数表达式的一类预测方法。该类方法在实际运用中常用的有回归分析法和经济计量法两种。

所谓回归分析法,是指在掌握大量观察数据的基础上,利用数理统计方法建立因变量与自变量之间回归关系函数表达式,用来描述它们之间数量上的平均变化关系。我们把这种表达式称为回归方程式。

五、市场预测的组织工作

(一)纺织企业市场预测系统的职能

纺织企业利用市场预测系统能够实现以下职能。

1. 确定预测信息的要求　根据预测的目的,确定预测信息的要求,然后进行预测信息的搜集和整理等工作。

2. 挑选有能力的预测工作人员　不同的预测类型的工作内容会有所不同,不同的预测工作人员从事着预测过程中不同环节的工作。而预测工作是个系统的、繁杂的工作,对预测工作人员综合素质要求较高。

3. 搜集数据　为了保证预测结果的准确性,要求预测数据具有真实性。为此,在数据搜集过程中,要求每个环节设计合理,保证数据的真实性和系统性。

4. 根据数据情况选用合适的预测方法　在定量预测过程中,要把数据进行处理,分析其特征,根据数据的特征选择合适的预测模型。在选择预测模型的时候,会发现有些数据可以用不同的数学模型来处理,从而得到的预测结果也会不同。

5. 把预测结果通知经理　把预测的结果整理成报告提供给经理,供营销决策用。

6. 实际结果对预测结果的反馈和比较　我们可以根据以往预测值与实际值的比较，判断该预测模型的误差的大小。有时，要利用几种不同的预测模型的数据建立新的预测模型来进行预测。

(二)纺织企业市场预测的组织工作常见问题

纺织企业在开展预测工作时会发生许多问题，主要表现在以下几方面。

1. 数据资料出现的差错　数据资料出现的差错是指数据本身有错误，资料不具真实性。

2. 负责检查预测结果的人员没有核对数据的可靠性　为了保证预测结果的准确性，要使数据真实、可靠，负责检查预测结果的工作人员应对数据的可靠性进行核实。不经核实的数据如果不可靠，会导致预测结果出现错误。

3. 决策者不懂预测　如果决策者不懂预测，预测结果可能不会提交给他使用或提交后被束之高阁。

4. 预测参与者的认识不一致　预测成功必须有很多人共同努力，但由于各种原因使部分人员在改进工作的意识上还有欠缺。

5. 方法的错误　由于预测方法选择出现错误，导致预测结果的不准确。

第三节　纺织市场营销信息的管理

一、市场信息

(一)市场信息的概念

市场信息是有关市场经济活动各种消息、情报、数据和资料的总称。市场信息一般通过报表、凭证、商情、文件、书信、语言、广告、合同、货单和图像等形式表现出来。

(二)市场信息的特性

市场信息具有以下一般特性：可感知和可识别性、可存储性、可转换性、可加工处理性、与物质载体的不可分割性等。

(三)纺织市场信息的特点

作为纺织市场信息，它具有和其他社会信息不同的特点，具体表现在以下四个方面。

1. 纺织市场信息具有明确的来源和目的性　市场信息存在于市场运行及有关事物的动态变化过程之中。纺织品的市场信息从收集、加工、传递到存储，都是围绕纺织市场进行的，是直接为提高纺织市场活动的效率、维持纺织市场的正常运行服务的。

2. 纺织市场信息具有复杂性和多样性　纺织市场信息不论在数量、内容还是形式上，都呈现复杂性和多样性。其中既有生活资料、生产资料等商品市场的信息，还包括资金、劳务、技术和房地产等要素的市场信息。有来自高层活动主体的信息，也有来自市场活动参与者的信息。

3. 纺织市场信息具有较强的有序性和可传递性　纺织市场信息是在人们有意识地参与纺织市场活动过程中生成的。它在一定程度上经过了人们的加工整理。因此，它的有序化程度较强。随着通信技术与传播手段的发展,现代市场信息的数字化和网络化,使市场信息突破时空限制,有可能在全球范围内传输。

4. 纺织市场信息具有效用性 纺织市场信息是为纺织经济服务的。为此,市场信息的处理过程要讲求效用,围绕纺织经济活动中要解决的问题有针对性地进行信息的收集工作。

(四)市场信息的种类

市场信息可按照不同的划分方法进行分类,具体有以下五种方法。

1. 按信息产生过程,可以分为原始信息和加工信息 原始信息又称初级信息,是指企业生产经营活动过程中的原始记录、原始数据、单据等,如产量、销售额、利润和费用等方面的信息。它是最大量、最广泛的信息。把原始信息按照管理目标和要求进行加工处理,就形成加工信息。

2. 按信息来源,可以分为内部信息和外部信息 内部信息是指来自企业内部生产经营过程及管理活动的信息,一般通过计划、会计、统计报表、财务分析等反映出来。外部信息是指来自企业经营管理系统以外的市场环境的信息,包括市场供求变化、同行业竞争情况、国家计划、政策、法规条例、物价和消费趋向等信息。

3. 按信息的时间属性,可分为历史信息、现时信息和未来信息 历史信息是反映过去的市场运行现象与过程的信息,常常以文献资料的形式保存起来。现时信息是指正在进行着的市场经济活动的信息,它的时效性较强。未来信息是指预测市场未来发展动向,揭示市场未来趋势的信息。

4. 按信息来源的稳定程度,可分为固定信息和流动信息 固定信息是指系统化的信息资料,如法律文件、统计资料、广告专题节目和各种标准定额等。固定信息具有相对稳定性,它可以在一段时间内反复使用,是企业制订常规性决策的重要依据。流动信息是指反映市场经济活动进程及变化动态的信息,如利率变化、市场供求变动、商品结构调整、价格涨落和消费流行趋势等。流动信息是不断变化的,流动性大,时效性强,而且通常只有一次使用价值。

5. 按信息内容,可以分为市场情报信息、企业经营管理信息、营销环境信息等 市场情报信息包括企业向市场搜集的所需动态的情报资料,也包括企业向市场发出的有关营销情况的信息。它可为企业决策和日常管理提供依据,同时可扩大本企业的影响,提高市场占有率。它一般通过销售分析、广告、商情动态等图像或文字资料反映出来。

经营管理信息是指对企业生产经营过程进行计划、组织、指挥和控制时所需要的信息,包括计划与合同信息、定额信息、价格信息及统计信息等。

营销环境信息是影响企业营销活动的外部环境的信息,它包括:市场环境信息,如市场体系发育程度、市场供求的总体平衡状况、商业网点布局和同行业竞争情况等;经济环境信息,如国民经济发展速度、国家经济政策变化、人民消费水平及消费结构变动及经济结构变化等;政治环境信息,如国家政体、行政管理体制、基本方针政策等;社会环境信息,如人口分布、城市发展、交通、环境保护、风俗习惯和历史传统、文化教育水平等;科技信息,如国内外科学技术发展趋势、最新成果及其在经济领域的应用前景等。

二、纺织市场营销信息管理系统

纺织企业的市场营销系统,一般由内部报告系统、外部报告系统和专题报告系统三个子系统组成。

(一)内部报告系统

内部报告系统普遍存在于各纺织企业之中,主要原因在于,纺织企业每天都要产生大量的有关原材料消耗、生产(销售)进度、现金收支、库存变化等信息的业务报表。这些报表各自反映了与企业经营活动有关的一个方面,同时又互相联系。综合这些报表的总量信息,便可成为对企业经营活动全貌的描写。这些综合信息对企业领导作出正确的决策非常有实用价值。

比较规范的信息系统应该是将系统计算机化。内部报告系统的计算机化,可以使企业领导及时掌握整个企业的经营情况,帮助领导进行决策。现在不少计算机管理软件都配有决策支持系统(DSS),使决策者在几秒钟内了解到某些经济参数如产品价格、原材料成本的变化对企业的利润、销售量的影响。如某棉纺厂的原料1的价格上涨5%,原料2的价格上涨18%,企业的赢利将下降多少等问题,都可以通过软件解决。

(二)外部信息系统

内部报告系统提供的只是关于企业内部的有关信息。对从事市场营销的企业来说,内部信息是远远不够的,必须收集大量的经济信息、科技信息、市场信息为企业服务,这些信息来源于销售人员、出差人员、情报资料员、科技人员和出国人员等。由上述信息组成的系统称为外部信息系统。

(三)专题研究系统

上述两个系统收集的都只是常规信息。由于需要,纺织企业必须对一些专门问题进行研究,如预测市场对棉纺织品的需求、纺织品广告的效果等。这些问题可以由专题研究系统来进行。专题研究系统是一个由研究主体、研究客体和研究手段三部分组成的有机整体。

企业在进行分析时,除了专门调查所得资料外,还需要前两个系统所提供的数据。在信息管理上做得好的纺织企业,这些数据都以数据库的形式存在着。也可以采用数学模型作为工具进行资料的分析。有条件的纺织企业,在建立数据库的同时,也应该收集各种有用的、已经计算机化的数学模型,逐步建立起模型库。

本章小结

一个纺织企业要做大做强,必须进行很清晰的市场调查和预测。市场调查与预测在一个纺织企业,无论是大型的或中小型的企业都是不会被忽视的。本章主要介绍了纺织品市场调查的方法、应用和纺织品市场预测的方法。通过本章的学习,应了解纺织品市场调查的概念、类型、内容和步骤,掌握市场调查的方法及其应用,了解纺织品市场预测的概念、种类、内容和程序,掌握市场预测的基础方法。

思 考 题

1. 市场调查的类型有哪些,各自的适用范围如何? 试举例说明。
2. 市场调查的内容如何?
3. 试比较各种常见的市场调查方法的优缺点。
4. 试从不同角度对市场预测进行分类。
5. 请举例说明市场预测的步骤。
6. 市场预测应遵循哪些原则?
7. 纺织市场信息有哪些特性? 试从不同角度对市场信息进行分类。
8. 纺织企业的营销信息管理系统的组成如何?

实 训 题

　　某纺织公司采用特尔斐法,请20位专家对一项新产品投放市场成功的可能性的主观概率估计如下:8人认为成功的可能性主观概率为0.6,4人认为成功的可能性主观概率为0.5,4人认为成功的可能性主观概率为0.7,4人认为成功的可能性主观概率为0.8,试计算该项新产品投放市场成功的主观概率是多少?

第六章　纺织产品策略

●　本章知识点　●

1. 产品的概念及分类。

2. 产品组合的策略。

3. 产品生命周期。

4. 新产品开发方式及市场扩散。

5. 品牌与包装策略。

导入案例

新型抗震耐磨面料优势明显

服饰面料的变革,是纺织业的永恒课题。丝、麻、毛等纯天然面料备受关注,但人们从来没有放弃过对其替代品的研究。上海合成纤维研究所最近研制成功的"海岛纤维",是一种在国际上备受关注的尖端产品,均匀性、耐折皱性、色牢度、耐磨度都比天然皮革强,在相同的厚度下,其透气性可以达到天然皮革的 30 多倍,被称为"超真皮"。据说它在国际市场上的价格可卖到一等牛皮价的 10 倍。

腈纶也早已开始告别"穿衣服时老有静电"的毛病,在上海石化腈纶事业部,仿羊绒腈纶不但具有天然羊绒的手感,同时具有腈纶优良的染色性能,使服饰色彩更亮丽。用电子、生物、化学、化学纤维、纺织工程多学科综合开发的具有高智能化的纺织品,能根据天气变化调节织物的厚薄,自动调温,实现移动通信、播放音乐、全球定位等功能。目前这类纺织品在发达国家尚处于研究开发阶段。

新纺织的发展,也早已突破了服饰范畴。现在出现的一种"碳纤维加固补强织物",解决了房屋渗水问题。上海合成纤维研究所的专家介绍,如果用配套树脂将这种织物粘贴于混凝土结构表面,就可以起到结构补强及抗震加固作用,而且这种材料的抗拉强度高于普通钢材的 10～15 倍,比重却仅为钢的 1/4。

（资料来源:《中国纺织报》,2008 年 6 月 12 日）

为什么新型抗震耐磨面料优势明显,受到国际市场的关注? 通过本章的学习,你将会找到一个答案。

第一节 产品的概念及分类

一、产品的概念

通常人们对产品的理解是一种具有某种特定物质形状和用途的物体,如服装、窗帘、缆绳、土工布等。事实上,顾客购买一件产品,并不只是要得到一个产品的有形物体,而且还要从这个产品得到某些利益和欲望的满足。例如,顾客购买价格高昂的品牌时装,想得到的不仅是质量好、设计新颖时尚的服装,还希望通过穿着该时装体现自身的个性,反映生活品质。有时,顾客也会希望获得服装保养方面的指导。所以,产品是指能提供给市场以引起人们注意、获得、使用或消费,从而满足人们某种欲望或需求的一切东西。简言之,产品 = 有形的实体 + 无形的服务。

(一)产品的整体概念

以往,学术界曾用三个层次来表述整体产品概念,即核心产品、形式产品和延伸产品(附加产品),这种研究思路与表述方式沿用了多年。但近年来,以菲利普·科特勒为首的北美学者更倾向于使用五个层次来表述产品整体概念,认为五个层次的研究与表述能够更深刻而准确地表述产品整体概念的含义,如图 6 - 1 所示。

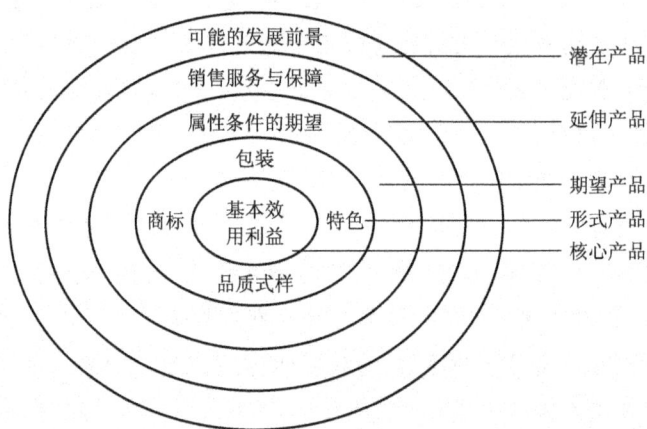

图 6 - 1 整体产品概念的五个层次

1. 核心产品 核心产品是指向消费者提供的产品的基本效用或利益,也是消费者真正要购买的利益和服务。顾客愿意支付一定的费用来购买产品,并非是为了拥有该产品的实体,而是为了获得能满足自身某种需要的效用和利益。例如,人们购买窗帘,并不是为了买到一大块布,而是通过安装窗帘获得遮蔽等效用。消费者购买产品,首先就在于购买它的基本效用,并从中获得利益。产品若没有效用和使用价值,不能给人们带来利益的满足,消费者就不会去购买它。所以,核心产品是最基本的和实质性的,是顾客需求的中心内容。

2. 形式产品 形式产品是指呈现在市场上的产品的具体形态,是核心产品借以实现的形式或目标市场对某一需求的特定满足形式,一般以产品的外观、质量、特色、包装、品牌等表现出来。产品的基本效用在一定程度上要通过产品的形式部分才能体现出来。如窗帘的核心功能是遮蔽,但要配之以一定的式样设计、颜色、厚薄、风格等。显然,一幅窗帘不是仅仅具备遮蔽功能就能令顾客满意的。核心产品通过形式产品得以实现,因而企业在进行产品设计时,应着眼于用户所追求的核心利益,同时也要重视如何以独特形式将这种利益呈现给顾客。

3. 期望产品　期望产品是购买者在购买该产品时期望得到的与产品密切相关着的一整套属性和条件。不同的人对这种期望是不同的,例如,购买袜子的消费者,一般所期望的是吸湿、耐磨,而另外一些消费者追求的不仅仅是以上的属性和条件,还有其他的期望,诸如抗菌防臭、美观等。

4. 延伸产品　延伸产品又称附加产品,主要是指增加在产品上的附加服务和附加利益。这是产品的延伸或者附加,它能够给顾客带来更多的利益和满足。附加产品包括产品的售后服务以及产品的品牌给顾客带来的心理上的满足感。附加产品来源于对消费者需求的综合性和多层次性的深入研究,它要求营销人员必须正视消费者的整体消费体系,但同时必须注意消费者是否愿意承担因附加产品的增加而增加的成本。这一层次包括供应产品时所获得的全部附加信息和利益,包括送货、维修、保证、安装、培训、指导及资金融通等,既包括生产厂商也包括经销商、代理商的声望和信誉。

5. 潜在产品　潜在产品层是产品的第五个层次,是指现有产品(包括所有附加产品在内)最终可能的所有的增加和改变。在这个环节上,不但厂商努力寻求满足顾客并使自己与其他竞争者区别开来的新方法,就是渠道商也同样考虑采取各种新颖的方式对其产品(包括商品、店面、服务)进行改进。要注意的是,很多时候产品或者设计的好坏,不是由技术说了算的。

(二)产品的整体概念与市场营销管理

产品的整体概念体现了消费者的复杂利益整合需要,产品整体概念是对市场经济条件下产品概念的完整、系统、科学的表述。它对市场营销管理的意义表现在以下四个方面。

(1)它以消费者基本利益为核心,指导整个市场营销管理活动,是企业贯彻市场营销观念的基础。企业市场营销管理的根本目的就是要保证消费者的基本利益。

(2)只有通过产品五层次的最佳组合才能确立产品的市场地位。营销人员要把对消费者提供的各种服务看做是产品实体的统一体。对于营销者来说,产品越能以一种消费者易觉察的形式来体现消费者购物选择时所关心的因素,越能获得好的产品形象,进而确立有利的市场地位。

(3)产品差异构成企业特色的主体,企业要在激烈的市场竞争中取胜,就必须致力于创造自身产品的特色。而随着现代市场经济的发展和市场竞争的加剧,企业所提供的附加利益在市场竞争中也显得越来越重要。

(4)随着企业生产技术和管理水平的提高、消费者购买能力的增强和需求趋向的变化,服务这一无形因素在企业市场营销中的重要性已超过以往。企业必须特别重视产品的无形方面,必须认识到服务本身就是产品的一部分,而不是为服务而服务。服务好虽不能使产品成为优质,但优质产品却会因服务不好而失去市场。国内外许多企业的成功,在很大程度上应归功于它们更好地认识了服务等附加产品在产品整体概念中的重要地位。

二、产品的分类

(一)常见产品分类方式

在产品导向观念下,企业市场营销人员只是根据产品的不同特征对产品进行分类。在现代市场营销观念下,产品分类的思维方式是,每一个产品类型都有与之相适应的市场营销组合策略。而要做到科学地制订有效的营销策略,就必须对产品进行科学的分类。产品分类的方法很多,从而可据此划分出许多不同的产品类别。从营销管理的角度看,有意义的分类主要包括以下几种。

(1)根据产品之间的销售关系,产品可分为独立品、互补品和替代品。

(2)根据消费者的购物习惯,产品可分为便利品、选购品、特殊品和非渴求物品四类。

当然,产品分类不只上述两种,还有其他一些分类方法。例如,按需求量与收入关系划分,可分为高档品(需求量随收入增加而增加的产品,即收入弹性系数为正)和低档品(需求量随收入增加而减少的商品,即收入弹性系数为负);按产业用品如何参与生产过程及其价值大小可分为完全进入型、部分进入型和不进入型三类等。不论怎样,营销者明了不同的产品类型,有利于其根据不同的变量关系制订适宜的营销策略。

(二)纺织品分类方式

按照市场营销的观点及国际通行惯例,一般将纺织品分为服用纺织品、装饰用纺织品及产业用纺织品。

服用纺织品包括制作服装的各种纺织面料以及缝纫线、松紧带、领衬、里衬等各种纺织辅料和针织成衣、手套、袜子等。其中纺织面料及纺织辅料通常面对的市场为产业市场,而针织成衣、手套、袜子等往往直接面对消费者市场。

装饰用纺织品分为室内用品、床上用品和户外用品。室内用品包括家具布和餐厅盥洗室用品,如地毯、沙发套、绣品、窗帘、毛巾、台布等。床上用品包括床罩、床单、被套、毛毯、枕套等。户外用品如人造草坪等。装饰用纺织品往往直接面对消费者市场。

产业用纺织品与消费者一贯用于服装和装饰的普通纺织品不同,它通常由非纺织行业的专业人员用于各种性能要求高或耐用的场合。产业用品可以作为其他产品的一个组成部分,可作为加工其他产品过程中使用的一个部件,也可单独使用来执行一种或几种功能。因此,产业用纺织品一般面对的是产业市场。

第二节 产品组合

一、产品组合的概念和因素

(一)产品组合的概念

所谓产品组合,是指某一企业所生产或销售的全部产品大类(产品线)、产品项目的组合。产品组合又叫产品的各种花色品种的配合。产品组合是一个企业提供给顾客的一整套产品。产品组合由各种各样的产品线组成,每条产品线又由许多产品项目构成。

与产品组合有关的术语还有产品系列。所谓产品系列,是指一组式样不同但其功能可以相互配合使用的相关项目。例如,日本尼康公司所提供的照相机都附有各种用途的镜头、滤光镜及其他配件,所有这些产品项目就构成了一个产品系列。

(二)产品组合的因素

现代企业为了满足目标市场的需要,扩大销售,分散风险,增加利润,往往生产经营的产品不止一种,这些产品在市场的相对地位以及对企业的贡献有大有小。随着外部环境和企业自身资源条件的变化,各种产品会呈现新的发展态势。因此,企业如何根据市场需要和自身能力,确定经营哪些产品,明确产品之间的配合关系,对企业兴衰有重大影响。企业需要对产品组合进行认真研究和选择。

产品组合包含四个因素:宽度、长度、深度和黏性(关联性)。

(1)产品组合的宽度:是指一个企业拥有多少条不同的产品线。

(2)产品组合的长度:是指一个企业产品组合中的产品项目总数。

(3)产品组合的深度:是指每条产品线上的产品项目数,也就是每条产品线有多少个品种。

(4)产品组合的黏性(或关联性):是指每条产品线之间在最终用途、生产技术、销售渠道以及其他方面相互关联的程度。

由于产品组合所包含的四个因素不同,就构成了不同的产品组合。图6 - 2是产品组合概念示意图。

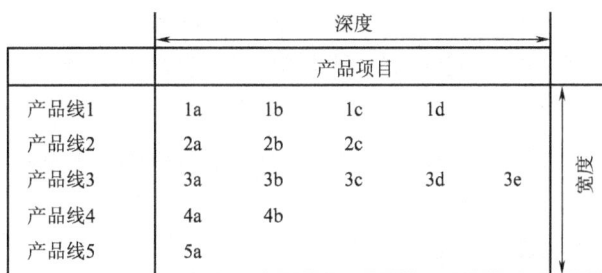

	深度				
	产品项目				
产品线1	1a	1b	1c	1d	
产品线2	2a	2b	2c		宽度
产品线3	3a	3b	3c	3d	3e
产品线4	4a	4b			
产品线5	5a				

图6 - 2　产品组合概念示意图

如图6 - 2所示,产品组合的宽度为5,产品组合的长度为15,产品组合的平均长度为3,产品线1、2、3、4、5的深度分别为4、3、5、2、1。

产品组合的四个因素使企业可以采用不同方法发展其经营业务。企业可以增加新的产品线,以扩大产品组合的宽度;企业可以延长它现有的产品线,以扩大产品组合的长度;企业可以继续增加每一产品线的品种,以增加产品组合的深度;企业还可以推出有较高黏性的新产品线或加强产品线之间的黏性。

二、产品组合策略

产品策略是制订其他各项决策的基础,一旦产品策略确定了,其他如人财物、产供销等各方面的工作也就基本确定。产品组合并不是无条件地要求越宽越深越好,产品组合越宽越深,则要求企业必须拥有越充足的资金,有更高水平的生产、技术和营销能力,有更高的经营管理水平。否则品种多、生产成本上升,若经营管理不善,经济效益反而会下降。所以,企业必须根据市场调查和预测资料,按照市场需要,竞争情况及企业所处外部环境,结合企业自身实力和经营目标,以有利于促进销售和提高总利润为原则,谨慎从事,对产品进行组合,作出正确的产品组合策略。

产品组合策略一般有六大种类。

(1)有限产品专业性策略:即企业集中生产、经营有限的或单一的产品,适应和满足有限的或单一的市场需要。例如,某企业只生产轮胎帘子线,满足轮胎生产厂家的需要。单一产品,生产过程单纯,可以采用高效的技术装备和工艺方法,提高自动化程度,能大批量生产,提高劳动生产率,技术上易于精益求精,提高产品质量,降低成本,节省销售费用。但经营品种单一或有限,企业对产品的依赖性太大,适应性弱,风险大。

(2)产品系列专业性策略:即企业重点经营某一类产品。例如,某床上用品生产企业根据市场不同的需要生产床罩、床单、被套、毛巾被、毛毯、枕套等产品。

(3)市场专业性策略:即企业为某个专业市场(某类顾客)提供所需的各种商品。例如,专为汽车市场生产包括安全带、安全气囊、地毯、车篷等产品。

(4)特殊产品专业性策略:指企业经营某些具有特定需要的特殊产品。如为登山运动员提供的专用登山服,为医院提供的人造血管等。由于产品特殊,市场开拓范围不大,竞争少,有助于企业利用自己的专长,树立企业和产品的形象,长期占有市场,获取竞争优势。

(5)特殊专业性策略:即企业凭借自身拥有的特殊技术和生产条件,提供满足某些特殊需要的产品,如专门生产为宇航服使用的面料、衬料、手套、拉链、缝纫线等产品。

(6)多系列全面型策略:即企业尽可能向顾客提供他们所需要的一切产品。这种策略将尽可能地增加产品组合的宽度和深度。在增加时,企业可以根据自身内部条件,考虑产品组合的黏性。如雅戈尔集团公司,原来主要生产服装,现在已扩展到纺纱、织造、染整,并进一步向国际贸易与置业领域进行扩展。

三、产品组合的优化

由于科学技术迅速发展,市场需求变化大,以及竞争形势和企业内部条件的变化,不论是经营单一类别产品的企业,还是经营多种类别产品的企业,都有可能出现这样的情形:一些产品销售形势很好,利润增长较快;一些产品销售和利润的增长已趋于平稳;另一些产品可能已趋向衰退。因此,企业有必要定期或适时调整产品结构,使其达到更佳的组合。

(一)评价产品组合

为了优化产品组合,使每一产品线及每一产品线下的产品项目都能取得良好效益,企业应经常对现行产品线及各产品项目的销售与利润情况进行分析、评价和调整。分析、评价产

品组合的方法很多,主要有波士顿矩阵法、GE
矩阵法(通用电器公司法)、产品定位图分析
法、产品项目分析法、三维图分析法等。

1. 波士顿矩阵法　波士顿咨询集团是世
界著名的一流管理咨询公司,他们在 1970 年创
立并推广了波士顿矩阵法,又称作波士顿咨询
集团法、四象限分析法、销售增长率—相对市场
份额矩阵法、产品系列结构管理法等。其分析
方法如图 6 - 3 所示。

图 6 - 3 中,销售增长率表示该产品的整体
市场销售量或销售额的年增长率,用于衡量该
产品在市场上的需求增长情况,用数字 0 ~

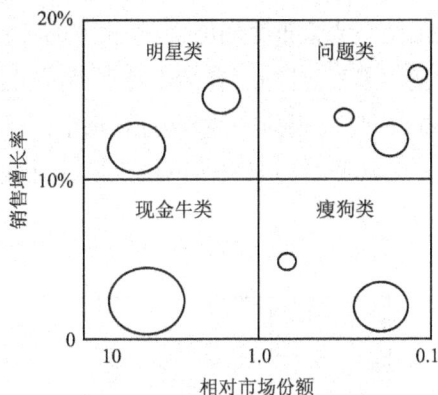

图 6 - 3　波士顿矩阵分析法

20% 表示,并以销售增长率 10% 为分界线,认为销售增长率超过 10% 就是高速增长;相对市
场份额表示该产品相对于最大竞争对手的市场份额,用于衡量企业在相关市场上的实力,用
数字 0.1(该企业销售量是最大竞争对手销售量的 10%)~10(该企业销售量是最大竞争对
手销售量的 10 倍)表示,并以相对市场份额为 1.0 为分界线。需要注意的是,这些数字范围
可能在运用中根据实际情况的不同进行修改。

八个圆圈代表公司的八个业务单位(即产品线或产品项目),它们的位置表示这个产品
的销售增长和相对市场份额的高低,圆圈面积的大小表示各产品的销售额大小。

波士顿矩阵法将一个公司的产品分成四种类型:问题类、明星类、现金牛类和瘦狗类。

问题类产品,指销售增长率较高而相对市场占有率较低的产品。这类产品需投入大量
资金来维持和提高市场占有率,因此,企业应把钱花在可以变为明星产品的类型上,否则应
掌握时机退出市场。图中所示的企业有三项问题类产品项目,不可能全部投资发展,只能选
择其中的一项或两项,集中投资发展。

明星类产品,指销售增长率及相对市场占有率都高的产品。但这并不意味着明星产品
一定可以给企业带来滚滚财源,因为市场还在高速成长,企业必须继续投资,以保持与市场
同步增长,并击退竞争对手。这类产品需投入大量现金来维持其市场占有率,当它们的销售
增长率降到一定程度时,便可变为现金牛类产品,为企业积累资金。

现金牛类产品,指销售增长率低但相对市场占有率高的产品。这类产品是成熟市场中
的领导者,可为企业带来大量的现金收入,用以扶持明星类和问题类产品。由于市场已经成
熟,企业不必大量投资来扩展市场规模,同时作为市场中的领导者,该产品享有规模经济和
高边际利润的优势,因而可给企业带大量财源。企业往往用现金牛类产品来支付账款并支
持其他三种需大量现金的产品。

瘦狗类产品,指销售增长率及相对市场占有率均较低的产品。这类产品有时可能产生
一些收入,但常常都是微利甚至亏损,耗费管理人员的时间而得不偿失。图中的企业有两项
瘦狗业务,可以说,这是沉重的负担,应尽早摆脱。

2. GE 矩阵法（通用电器公司法） 波士顿矩阵分析法虽然考虑了市场增长和相对市场份额两个非常重要的因素,但也忽略了市场规模、销售利润、产品信誉、生产能力等其他较为重要的因素。因此,有必要对多种因素进行系统考察。通用电器公司法便是这样一种方法(图6-4)。根据这种方法,对每个产品项目,都从市场吸引力和竞争能力两个方面进行评价。市场吸引力取决于市场规模、销售增长率、利润率、竞争者强弱等因素,竞争能力则由该产品项目的市场占有率、产品质量、分销能力、推销效率等因素决定。企业对以上两类因素进行评价,逐一评出分数,再按其重要性分别加权合计,就可计算出各业务单位的市场吸引力和竞争能力数据。

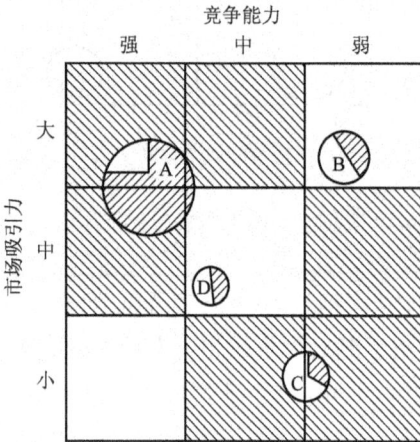

图6-4 通用电器公司矩阵

如图6-4所示,圆圈的大小表示市场上该产品的规模大小,圆圈中阴影部分表示该产品在市场中占有的市场份额。市场吸引力分为大、中、小3类,企业的竞争能力分为强、中、弱3档,共9个方格,可分为3大区域。

第一区:左上方的3个方格。这个区域的市场吸引力和产品的竞争能力都最为有利,表示进入这些象限的产品具有较高的吸引力与实力,应作为投资与发展的对象。图中A项产品位于该区。

第二区:对角线上的3个方格。这个区域的市场吸引力和产品的竞争能力总的来说都是中等水平。它们可能转变为第一区的或第三区的产品,因此应保持现状,并注意其发展方向。图中B、D两项产品位于该区。

第三区:右下方的3个方格。这个区域的市场吸引力和产品竞争能力都弱。这个区域内的产品处于低等状态,应掌握时机及时淘汰这类产品,不再追加投资或断然收回投资。图中C项产品位于该区。

3. 产品项目分析法 产品线下的每一个产品品种对总销售额和利润所作的贡献是不同的。产品项目分析法用于分析、评价产品线下各产品项目的销售与赢利水平。图6-5显示了一条拥有5个产品项目的产品线以及各产品的销售与赢利情况。

根据图6-5所示,第一个产品项目的销售额、利润额分别占整个产品线总销售额和总利润额的50%和30%;第二个产品项目销售与利润占总销售额和总利润额的比重均为30%。这两个项目的销售和利润额共占总销售额的80%和总利润额的60%。如果这两个项目遇到强烈的竞争,整条产品线的销售额和利润额将急剧下降。第三、第四个产品项目销售额比重虽不大,但利润的表现突出。因此,企业一方面应采取切实措施,巩固第一、第二两个产品项目的市场地位;另一方面应根据市场环境变化加强对第三、第四产品项目的市场营销。第五个产品项目只占整个产品线销售额和利润额的5%,如发展前景不大,企业可考虑停止这种产品的生产,以便抽出力量加强其他产品项目的营销或开发新产品。

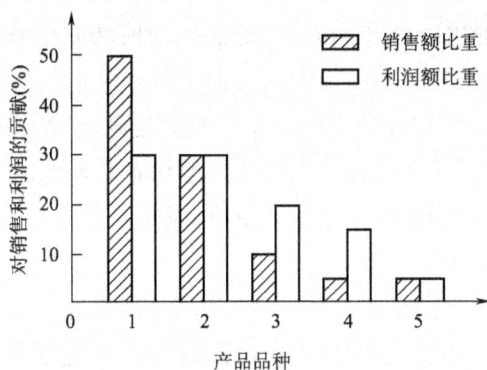

图6-5　产品品种对产品线总销售额和利润的贡献

4. 产品定位图分析法　产品定位图分析法是一种有效的分析工具,适用于分析企业了解自己的产品线与竞争对手产品线的对比情况,全面衡量各产品与竞争产品的市场地位。现以某纺织企业举例说明如下。

该纺织企业主要生产平纹纯棉织物,包括府绸、防羽布,也可生产细平布。目前该企业的主要产品为9.7tex(60英支)府绸与9.7tex(60英支)防羽布。平纹纯棉织物主要从线密度与密度考察,市场上这三种产品的线密度类型主要有14.6tex、13.0tex、11.7tex、9.7tex、7.3tex/2、5.8tex/2(40英支、45英支、50英支、60英支、80英支/2、100英支/2)六种,而密度有高经密高纬密、高经密中纬密、中经密中纬密、低经密低纬密四种。假定该企业为X企业,其在市场上的主要竞争对手包括A、B、C、D四家企业。图6-6所示为该企业的产品定位图,表明X企业及A、B、C、D四个竞争者的各产品项目的定位情况。

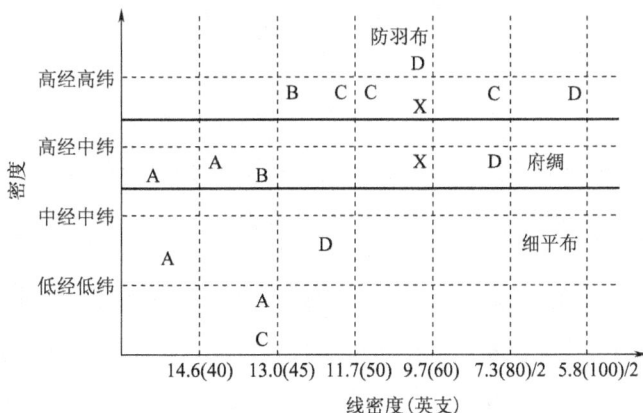

图6-6　平纹纯棉织物的产品定位图

根据定位图,X企业有两个产品项目,均为9.7tex(60英支)产品:一个是高经密高纬密织物,用作防羽布,主要提供给羽绒服生产企业;一个是高经密中纬密织物,用作府绸,主要提供给中高档衬衣生产企业。

从定位图中,X 企业可作如下分析:首先,可以明确与本企业对抗的竞争产品。如企业生产的防羽布与 C、D 企业生产的防羽布相互竞争,而府绸则没有直接竞争对手。其次,可以发现新产品项目的开发方向。图中显示高支细平布无企业生产,若市场确有需求,企业应积极组织力量进行开发生产;此外高支府绸生产企业也缺乏,X 企业可考虑进入。再次,企业还可借助产品定位图并根据各类用户的购买兴趣和需要来识别细分市场。X 企业的产品主要供应对象为羽绒服生产企业与衬衣生产企业;但如果有能力,其可以考虑生产更多的产品以满足床单生产企业的需求。

5. 三维图分析法 该方法采用产品市场占有率、销售增长率和利润率三项指标,对产品进行评价,分析现有产品组合是否最佳,以便作出调整,确定最佳产品组合(图 6-7)。在三维空间坐标上,以 x、y、z 三个坐标轴分别表示市场占有率、销售成长率以及利润率,每一个坐标轴又为高、低两段,这样就能得到八种可能的位置,不同的位置代表产品组合的不同的价值取向,从而有利于企业结合自身的标准来判断某类产品组合的优劣。

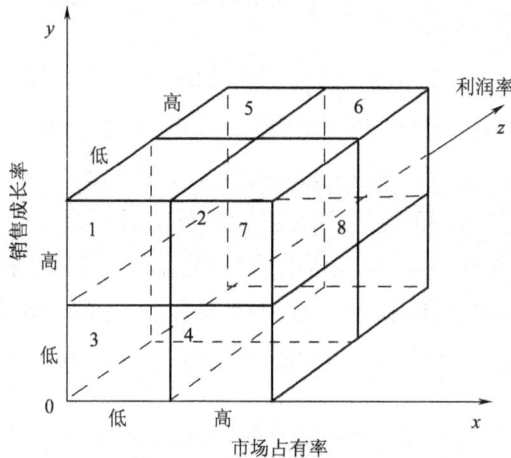

图 6-7 三维立体图

因为任何一个产品项目或产品线的利润率、成长率和占有率都有一个由低到高又转为低的变化过程,不能要求所有的产品项目同时达到最好的状态,即使同时达到也是不能持久的。因此企业所能要求的最佳产品组合,必然包括:目前虽不能获利但有良好发展前途、预期成为未来主要产品的产品,目前已达到高利润率、高成长率和高占有率的主要产品,目前虽仍有较高利润率而销售成长率已趋降低的维持性产品。

从图 6-7 中可得知,处于 6 号位置的产品,企业应十分重视,予以重点发展;对 5 号位置上的产品应考虑加强人员推销和促销工作,增加和扩大销售量;处于 2 号位置的产品利润率低,企业要采取措施降低成本,提高效益;处于 8 号位置的产品,市场已经成熟,应努力维持其良好态势;对处于 3 号位置的产品则应予以淘汰。企业的产品实际上不可能都处于 2、5、6、8 的位置,但应采取各种积极有效措施,尽可能使处于这些位置的产品能多些,使产品组合能获得较佳的状态。如果处于 4 号位与 1 号位的产品很多,则说明产品组合状态不好,经营绩效极差,必须研究调整产品结构。

(二)产品组合调整

企业在调整和优化产品组合时,应根据不同的情况,选择不同的产品组合策略。产品组合策略有以下几种。

1.扩大产品组合策略 对那些销售形势很好的产品,企业可以采取扩大产品组合的策略,满足市场需求。这种策略通过扩大产品组合的广度和深度,增加产品线和产品项,扩大经营范围,提高经济效益。

(1)垂直多样化策略:这种策略不增加产品线,只是向产品线的深度发展,增加产品线的长度。它包括向上延伸、向下延伸与双向延伸三种选择。

向上延伸,即在定位于较低档的产品线中增加生产和经营销售形势好、利润率高的高档产品。缺点是顾客可能不相信企业能生产高档品,竞争者也可能反过来以进入低档品市场进行反击,同时企业尚需培训人员为高档品市场提供服务。

向下延伸,是在定位于中高档品的产品线中增加经营低档品。如果高档品市场增长缓慢或受到竞争者挑战,为扩大市场范围,获取最高边际利润,企业可考虑利用高档品的声誉,吸引低档品需求者,增加低档产品。值得注意的是,采取这种策略,可能会损坏企业原高档产品的声誉,给企业经营带来风险。

双向延伸,是在定位于经营中等质量、中等价格的产品线上,增加高、低档产品项。企业向产品线的上下两个方向延伸,主要是为了扩大市场范围,开拓新市场,为更多的顾客服务,获取更大的利润。

(2)相关系列多样化策略:即根据产品组合的黏性原则,增加相关的产品线。如在面料产品线外,增加纺纱生产线;服装企业在生产针织内衣产品线外,增加生产袜子产品线。

(3)无关联多样化策略:指拓展产品线时,不考虑相关性原则,增加与原产品线无关的产品,开拓新市场,创造新需求。如一家原经营纺织品的企业进入房地产行业。

2.缩减产品组合策略 缩减产品组合策略是指企业随着科学技术的发展、市场需求以及企业内部条件的变化,主动合并或减少一些需求较少、不能为企业创造利润或者利润率较低的产品线和产品项,集中优势兵力经营市场需求较大、能为企业获取预期利润的产品。

3.淘汰产品策略 这是企业对一些已经确认进入衰退期的产品线和产品项采取的策略。这些产品已不能满足市场需要,又不能为企业带来经济效益,企业理应果断作出决定,淘汰和放弃这些产品,以免使企业蒙受更大的损失。

4.产品差异化策略 企业还可以采取产品属性差异化策略来整顿老产品。产品差异化策略就是指企业在产品质量、性能、用途、特点和式样等方面采取与同行业竞争对手的产品具有明显不同特色的产品策略。企业可以通过应用现代化的工艺和技术装备,提高产品质量,增加产品新的功能、规格和式样,改进老产品的结构,以期增强企业的竞争优势,引起顾客的浓厚兴趣,满足顾客的物质和精神需要,从而为企业创造更多的利润。

同时,企业还可以通过选择性产品差异化使产品特色化。比如有典型地选择一个或少数几个产品项目进行特色化,如西尔斯公司宣传出售一种价格特低的缝纫机以吸引顾客关注该产品的同时关注该公司的其他产品。企业也可以将利润高、市场较小的高端产品项目进行特色化,以提高产品线的等级。如斯特森公司推销一种售价150美元的男帽,虽然该帽子几乎无人问津,但起到了提升产品线形象的作用。

第三节　产品生命周期

一、产品生命周期的概念及其阶段划分

产品生命周期是指一种产品在市场上的销售情况及获利能力随着时间的推移而变化的周期。这个过程在市场营销学中指产品从试制成功投入市场开始,到最后被淘汰退出市场为止所经历的全部时间。

产品经过研制开发、试销,然后进入市场,此时,它的市场生命周期才算开始。产品退出市场,标志着产品生命周期的结束。根据产品的市场销售额和利润额的变化,将整个产品生命周期过程的销售额用一条曲线连接起来,就可以得到产品生命周期曲线。根据产品生命周期曲线的变化规律,一般又将产品生命周期分为四个阶段,即投入期(导入期)、成长期、成熟期(饱和期)和衰退期,如图6-8所示。

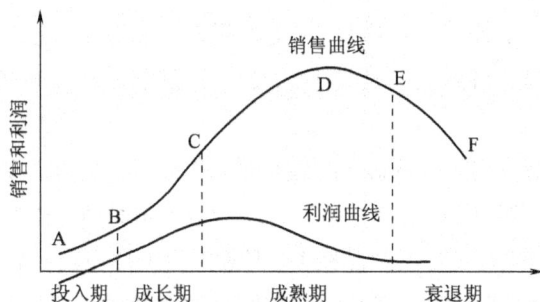

图6-8　销售与利润生命周期曲线

根据产品生命周期曲线,可对产品的销售情况及获利能力在时间上的变化规律进行研究,作出分析判断。产品生命周期各阶段的划分是相对的,一般来说,各阶段的分界是以产品销售额和利润额的变化为根据的。

如图6-8所示,引入期A~B,为新产品投入市场的初级阶段,产品销售额和利润增长均较缓慢,甚至亏损。待产品销售量开始迅速增长,利润由负变正,引入期结束,即进入成长期。

成长期B~C,为产品销售量和利润额迅速增长的阶段,两者的增长率都较高。

成熟期C~D~E,产品的销售量依然增长,但增长速度放缓甚至缓慢下降,销售总量虽比其他各期都大,利润却开始下滑。

衰退期E~F,产品的销售量加速递减,利润更快地下降,直至负值。

从产品生命周期理论可知,由于科学技术迅猛发展,人们需求变化加快,未来产品生命

周期的发展趋势将会越来越短。但是通过企业的市场营销努力,产品生命周期是可以延长的。延长产品生命周期的途径很多,可以从产品改进入手,也可以从开拓新市场入手,还可以从提升产品品牌形象和加强沟通、分销强度入手。

必须指出的是,具体某产品的生命周期曲线只有当该产品经历了从投入到衰退的全过程以后,才可能根据资料较完整、准确地描绘出来。但对企业市场营销管理者来说,此时得出结论已无实际意义。由于影响产品生命周期的因素很多,企业在实际运用此理论时,难以轻易断定产品生命周期确已进入哪一个阶段。所以,企业在应用时必须谨慎,要认真分析市场环境,检查采用的营销策略,只有当数据证明某产品确实已进入衰退期,才能采取缩减生产或淘汰策略。否则,若对产品生命周期阶段判断错误,将导致过早地扼杀产品,失去为企业创造利润的机会。

此外,整体市场上所有企业营销策略的选择,在某种程度上也有可能会影响产品生命周期曲线的发展变化。

二、产品生命周期各阶段的营销策略

产品生命周期各阶段有不同的特点,企业应根据其特点,制订相应的市场营销组合策略,以获得更理想的产品生命周期——较短的引入期、较长且增长迅速的成长期、延续时间更长的成熟期和销售下降速度较慢的衰退期。

(一)引入期的营销策略

产品的引入期是指新产品首次正式上市的最初销售阶段。这个阶段的主要特征是:产品刚进入市场,顾客对产品尚不了解,销售量很低;销售网络还没有全面、有效地建立起来,销售渠道不畅,产品扩散慢,产品销售量(额)上升缓慢;生产批量小,生产成本和销售费用高,利润低,甚至亏损;同类产品的生产者较少,市场竞争不激烈。

根据这一阶段的主要特点,企业的主要任务是:投入市场的产品要"准",投入市场的时机要合适,设法使市场尽快接受此产品,缩短引入期,更快地进入成长期。企业有以下几种营销策略可供选择。

1. 快速撇脂策略　它即采取高价格、高促销费用的方式推出新产品,以求迅速扩大销售量,取得较高的市场占有率,快速收回投资。采用这一策略的假设条件是:潜在市场的大部分人还没有意识到该产品;知道它的人渴望得到该产品并有能力照价付款;企业面临着潜在的竞争并想建立品牌偏好。

2. 缓慢撇脂策略　它即采取高价格、低促销费用的方式推出新产品,以争取使企业获得更多的利润。采用这一策略的假设条件是:市场的规模有限;大多数的市场已知晓这种产品;购买者愿出高价;潜在竞争并不迫在眼前。

3. 快速渗透策略　它即采取低价格、高促销费用的方式推出新产品,以争取迅速占领市场,然后随着销售量和产量的扩大,使产品成本降低,取得规模效应,获得尽可能高的市场占有率。采用这一策略的假设条件是:市场是大的;市场对该产品不知晓;大多数购买者对价格敏感;潜在竞争很激烈;随着生产规模的扩大和制造经验的积累,企业的单位生产成本

会下降。

4. 慢速渗透策略 它即采取低价格、低促销费用的方式推出新产品。低价格以扩大销售量,少量促销费用可降低营销成本,增加利润,用最快的速度进行市场渗透和提高市场占有率。采用这一策略的假设条件是:市场是大的;市场上该产品的知名度较高;市场对价格相当敏感;有一些潜在的竞争者。

(二)成长期的营销策略

产品的成长期是指产品转入成批生产和扩大市场销售的阶段。这个阶段的主要特征是:市场局面已经打开,顾客增多,对产品已经熟悉,市场需求较大,分销渠道畅通,销售量(额)增长迅速,几乎呈直线上升;由于顾客对产品熟悉,广告宣传费用可相对降低,促销费用与销售额的比率不断下降;产品定型,工艺基本成熟,大批量生产能力形成,生产成本降低,利润大幅度上升;市场出现竞争者并日渐增多。

根据这一阶段的主要特点,企业的主要任务是:投入市场的产品要"好",防止产品粗制滥造,失信于顾客,设法使产品的销售和利润快速增长,回收投资,不断扩大市场占有率和巩固市场地位。企业可采取以下市场营销策略。

1. 改进和完善产品 企业要从质量、性能、品种、式样等方面,对产品进行改进和完善,增加新式样和侧翼产品。通过改进产品,不仅可以提高产品的竞争能力,满足顾客更广泛的需求,吸引更多的顾客,而且可以使产品的成长期保持得长久一些。

2. 开拓新的市场 随着销售量的增加和竞争的激烈化,企业应进一步细分市场找到新的尚未满足的细分市场,迅速进入并占领这一市场。

3. 树立产品形象 企业应把广告宣传的重点从介绍期的提高产品知名度,转到以树立产品形象为中心、大力宣传和推广产品特色上来,目的在于建立顾客品牌偏好,维系老顾客,吸引和发展新顾客。

4. 增强销售渠道功效 增强销售渠道功效的做法有:增加销售网点和经销代理机构,重视开辟新的流通渠道,扩大产品的销售面,采取多种方式推销产品。同时,加强产品的销售服务工作,也可以起到巩固市场、提高市场占有率的作用。

5. 适时降价 选择适当的时机降低产品的价格,既可以争取那些对价格比较敏感的顾客来购买,又可冲击竞争对手。

(三)成熟期的营销策略

产品的成熟期是指产品进入大批量生产,而在市场上处于竞争激烈的阶段。这个阶段一般比较长,可将其分成成长、稳定和衰退三个期间。成长期间,由于分销饱和而造成销售增长率开始下降,没有新的分销渠道可供开辟;稳定期间,由于市场已经饱和,大多数潜在的消费者都已试用过该产品,而未来的销售正受到人口总量和消费者需求口味转变的抑制;第三期间是衰退中的成熟,此时销售的绝对水平开始下降,顾客也开始转向其他产品和替代品。

成熟期的特征是:销售总量(额)大,但销售增长速度缓慢,随着市场需求渐趋饱和,销售增长率极低甚至呈现负增长;产品普及率高,很多同类产品进入市场,行业内生产能力开始出现相对过剩;生产批量大,生产成本降到最低程度;竞争对手增多,市场竞争激烈,产品的服务、广告和推销工作十分重要,销售费用不断提高;利润达到最高点,并开始下降。

根据这一阶段的特征,企业的主要任务是"占",即集中一切力量,尽可能延长产品生命周期,维持市场占有率并争取利润最大化。企业可以采取以下营销策略。

1. 市场改进 这种策略不是要改变产品本身,而是发现产品的新用途和寻求新的用户等,以扩大消费市场,促进产品销售。

2. 产品改进 这种策略是通过产品自身的改变来满足顾客的不同需求,以扩大产品的销售量。整体产品概念中任何一个层次的改良都可视为产品的再推出。

3. 市场营销组合改进 这种策略是通过改变市场营销组合的因素,刺激销售,达到延长产品的成长期、成熟期的目的。通常的方法有:降低价格吸引顾客,采取特价或针对多购者或先购者采取降折扣销售,提高产品的竞争能力;提高促销水平,采用更有效的广告形式,开展多样化的营销推广活动;改变销售途径,扩大销售网点;扩大附加利益和增加服务项目等。

(四)衰退期的营销策略

衰退期是指产品已经逐渐老化,转入更新换代的阶段。这个阶段的主要特征是:产品老化,一些企业纷纷退出市场,转入研制开发新产品;替代性新产品逐步上市,正在逐渐代替老产品;顾客的消费需求发生改变,转向其他产品;产品销售额和利润额急剧下降,甚至出现亏损;企业生产能力过剩;市场上以价格竞争作为主要手段,产品价格不断下降。

这一阶段企业的主要任务是抓好一个"转"字,即转入研制开发新产品或转入新市场,如根据调查研究结果,选择新的目标市场,由国内转向国际市场,由城市转入乡村市场等。企业要有计划地"撤",有预见地"转",有目标地"攻"。常见的营销策略有。

1. 维持策略 维持策略即继续沿用过去的策略,仍按照原来的细分市场,使用相同的销售渠道、定价及促销方式,直到这种产品完全退出市场为止。

2. 集中策略 集中策略即把企业能力和资源集中在最有利的细分市场、最有效的销售渠道和最易销售的品种上,以求得从最有利的局部市场获得尽可能多的利润,这样才有利于缩短产品退出市场的时间。

3. 收缩策略 收缩策略即企业抛弃无希望的顾客群体,大幅度降低促销水平,尽量减少销售和推销费用,以增加目前的利润。这样可能导致产品在市场上的衰退加速,但又能从忠实于这种产品的顾客中得到利润。

4. 放弃策略 放弃策略即对于衰退比较迅速的产品,应该当机立断,放弃经营。可以采取完全放弃的形式,如把产品完全转移出去或立即停止生产;也可采取逐步放弃的方式,使其所占用的资源逐步转向其他的产品,力争使企业损失减少到最低限度。

第四节 纺织新产品开发

随着科学技术日新月异地进步,市场竞争不断加剧,产品的生命周期日趋缩短,每个企业不可能单纯依赖现有产品占领市场,必须适应市场潮流的变化,不断推陈出新,开发适销对路的新产品,才能继续生存和更好地发展壮大。因此,新产品开发是企业经营的一项重大决策,是产品策略中的重要一环,是企业未来发展的新源泉,也是企业具有活力和竞争力的表现。

一、新产品的概念及分类

市场营销学中所说的新产品是从市场和企业两个角度来认识的,它与因科学技术在某一领域的重大发展所产生的新产品概念不完全相同。对市场而言,第一次出现的产品即为新产品;对企业而言,第一次生产销售的产品也称新产品。

(一)新产品的概念

新产品是相对老产品而言的,我国规定:"在结构、材质、工艺等某一方面或几方面,比老产品有明显改进,或者是采用新技术原理、新设计构思,从而显著提高了产品的性能或扩大使用功能"的产品称为新产品。新产品是与旧产品相对,应具有新的功能、新的特色、新的结构和新的用途,能在某方面满足顾客新需求的产品。按照上述规定,对于那些只改变花色、外观、包装,而在性能上没有改进的产品,不能列入新产品,如将单双包装的袜子改为三双包装则不可称其为新产品。

新产品一般具有新颖性、先进性、经济性和风险性等特点。

(二)新产品的分类

新产品的名目繁多,可按不同的标准进行分类。常用的分类方法有以下几种。

1. 按照地域范围划分

(1)世界级新产品:是指在全世界第一次试制成功并投入市场的新产品。这种新产品如有重大价值,国家应予以保护与支持,企业应申请专利以防其他国家或企业侵犯,从而维护本企业的竞争优势。

(2)国家级新产品:是指其他国家已经试制成功并投入使用,而在本国尚属首次设计、试制、生产并投入市场的新产品。这种新产品能够填补国内空白,提高本国的竞争能力。

(3)地区级新产品:是指在国内其他地区已经试制成功并投入市场,而在本地区尚属首次试制、生产的产品。发展这类新产品要特别慎重,要进行详细的市场调研,防止跟风上马,重复生产,导致供大于求。

2. 按新颖程度划分

(1)全新型新产品:是指采用新原理、新结构、新技术、新材料制成,开创全新市场的具有新功能的新产品。比如,锦纶、非织造布、人造血管等的第一次出现,都属于全新型新产品。全新型新产品往往伴随着科学技术的重大突破而问世。而一项科技发明到转化为产品,需要花费很长的时间和巨大的人力、物力和财力。这样的新产品,绝大多数企业很难提供。

(2)换代型新产品:是指在原有产品的基础上,采用或部分采用新技术、新材料、新工艺、新结构研制出来的新产品。这种换代产品比原有产品增添了新的功能,性能上有一定的改进,质量上有一定提高,为顾客带来了新的利益。比如雨伞布由高支高密面料发展到添加防水涂层。

（3）改进型新产品：是指对老产品的结构、造型、质量、性能、特点、花色、款式、规格等方面加以改进，使其与老产品有比较明显的差别。包括由基本型派生出来的产品，如各种不同组织的面料、各种款式的纱巾等；或是只对原有产品作很小改进，突出了产品的某一个特点，采用了一种新牌子、新包装，如棉袜增加除臭功能、雨伞布增加防紫外线功能。与换代型新产品对比，改进型新产品受技术限制较小，成本较低，便于在市场上推广。

（4）仿制型新产品：是指对市场上已经出现的产品进行引进或模仿而生产出的产品。仿制可以是部分仿制、局部仿制，也可以是全部仿制。这类新产品的开发，一般不需要太多的资金和尖端的技术。企业在仿制时，应注意改造原有产品的缺陷或不足，不应全盘照搬。

二、新产品开发的重要性

虽然新产品开发需要很多的投入，并且具有较大的风险，但企业若想在竞争激烈的市场上求得生存与发展，必须高度重视新产品的开发。

1. 新产品开发是企业生存与发展的要求 企业同产品一样也存在着生命周期。如果企业不开发新产品，当产品走向衰退之时，企业也走到了生命周期的终点；反之，如果企业能不断成功地开发出新产品，就可在老产品退出市场时，让新产品占领市场，用新产品弥补因老产品进入衰退期而导致的产品销售量的降低。企业要谋求生存与发展，保持旺盛的生命力，就必须不断地开发新产品，并以新产品的新特性抵御竞争对手的冲击。

2. 新产品开发是消费需求变化的要求 随着经济的快速发展，人们生活水平的不断提高，消费需求也发生了较大的变化，方便、健康、轻巧、快捷的产品越来越受到消费者的青睐。消费结构的变化、消费选择的多样化，使消费者对产品的需求，不仅仅是数量的膨胀、质量的提高，对花色、品种亦提出了更高的要求。企业要满足广大消费者不断增长的、日新月异的需求，就必须推陈出新，创造更多、更好的新产品。

3. 新产品开发是科学技术发展的要求 科学技术的迅猛发展，导致许多高新技术产品出现，加快了产品更新换代的速度。科技的进步有利于企业淘汰老产品，创造新产品。企业只有不断开发新产品，不断用新的科学技术改造自己的产品，才能获得长久的发展。

4. 新产品开发是市场竞争的要求 市场上企业之间的竞争日趋激烈，而企业的竞争能力体现在产品的竞争能力上。企业若想保持在市场上的优势地位，就必须不断创新，为市场提供适销对路的新产品。企业定期推出新产品，可以增强企业的活力，提高企业在市场上的信誉和地位，从而提升企业的竞争力。

总之，在科学技术迅猛发展的今天，在瞬息万变的市场环境中，在竞争激烈的条件下，开发新产品是企业生存与发展的最重要保证。

三、新产品开发方式的选择

新产品的开发方式很多，归纳起来有如下五种类型。

1. 自行研究和设计制造新产品 自行研究和设计制造新产品是新产品开发的一种重

要方式。它的好处是企业对新产品开发全过程保持完全的控制,能真正开发出技术先进、市场领先的新产品,保证企业在市场竞争中处于领先地位。当然,能采取此策略的企业自身一定在人、财、物和技术方面有足够的实力,并能独自承担失败的风险。

2. 引进先进技术或移植生产 企业通过引进国内外先进技术、或技术转让,或购买专利等方式开发新产品,这是新产品开发的又一重要方式,也是经济技术比较落后的国家发展经济、赶超世界先进水平的成功经验。这种方式能使企业迅速缩小与国内外先进水平的差距,提高自己产品的技术、质量水平和产品的档次,节省研制费用和时间,避开风险。日本的合成尼龙生产技术是从美国引进的。美国的杜邦公司用了 11 年时间,耗资 2500 万美元。而日本只用了 700 万美元就购买到此项专利。

改革开放以来,我国企业大量采用了这种方式推出新产品,也确实取得了很好的成效,但这种策略在双方技术差距比较大的时候效果更好。随着产品技术水平的接近,企业不可能将最先进技术和最具竞争力的新产品卖给竞争对手。

3. 联合开发或协作开发 企业采取的合作开发方式可分为以下三类:校企合作、技术联盟、研究开发联合体。由于经济的发展及技术的进步,近二十年来,企业之间、企业与高校、企业与科研机构之间的合作开发不断加强。我国的纺织品新产品开发中,许多成功产品便来自企业与高校或科研机构之间的合作开发。

4. 外包开发 当企业在短时间内需要提供一种新的产品,而企业内部对提供该产品的技术掌握程度又难以在限定时间内达到需求,同时外部存在着比较成熟的技术团队,可实现企业的研发目标,这时企业所采取的将开发新产品的任务外包的方式即为产品外包开发。小型民营企业通常会采取这种方式,借助高校或科研机构的力量完成客户所要求的新产品开发。

5. 对原有产品进行改进 对原有产品进行改进,使之具有新的功能和新的用途,亦是新产品开发的又一方式。这种方式投资少,见效快。

各个企业可以根据自身的具体情况,选择不同的新产品开发方式。可以重点选择某一种方式进行新产品的开发,也可以同时选择几种新产品的开发方式。

四、新产品开发管理程序

(一)新产品开发过程遵循的一般原则

新产品的开发对一个企业的发展非常重要。因此,作为新产品开发而言,它不是某一些人或某个部门的事,而是涉及整个企业全体人员的重要任务。新产品的开发最终责任应由最高管理层负责。在新产品开发过程中应该遵循以下一些原则。

(1)建立与企业目标一致的新产品开发策略。

(2)对新产品研发获得的资源配置,应重视柔性运用的原则。

(3)在新产品开发过程中,要重视与企业各部门之间及外部的沟通。

(4)以持续发展的观点来看待新产品开发有关的业务。每一项新产品开发都不是独立的计划,而是企业在追寻持续发展过程中的持续创新行为。因此企业在开发新产品时,要有持续发展的观点,认识到每一次的开发投入,都是下一次新产品创新成功的基础。即使这一次没有成功,也会为继续的开发积累经验。因此,要注意收集整理每一次开发过程的记录与结果。

(二)新产品开发组织结构

为使新产品在开发过程中减少风险,获得成功,必须有一个行之有效的新产品开发组织,对新产品开发的各个环节进行管理。纺织品生产企业的新产品开发组织结构有若干种,以下为三种常见的组织形式。

(1)新产品开发委员会:其成员来自企业内部各主要职能部门,由技术、质量、生产、销售、财务、供应等部门的负责人或代表组成,共同担负新产品开发工作。该组织主要对新产品开发负有组织领导的责任,负责审核新产品的建设。设置该委员会有助于协调各部门意见,使各部门的构想和经验融为一体。但有时由于各自职责不清等问题也会带来一些不利影响。在新型材料的开发过程中可以采用这一组织形式。

(2)新产品开发小组:由有关技术人员组织成立新产品开发小组,可摆脱生产、销售和其他部门日常工作的影响,专心致志地开展新产品设计与开发工作,但在开发过程中须得到其他职能部门的配合,如生产部门要配合制造样品,财务部门要配合制订各项预算,销售部门要配合做好调研和试销,供应部门要配合做好新产品的物料供应等。新产品一旦试制成功,转入正常生产,新产品开发小组即行解散。这一组织形式在较大的纺织企业中常采用,原因在于这类企业作为市场的引导者,需要不断推陈出新才能维持自己的市场地位。

(3)产品生产负责人:大部分纺织生产企业是将开发新产品工作交给产品生产负责人。其原因主要在于我国的纺织企业大多处于一个低层次的模仿阶段,或者是根据用户要求进行按订单生产。企业并无自身主动开发新产品的愿望与动力,因此,在企业内部不会有专人负责新产品的开发。

(三)新产品开发的一般程序

新产品开发工作需按照一定的科学程序进行,常用的是阶段检查的方法。其基本思路是把新产品的开发过程分为几个独立的阶段,在每个阶段的最后进行评审,从而判断该产品项目是否进入下一个阶段,以达到成本控制的目的。其基本过程如图6-9所示。

1.新产品的创意产生 新产品创意来源很多,企业应集思广益,从多方面寻求产品的创意。主要创意来源有:顾客、科学家、竞争对手、推销员、经销商、企业管理人员、营销咨询公司、广告公司等。有资料表明,在美国除军用品外,成功的技术革新和新产品60% ~ 80%来自顾客的建议或顾客使用时提出的改进意见。而我国大部分中小纺织企业的创意实际上完全是来自于客户的要求。

2.创意筛选 筛选创意就是对大量的新产品创意进行评价,研究其可行性,选出可行的创意进一步开发,剔除不可行或可行性较低的创意。对创意的筛选要避免两种失误:一是误舍,即将有希望的新产品创意舍弃;二是误用,即将没有前途的新产品创意付诸开发。不论是误舍还是误用,都会给企业造成重大损失,必须从本企业的实际出发,根据企业的具体情况决定取舍。

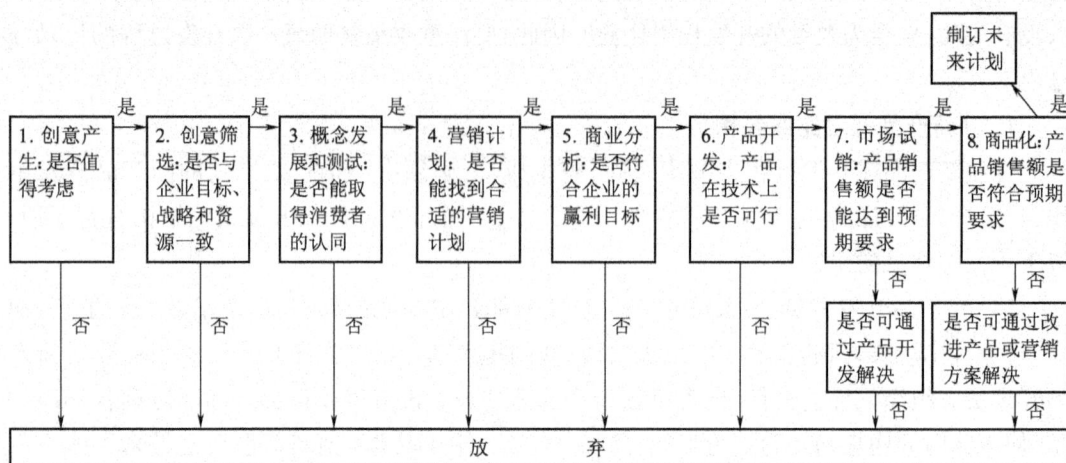

图 6-9 新产品开发决策过程

甄别创意时,一般要考虑企业发展目标、战略与资源条件。为避免出现以上失误,要求企业主管和有经验的专家针对每一新产品创意的技术先进性、市场需求、竞争能力、原材料供应、设备和劳动力利用、开发周期、开发费用、制造成本以及经济效益等因素进行评定审核,作出最终抉择。

3. 产品概念的发展与测试 产品创意是企业从自身角度考虑希望提供给市场的产品设想。而产品概念是企业从顾客角度对这种创意进行的详细描述。因为顾客要购买的不是产品创意而是具体的产品概念,企业要开发的也是具体的产品,所以要把产品创意转化成产品概念。企业要对几种产品概念从销售量、生产条件、产品质量、产品价格、销售对象、市场地位、收益率等方面加以评估比较,再把选定的可行产品概念提交给一组消费者,请他们验证,听取和收集他们的意见。方法是用文字描绘或制作实体小样,说明产品的特性、用途、外观、包装、价格等,请消费者针对此概念回答有关问题,如与同类产品相比,该产品有何特点,该产品能否满足其需求,对产品的外观、品质、性能、价格、包装等方面有何改进的建议,估计哪些顾客会购买本产品等。

4. 制订营销战略 对已经入选的产品概念,企业需要制订一个初步的营销计划,这个营销计划将不断被完善。营销计划一般包括三部分内容:描述目标市场的规模、结构和行为,产品的定位、销售量和市场占有率,产品投放市场开始几年的利润目标等;描述新产品的最初的价格策略、分销策略以及第一年的营销预算;描述预期的长期销售额和目标利润以及在不同时期的市场营销组合策略。

5. 商业分析 对已拟定的新产品开发方案进行生产、技术、财务、安全、环保、市场环境、预期销售、利润、竞争、资本回收等可行性分析,最终确定是否应该开发这一新产品,或从多种开发备选方案中选择一个最佳方案。在进行商业分析是要注意对不同类型的产品区别对待:一次性购买的产品,开始时销售量上升到达高峰,然后下降而逐渐趋于零,只有当新的购买者在不断进入市场时,该曲线才不会下降为零;非经常性购买的产品在销售预测时则要分别作出首次销售量和更新销售量;经常性购买的产品在首次购买之后人数便逐渐减少,但如果该产品使某些顾客成为"回头客",成为稳定客户,最后销售曲线就会落在一个比较稳定的水平,当然,此时该产品就不再属于新产品的范畴。

6.产品开发 产品开发是将产品概念转交给有关部门进行研究开发,将抽象的产品概念转化为具体的实体产品。与前面几个阶段相比,产品开发阶段的投入较多,时间较长。试制出来的产品如果要被视为在技术和商业上具有可行性,须符合下列要求:在顾客看来,产品具备了产品概念中列举的各项属性;在正常使用条件下,可以安全地发挥功能;能在规定的成本预算范围内生产出来。

7.市场试销 产品投放市场后,能否受到消费者的欢迎,企业并无把握。产品试生产出来后,为检验产品是否真正能受到消费者的欢迎,企业可进行市场试销,即将产品投放到有代表性的小范围进行试验,观察其市场反应,以了解消费者对产品的意见和建议,了解市场需求情况,收集有关的销售渠道、广告宣传、价格、产品质量等方面的信息资料,为选择有效的市场营销策略提供依据。若发现产品有缺陷,要及时反馈,以利于产品的改进。

8.商品化 在试销基础上,企业可获取大量信息资料,从而决定是否将产品全面推向市场。一旦决定大批投产上市,就需再次大量投资,购置设备、原材料,支付广告费等。为此,企业应采取有效的市场营销组合策略,使新产品顺利地进入市场,并尽可能缩短引入期,早日进入成长期。

五、新产品的市场扩散

所谓新产品的市场扩散,是指新产品上市后随着时间的推移不断被越来越多的顾客所采用的过程。扩散与采用的区别,仅在于看问题的角度不同。采用过程是从微观角度考察顾客个人接受新产品的问题,而扩散过程是从宏观角度分析新产品如何在市场上传播并被市场采用得更为广泛的问题。美国学者罗杰斯对创新扩散过程所下的定义是:"一个新的观念从它的发明创造开始到最终的用户或采用者的传播过程"。新产品的采用过程大致分为下列五个阶段:知晓阶段,即消费者对该产品有所觉察,但缺少关于它的信息;兴趣阶段,即消费者兴趣受到激发,寻找该创新产品的信息;评价阶段,即消费者考虑试用该创新产品是否明智;试用阶段,即消费者小规模地试用了该创新产品,确认其对该创新产品价值的评价;采用阶段,即消费者决定全面和经常地使用该创新产品。

影响新产品扩散即影响顾客接受新产品的因素,主要有两个:一是顾客的个人态度;二是新产品自身的特征。分析影响新产品扩散的各种因素,据此制订适宜的营销策略,对加快新产品的扩散,具有十分重要的意义。

(一)个人态度对市场扩散的影响

企业在推出新产品时,通常采用面向大众的方法,即利用所有可能的销售渠道,进行家喻户晓的广告宣传。这种做法的基本假设是,绝大多数的顾客都是潜在的购买者,通过企业的营销刺激,他们将会试用或购买该产品。采用这种做法,使企业在新产品推出的过程中,投入大量的营销费用,且不加甄别地面向潜在和非潜在的顾客传播信息、进行推销,必然造成部分营销资源的浪费。其实,在新产品的市场扩散过程中,由于顾客个人性格、文化背景、受教育程度和社会地位种种因素的影响,不同的顾客对新产品接受的程度不同,从接触新产品到最后采用该产品所需时间也不同。有的人总是喜欢率先购买新产品,有许多人却要很晚才采用新产品。罗杰斯根据顾客接受新产品的快慢程度,将新产品采用者分为创新采用者、早期采用者、早期多数型、晚期多数型、落后采用者五种类型。采用过程随时间的变化呈正态分布(图6-10)。

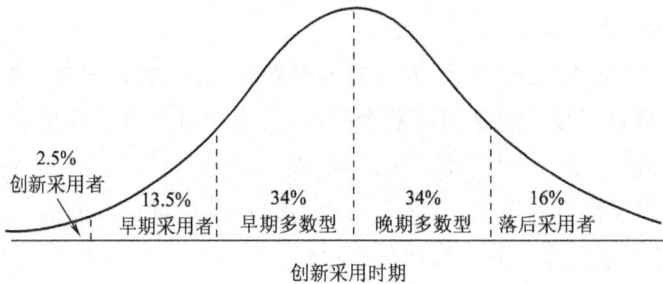

图 6-10　以接受创新相对时间为基础的采用者分类

罗杰斯认为这五类采用者的价值导向是不同的。

1. 创新采用者　任何新产品都是由极少数创新采用者率先使用,创新采用者占全部潜在采用者的 2.5%。这类消费者一般是年轻人,极富冒险精神,愿意冒风险试用新创意,收入水平、社会地位和受教育程度较高,且交际广泛,信息灵通。企业推出新产品时,应将营销重点集中于创新采用者身上,通过他们的影响,促进新产品的市场扩散。

2. 早期采用者　早期采用者占全部潜在采用者的 13.5%。他们大多数是某个群体中具有较高威信的人,受到周围朋友的拥护和爱戴。早期采用者富于探索性,对新事物、新环境有较强的适应性,多在产品的介绍期和成长期采用新产品,并对后面的采用者影响较大。但与创新采用者相比,他们的态度较为慎重。所以,他们对新产品的扩散有着决定性的影响。

3. 早期多数型　早期多数型约占全部潜在采用者的 34%。这类消费者的基本特征是深思熟虑、态度谨慎、较少保守思想、受过一定的教育、有较好的工作环境和固定收入。他们虽不甘落后于时尚,却在早期采用者认可后再购买,成为赶时髦者。由于这部分消费者比重较大,研究他们的消费心理和消费习惯,对于加速新产品的扩散有着重要的意义。

4. 晚期多数型　晚期多数型约占全部潜在采用者的 34%。这类消费者的基本特征是:对新事物持怀疑态度,他们的信息多来自周围的同事或朋友,较少借助宣传媒体,当大多数人都已使用过新产品,确信该产品具有良好反应之后,他们才会购买。因此,对这类顾客进行新产品的市场扩散是极其困难的。

5. 落后采用者　落后采用者约占全部潜在采用者的 16%。这类消费者的基本特征是:思想保守,拘泥传统的消费观念,对新事物持怀疑、反对的态度,极少借助宣传媒体,只在产品进入成熟后期甚至衰退期时才会购买。

新产品能否扩散,关键在于能否做好创新采用者和早期采用者的工作,他们约占消费者总数的16%。争取他们对新产品的认可,由他们带头试用,早期大众和晚期大众就有可能跟进。这是一般新产品进入市场,并获得成长和发展的普遍规律。必须指出的是,成功地辨认创新采用者并非易事,在某方面为创新采用者的,在另一方面却可能是落后采用者。

(二)产品特征对市场扩散的影响

除个人特性因素外,产品特征对其扩散也有较大的影响。有的产品,可能在一夜之间,遍及大街小巷;而有的产品要经过相当长的时间,才被众多消费者所采用。以下产品特征对新产品扩散有着重要影响。

1.新产品的相对优点　新产品的相对优点是指其相对于现行产品的独特性。新产品的相对优点越突出越好,被消费者采用得就越早,在市场上的扩散速度就越快。

2.新产品的适应性　新产品与消费者原有的观念、习惯及经验相吻合、相一致的程度越高,越容易被消费者所采用。

3.新产品的复杂性　新产品的复杂性是指新产品的使用困难度。新产品如被视为使用困难,即复杂性高,其扩散速度就慢,反之亦然。

4.新产品的可分性　新产品的可分性是指在有限制的基础上新产品可能被试用的程度。例如,纺织测试仪器生产企业采用租赁和购买相结合,以及试用后再购买等方式,以加快新产品的扩散速度。

5.新产品的传播性　新产品在使用时,越容易被观察和描述,就越容易被消费者所采用,市场扩散速度就比较快;反之,扩散速度就比较慢。所以时装的扩散速度就非常快。

此外,如成本、风险和不确定性、可靠性、社会赞誉度等都可能会影响到新产品的采用率。因此,开发新产品的营销人员在设计新产品和营销方案时,必须研究所有这些因素,对关键性因素给予最大的关注。

第五节　纺织品品牌、包装与服务策略

一、品牌策略

从纺织科技型企业逐年增多的情况看,中国纺织业经过一段时间的积累,品牌经济应运而生,产品设计进入了自主设计阶段,专业化分工合作开始形成。长期以来,我国纺织品,包括服装企业的品牌建设都处于较为落后的一个状态,这也是我国纺织品服装行业单位利润偏低的重要原因之一。

(一)品牌的含义及相关概念

品牌是商品的商业名称及其标志的统称,通常由文字、标记、符号、图案、颜色以及它们的不同组合等构成。品牌通常分为品牌名称、商标和品牌标志三部分。

1.品牌名称　品牌名称是指品牌中可以用语言称谓的部分,也可称为"品名",如"皮尔·卡丹"、"耐克"、"夏奈尔"、"丽赛"等。品牌名称有时同企业的名称一致,但有时也可能不一致。

2. 商标　商标是指按法定程序向商标注册机构提出申请,经商标注册机构审查,予以核准,并授予商标专用权的品牌或品牌中的一部分。商标受法律保护,任何人未经商标人许可,均不得仿效或使用。

商标与品牌是既有密切联系又有所区别。严格地说,商标是一个法律名词,而名牌是一种商业称谓。两者从不同角度指称同一事物,因此两者常常被混淆。在我国,还有注册商标与未注册商标之分。

3. 品牌标志　品牌标志是指品牌中能被识别,但无法用语言读出来的部分,包括各种符号、文字、设计、色彩、字母或图案等。它主要产生视觉效果,它与商标共同构成企业的品牌标志。

(二)品牌在市场营销中的作用

品牌是企业可资利用的重要无形资产,在营销活动中发挥着非常重要的作用,具体表现在如下方面。

1. 品牌有利于开展商品广告宣传和推销工作　品牌是一种直接、有效的广告宣传与推销形式。品牌以简单、醒目、便于记忆的方式,代表着企业提供的产品或服务,表明企业或其产品与服务具有的某种特性。设计精美的品牌,在广告宣传和商品推销过程中有助于建立产品声誉,吸引顾客重复购买,提高市场占有率,有助于企业不断推出系列新产品进入市场。

2. 品牌有利于企业树立良好的形象　作为一种精心设计的标志及名称符号,品牌本身就是一种形象的体现。当企业提供产品和服务时,可进一步赋予品牌更加丰富和深刻的内涵。随着企业品牌声誉的形成,企业的形象逐步得到确立。良好的形象又再促进产品与服务的销售,进而提升企业的品牌地位。由此,企业的品牌、形象与产品和服务的销售形成了互相促进的关系。

3. 品牌有利于企业推出新产品　在企业推出新产品时,顾客会根据其先前推出的产品的质量对新产品给出先验的评价。对于已经在市场上形成较好品牌声誉的企业来说,品牌成为企业综合实力的象征,即使是全新的产品,顾客根本没有使用的经验,也常常会给予很高的评价,并积极购买。

4. 品牌有利于企业保护自身的利益　品牌的重要组成部分是商标,商标一旦注册,便具有法律的效力,受到法律的保护,其他任何企业不能使用与此相似的标志,不得模仿、抄袭和假冒,从而使企业的市场形象、社会声誉等受到保护,保证企业通过努力所获得的市场份额和顾客忠诚度等。而且,企业还可以利用品牌进行投资,以无形资产的方式投资入股。

5. 品牌有利于经销商识别供应商　经销商可以将其经销的全部产品,按照品牌进行分类和管理,依据不同的品牌类别,采取相应的采购和销售政策,以最佳的方式促进产品销售。

6. 品牌有利于顾客选购商品　由于品牌、商标是区别不同质量水准的商品的标记,因此,顾客可以依据品牌识别和辨认商品,并据以选购所需商品。对于熟悉的品牌,顾客可以免除按照商品的名称、品种、规格等深入了解产品质量的工作,对于新推出的产品尤其如此。

享有盛誉的品牌商标有助于顾客建立品牌偏好,促进重复购买。

(三)品牌策略选择与组合

在运用品牌推动企业营销工作过程中,企业必须进行相应的策略选择与组合,决定采取什么样的品牌策略。从不同的角度分析,企业可以选择使用的品牌策略具体包括品牌化策略、品牌提供者策略、品牌族群策略、品牌延展策略、品牌细分策略、品牌重塑策略等。

1.品牌化策略 品牌化策略,是指企业在生产经营活动过程中选择使用或者不使用品牌的策略,具体包括无品牌策略和有品牌策略两种截然不同的策略。

(1)无品牌策略:是指企业在经营活动过程中不使用任何品牌。在市场经济发育的早期,许多产品并没有明确的品牌名称及相应的图案等设计,因而不存在是否使用品牌的问题。随着市场竞争激烈程度的提高,越来越多的企业在经营中使用品牌。尽管如此,仍然有一些企业出售的产品并不使用品牌。这些商品可以称之为无品牌商品。企业不使用品牌主要有两个原因:一是使用品牌并不能为企业带来任何的额外收入;二是使用品牌需要付出的成本费用开支太大,利润太小。纺织原材料及半成品往往采用无品牌策略,按客户订单进行生产的小型纺织生产企业也通常采用这一策略。

(2)有品牌策略:是指企业为其产品使用品牌,并相应的给出品牌名称、品牌标志,以及向政府部门进行注册登记等活动。当前,大部分家纺企业、工业用纺织品企业都选择有品牌策略。而且,越来越多企业从无品牌转向有品牌,一些纺织企业已经开始为自己开发的纺织新型材料注册品牌,如上海中纶纺织科技发展有限公司将自己开发的纤维素纤维在全球范围注册为自有品牌"丽赛(Richcel)"。

2.品牌提供者策略 品牌提供者策略,是指企业选择使用谁的品牌的策略。一旦企业决定以品牌作为重要的营销策略,企业面临的重要决策就是使用自己的还是其他商家提供的品牌策略。品牌提供者策略具体包括使用制造商品牌、使用中间商品牌、使用其他制造商品牌三种策略。

财力比较雄厚,生产技术和经营管理水平比较高的企业一般都力求使用自己的品牌,但在竞争激烈的市场条件下,短时间创立一个有影响力的品牌并非易事。因此,我国纺织品生产企业具有自有品牌的极少,并且主要集中在服装行业。如果制造商的影响力不强,而中间商有较高知名度,这种情况下,制造商不为产品选择品牌,而是将产品出售给中间商,中间商在出售这些商品时采取自己的品牌,超级市场中常见的价格较低廉的家用服装、洗碗布等就属于这种情况。此外,我国纺织品生产行业中还有一种更为常见的品牌使用方式,即为其他知名企业加工产品,使用其品牌,即通常所说的贴牌生产或定牌生产(OEM)。这些企业往往希望通过一段时间的积累,能够逐步建立起自己的品牌。如雅戈尔集团即是由最初的贴牌生产逐步发展为使用自有品牌的,且目前仍有部分产品属于贴牌生产产品。

3.品牌族群策略 品牌族群策略,是指企业选择所有产品使用一个品牌或者多个品牌的策略,具体包括个体品牌策略、统一品牌策略和系列品牌策略。

个别品牌策略,即企业对各种产品分别使用不同的品牌,各品牌产品各自发展,彼此之间不受影响。由于同一纺织品生产企业生产的各类产品面向的市场基本相似,为了有效利用已有渠道,采用这种方式的极少。

统一品牌策略,是企业对全部产品统一使用同一个牌子。例如,雅戈尔集团对生产的所有服装、国贸运输、地产均采用一个品牌。其优点是建立一个名牌后,能够带动许多产品的销售,有利于节省费用,消除顾客对新产品的不信任感。缺点在于部分产品的质量会影响到所有产品的销售。因此,使用这一品牌策略的企业必须确保每一产品都有可靠的质量保证。

系列化品牌策略,是企业依据一定的标准将其产品分类,并分别使用不同的品牌。这样,同一类别的产品实行同一品牌策略,不同类别的产品之间实行个别品牌策略,以兼收统一品牌和个别品牌策略的益处。例如,健力宝集团的饮料类产品品牌为"健力宝",而运动服装类使用的产品品牌为"李宁"。

4. 品牌延展策略 品牌延展策略,是指企业将已经成功塑造形成的品牌用于同种类型或者不同类型的新产品推广中,从而在更大的范围内使用品牌的策略。这一策略具体包括品牌延伸策略和品牌扩展策略。

品牌延伸策略,是企业将现有品牌用于经过改进的同类产品或者升级换代产品,新推出的产品同原有产品之间存在着密切联系。例如,雅戈尔集团将其品牌从衬衣延伸到西服、休闲服等。品牌延伸有利于企业节约推出新品牌所需要的大笔费用,且能够使消费者快速接受新产品。当然,现有品牌隐含了消费者对企业先推出产品的认知,在企业先前推出的产品美誉度很高的情况下,企业可以充分运用这一策略。

品牌扩展策略,是企业将现有品牌用于新推出的不同类产品中,新推出的产品与原有产品之间存在很大的差异。例如,雅戈尔集团将其品牌从服装扩展到地产与国贸运输。这一策略同样具有节约费用和快速推出产品的优点,缺点在于由于类别的跨越,如果新推出的产品在品质上无法同品牌本身的特质保持一致,企业的品牌将受到严重损害。

5. 品牌细分策略 品牌细分策略,是指企业针对同一类产品不同细分市场的需求生产不同特色的产品,并对其分别使用不同的品牌。品牌细分策略能使目标消费者对品牌的关注度集中,但打造多个品牌的耗费显然比单一品牌要高得多,因此,这一策略对于地位较弱的企业而言是不适用的。

6. 品牌重塑策略 品牌重塑策略,是指企业重新确定自身的品牌,借助新品牌谋求竞争优势的策略,具体包括品牌改进策略和新品牌策略。

品牌改进策略,是指企业仍然沿用原有的品牌,但在品牌的名称、图案组成、品牌地位、品牌质量等方面进行必要的改进,从而达到重新确立品牌的目的。一般在市场竞争条件发生深刻变化或进入新市场(如从国内市场向国外市场扩展)的情况下,企业应该考虑对原有品牌进行改进。

新品牌策略,是企业放弃原先一度使用的品牌,选择全新的品牌名称、图案设计等,从而以全新的品牌面目出现。当然,推出全新的品牌需要大量的广告、宣传等费用开支。在原有品牌效果不佳或者有更好的品牌出现的情况下,企业可以考虑启用全新的品牌。

(四)品牌设计

品牌设计是艺术与商业的高度结合,既要体现产品固有的内在特性,又要体现一定的艺术素养,还要符合国家法律等的有关要求。具体来说,品牌设计应符合以下要求。

1. 应明快、醒目 品牌是用来识别企业和商品的重要标志,在文字和图案设计上,必须做到简洁明了、容易辨认、易于区别、能够给接触者留下深刻印记。在语言表达上,要尽可能精练、动听、朗朗上口。

2. 应富于个性、便于宣传 品牌是为企业开展广告宣传和营销工作服务的,因此,品牌设计要适合媒体传播的要求,既体现自身的独特风格,同时又能给消费者以美的感受。

3. 应充分体现产品的特质 品牌设计是基于产品特色的艺术品,应该与企业的风格保持高度一致,通过形状、色彩等在品牌与产品之间建立某种联系,使消费者在看到或者听到品牌的时候能即刻联想起企业产品具有的某些特性。

4. 要与目标市场的消费者心理和社会文化环境保持协调一致 品牌将随着企业产品的销售在多个不同的市场区域广为传播,因此,在设计品牌时必须充分考虑不同目标市场的消费者具有的消费心理,了解他们对于文字、色彩、图案的偏好,同时注意各地的文化差异,避免品牌同某些目标市场的习俗和民族禁忌发生冲突。如金利来领带最初的名字叫"金狮",但由于"金狮"在粤语里与"金输"同音,故更名为"金利来"。

5. 要符合国家法律的规定 在设计之前,企业必须仔细研究与企业有关的法律,在品牌中避免使用法律禁止使用的人名、地名、图案等,避免使用与已经注册的其他公司的商标具有雷同的标志等。

（五）品牌保护

企业必须有效保护自身的品牌,防范来自企业内外的各种损害和侵权行为,确保品牌应有的形象和价值得到维护。企业对品牌的保护主要包括四个方面,即设计保护、打击假冒、自律保护和社会保护。

1. 设计保护 设计保护是指企业在进行品牌相关的图案、色彩、包装物等设计过程中,使用专业化的设计和防伪技术,使其他企业无法仿制品牌标志,或者仿制时需要付出高昂的代价,从而起到保护品牌的效果。实际上,现今世界上几乎所有的知名品牌都采用了独特的防伪标志。

2. 打击假冒 假冒伪劣是最主要的品牌侵权行为。仿制品不仅以低价抢占企业的市场份额,而且因其质量、功能、服务等方面的缺陷会严重损害企业的品牌形象。我国服装行业的假冒伪劣现象极为突出,对我国纺织品进入国际市场造成了极大的影响与损害。

3. 自律保护 企业自己树立的良好品牌,还需要自身来努力维护,要特别防止企业自己砸牌子的事件发生。品牌综合体现了企业内部所付出的一切努力,因此,企业也必须依靠所有部门和员工的自律行为来保护品牌,避免出现由于内部人员行为不当使品牌形象受损。首先,企业必须严格控制产品质量,确保产品性能、功能、特色等的一贯性,坚决杜绝不合格产品流向市场。其次,企业在延展使用品牌过程中,必须注意新产品要与品牌要求的特质保持高度一致。再次,企业必须坚持做一个遵纪守法、有良好的伦理道德和社会责任心的企业,避免因为一些不当的突发事件对品牌造成伤害。另外,企业必须要求所有员工的日常行为处处展现企业的品牌形象,避免不适当的行为举止,特别需要避免内部员工自我诋毁企业品牌形象。最后,企业要在动态中不断提升品牌的形象和价值,从动态来看,打造更好的品牌形象是对品牌的最佳保护。

4. 社会保护 政府部门、新闻媒体、社会舆论都是惩恶扬善强有力的武器,在保护品牌过程中发挥着十分重要的作用。企业不仅要利用政府的法律打击假冒品牌,还应该充分利用政府部门拥有的行政权力,积极推动政府部门出台保护品牌的强有力措施,支持政府部门开展有效保护品牌的工作。新闻媒体在揭露侵害品牌的不当行为、宣传知名品牌方面可发挥独特作用,企业应该充分利用媒体监督和打击假冒伪劣等行为的喉舌作用。另外,企业应该在全社会范围内努力营造一种尊重品牌、保护品牌的氛围,特别要让社会公众意识到保护品牌不仅仅是为了保护企业的利益,同时也是为了更好地保护消费者的合法权益。

二、包装策略

大多数物质产品在生产领域从一个阶段转入另一个阶段以及从生产领域转移到消费领域过程中,都需要包装。因为包装是整体产品中的有机组成部分,是直接影响到产品质量和市场营销的重要因素,其作用重大。

(一)纺织品包装的作用

1. 保护商品 这是包装最原始和最基本的功能。在产品的流通和使用过程中,包装可以起到防止各种损坏的作用,如防止破损、散失、变质、污染、虫蛀等,以保证产品的清洁卫生和安全,保持产品的良好本色。

2. 便于运输、携带和储存 包装后的产品可以为运输、携带和储存提供方便,并可节约运输工具和储存空间。

作为面向生产者市场的纺织品,产品包装的主要作用在于以上两条;而对于面向消费者的纺织品,产品包装的作用则不仅限于此。

3. 美化产品,促进销售 精美的包装,可以增加产品特色,改进产品的外观,提高顾客的视觉兴趣,激发顾客的购买欲望。包装是货架上的广告,被称为"无声推销员",在产品使用时,亦可产生长久的广告作用。对进入超市的纺织品而言,产品包装装潢更是重要的促销手段之一。

4. 增加产品价值,提高企业收入 产品的内在质量,是产品在市场竞争的基础,而优质的产品,没有优质的包装,就会降低身价。对领带、西服这类高档产品来说更是如此。

(二)纺织品包装的设计

包装的设计是一项技术性和艺术性很强的工作,总的原则是美观、实用、经济。

企业在设计产品的包装时,应考虑如下几点。

1. 包装的造型要美观大方 包装设计要美观大方,图案要生动形象,不落俗套,不搞模仿,要采用新的包装材料,使人耳目一新。

2. 包装的质量与产品的价值相一致 包装设计和包装材料的选用,一定要同产品的质量与价值相一致,根据产品质量的档次,配上与之相适应的包装。例如,昂贵服装、工艺纺织品的包装,要能烘托出产品的高贵、典雅和艺术性。

3. 包装要能显示产品的特点和独特风格 对于以外形或色彩表现其特点或风格的产品,如服装、装饰品等的包装,应设法向顾客直接显示产品自身,以便于购买。应考虑在包装时附上产品的彩色照片或用文字、图案对产品特性进行具体的说明和展示。

4. 包装设计应适应顾客心理 包装设计既要美观、新颖、形象生动,又要适应顾客的心理、审美观。应对不同的顾客群体,设计和选用不同的包装。

5. 包装设计应尊重顾客的宗教信仰和风俗习惯 包装设计应体现对不同国家、不同民族、不同宗教信仰和风俗习惯的尊重,包装装潢上的文字、图案、色彩等不能和目标市场的宗教信仰和风俗习惯发生抵触。

6. 包装设计应符合法律规定 应按法律规定在包装上标明厂名、厂址;应标明原材料成分含量、洗涤注意事项等;包装材料应符合环保要求;标签上的文字说明要实事求是,不得弄虚作假、夸大其词等。

7. 包装要便于运输和储存 对纺织品生产企业而言,由于其主要面向的对象为产业市场成员,因此在包装上要注意运输、储存的便利性。

(三)纺织品包装策略

为使包装在市场营销方面发挥更大的作用,成为强有力的营销手段,企业可以选择以下几种包装策略。

1. 类似包装策略 它也称群体包装策略或统一包装策略,即企业生产的各种产品,在包装上采用相似的图案、颜色、体现共同的特征。其优点在于能节约设计和印刷成本,树立企业形象,有利于新产品的推销。但此策略仅适应同样质量水平的产品,若产品质量相差悬殊,会因个别产品质量下降影响其他产品的销路。

2. 差异包装策略 运用差异包装策略的企业的各种产品均有自己独特的包装,在设计上采用不同的风格、色调和材料。这种策略能避免因个别产品销售失败而对其他产品的影响,但会相应的增加包装设计和新产品促销的费用。

3. 配套包装策略 配套包装策略是指将多种相互关联的产品配套放在一个包装物内销售,如床上用品生产企业通常将床单、被套、枕套进行配套包装,家纺产品生产企业将厨房围裙、袖套配套包装等。配套包装策略是家用纺织品的一种重要包装策略。

4. 复用包装策略 以复用包装策略为指导包装的产品,在包装内产品使用后,包装物本身可被顾客用作其他用途。如装床上用品的箱子可再用;或者某食品生产企业与纺织生产企业联合,采用布袋包装牛肉,既提升产品价值,具有特色的布袋还可用作其他用途。此策略的目的在于通过给顾客额外的利益,扩大销售。

5. 等级包装策略 等级包装策略是指对同一种产品采用不同等级的包装,以适应不同的购买力水平,或者按产品的质量等级不同,采用不同的包装,如优质床上用品采用高档包装,一般床上用品采用普通包装。

6. 附赠品包装策略 附赠品包装策略是指在包装或包装内附赠奖券或实物,以激发顾客的购买欲望,增加商品销售量。

7. 改变包装策略 改变包装策略是指企业采用新的包装技术、包装材料、包装设计等,对原有产品包装加以改进,以改变产品形象的一种包装策略。

现代企业包装策略在考虑促销效果的同时,还要考虑其废弃物对环境的影响及是否存在对资源的浪费。中国是一个资源并不丰富的国家,人口众多,近年,随着人们收入水平的增加和企业竞争的加剧,包装过度问题十分严重,大而不当、奢华过度,或包装物对环境造成永久污染等现象,企业都应本着对社会负责任的态度而加以避免的。

三、服务策略

服务作为整体产品的有效组成成分,其不仅对服务业本身是重要的,对其他产业同样有着重要的意义。产品在市场上的竞争能力,不仅取决于产品的质量、性能、价格,在很大程度上,还取决于交货期和销售服务。因此,企业必须重视销售服务工作。事实上,产品支持服务已成为企业取得竞争优势的重要战场。服务质量对相对绩效的贡献如下表所示。

服务质量对相对绩效的贡献

项 目	服务质量最高三家	服务质量最低三家	百分点的差额
与竞争者比较的价格指数	7%	-2%	9%
市场份额年变化率	6%	-2%	8%
销售量年增长率	17%	8%	9%
销售收益	12%	1%	11%

(一)服务的概念

服务是一方能够向另一方提供的、基本上是无形的所有活动或利益,它不导致任何所有权的发生。它的产生可能与某种有形产品联系在一起,也可能毫无关联。对纺织品行业而言,其生产企业大多属于提供有形产品的企业,而销售性企业则应属于服务密集型的企业。

一家企业对市场提供的产品通常包含某些服务在内。这种服务可能是全部产品的较小部分,也可能是全部产品的较大部分。服务的无形性、不可分离性、可变性和易消失性特点,对制订营销方案的影响很大。

服务是无形的。服务与有形产品不同,在被购买之前,是看不见、尝不到、摸不着、听不到和嗅不出的。购买者为减少不确定性,就会寻求服务质量的标志或证据。如服装生产企业在向面料生产企业购货时,就会特别关注其供货的准时性与稳定性,并会借助以往经验,或向已购买者打听,或借助其他各种方式以获得这方面的证据。

服务的不可分离性表现在服务的产生和消费是同时进行的。这一点在纺织品销售行业特别明显。消费者购买时销售人员的服务情况会在很大程度上影响消费者的决策。

因为服务取决于由谁来提供及在何时和何地提供,所以,服务具有极大的可变性。这就要求销售企业应做好人员的挑选工作并对他们进行培训,并在可能的情况下将服务实施过程标准化。最后,应通过顾客建议和投诉系统、顾客调查和对比购买,追踪顾客的满意情况。

服务的易消失性表现为服务的不可储存性。

（二）纺织行业服务的内容

销售服务的内容是多方面的,视不同的企业、不同的产品而各不相同。一般来说,纺织行业服务的内容若按营销过程分可分为售前服务与售后服务。

1.售前服务　售前服务是指产品购买之前的各项服务工作,它包括以下三个方面。

（1）提供咨询:即为顾客介绍产品,提供各种技术咨询,回答顾客提出来的各种技术问题,使顾客对企业产品的技术特点、使用范围及功能有一定的了解。这一点对面向产业市场的纺织品生产企业尤为重要。

（2）协助选购:指根据顾客的不同需要、实际情况,协助顾客挑选产品。

（3）提供资料:指根据顾客的实际情况,提供各种专业支持。比如对购买丝织品的顾客提供保养、清洁方面的资料,这将有效地提高顾客的满意度。

2.售后服务　售后服务是指产品销售以后的各项服务工作。对纺织行业而言,它主要是指"质量三包",即在规定的使用条件下和保修期内,若产品出现质量问题,企业负责为顾客包修、包换和包退,必要时须承担由此产生的经济损失。此外,也有部分高档服装或家纺企业对产品提供终身的专业洗涤服务。

本章小结

纺织产品是纺织生产企业从事生产经营活动的直接物质成果。在市场营销活动中,企业满足顾客需要通过一定的产品来实现,企业和市场的关系通过产品来连接。产品是买卖双方从事市场交易活动的物质基础。在市场营销因素"4P"中,它是最重要的一个因素。没有适合顾客需要和具有竞争力的产品,企业的其他营销组合策略就无从谈起。因而,产品策略是企业市场营销战略的核心,是制订其他营销策略的基础。通过本章学习,我们将理解产品的概念及分类,掌握产品组合,学会使用产品组合的策略;掌握产品生命周期的意义;了解纺织新产品开发的管理方式;并对品牌、包装与服务策略产生感性的认识。

思考题

1.纺织企业认识整体产品概念的意义何在?

2.产品生命周期理论对纺织企业市场营销管理有何意义?

3.对纺织企业而言,开发新产品有何意义?开发程序如何?

4.产品的品牌对纺织企业的发展有何作用?

5.不同性质纺织企业应如何选择包装策略?

实训题

背景材料:中国面料企业需要品牌建设

面对国外面料企业的挑战,国内面料行业开始重视自主创新。通过这些年的努力,现在国内已经有一些做得很好的面料企业,如"阳光"、"如意"、"海天"、"泛佳"等。"阳光"的高支毛纺面料已进入国际市场,并为国际大牌阿玛尼提供自己设计的面料。泛佳也为 H&M、ZARA、POLO 等国际品牌服装提供面料。

然而一个现象引起了我们的注意,那就是国内面料企业与国内服装企业的对接过程并不顺畅。有些企业能够开拓国际市场,在国外有稳定的客户,产品的质量也得到了国外客户的认可,但在国内了解该企业的人却不多,导致企业拓展国内市场很不顺利。这种现象反映出,面料企业还没有做好品牌运作的准备。如何让下游的客户了解自己,提高品牌的知名度,加强品牌的建设是值得这些面料企业去探究的问题。

推广渠道之一:参加展会

展会具有强大的信息交流功能,能够为品牌宣传搭建良好平台。一位面料企业的领导人说,"上个世纪 90 年代,在别人的动员下我们第一次参加展会,那时我们认为,只要我们的产品能够卖出去,质量得到认可就行。但有了第一次参展的经历,我就强烈地意识到公司必须有自己的品牌,并且要找到一个很好的平台宣传出去,与更多下游企业沟通交流。现在每年我们都会参加展会,已经成了'老参展商'。"

中国一些面料企业,把企业名当作品牌名,所有不同档次、不同类别产品都是一个名称,对于品牌的建设尚未起步。在这种情况下,面料企业更应该抓住参展的契机,通过展前的充分准备,获取大量的国内外同行业企业的前沿信息,将"走出去"和"引进来"战略深入贯彻到企业的发展规划中,为开拓市场做好积极的准备。

推广渠道之二:加强营销

面料企业往往专注于提升产品质量,提高企业效益,而忽视了利润最大不是指一次性或短暂性的收入,而应该是长期性的、持续性的高收入。在所有制约企业长期发展的众多要素中,有一项是企业容易忽视或根本不重视的,那就是营销推广管理。

今天,企业所处的是个宣传和营销的时代,面料企业应该在注重产品质量的基础上,更加重视品牌建设和传播。可口可乐能够称霸饮料市场这么多年,就在于它注重品牌的营销和建设。如果守着"酒香不怕巷子深"这句话做企业,那么可口可乐可能现在还不为我们所知。可口可乐正是由于把品牌营销放在经营的第一位,才会有今天的局面。

面料企业应该加强新闻营销,通过组织一些推广活动,邀请媒体参与报道,通过增加企业的曝光率,达到宣传和推广自身品牌的目的。

近几年来,中国的纺织面料产业发展很快,面料设计正在逐渐与国际接轨,但是忽视营销、单纯依靠技术谋求企业的发展是不可行的。一个企业除了做好产品研发、不断提升技术的同时,还要提高营销管理的意识,通过营销方式的创新使企业获得更快的发展。

(资料来源:2008 版《中国服装产业链配套资源》,文/佚名,2008 年 5 月 20 日)

案例分析:

(1)我国的面料企业如何加强品牌建设?

(2)品牌建设过程中应注意哪些问题?

第七章 纺织品定价方法与价格策略

导入案例

浙江嵊州领带集体涨价

一条领带的博弈引发了业界巨大的反响。全球领带生产基地浙江嵊州因为提价而被推到了风口浪尖。试图掌握全球定价权的嵊州领带究竟该怎么走？

块状经济有一个通病，就是产业雷同，因此各企业之间常通过降低价格的做法来进行竞争。但这次似乎又不太一样，嵊州领带行业的这次"价格战"却是团结一致对外提价。

2008年4月初，在嵊州市领带行业协会的换届大会上，新当选的会长金耀算了一笔账：如果每条嵊州领带能提价5美分，那么嵊州领带每年约多得2000万元人民币净利。

这被认为是集体提价的最初信号，敏感的市场立即感觉到了这一信号。当时遍地的嵊州领带工厂，分布在全球各地的终端零售商，以及穿梭于两者之间的采购商，这三个不同的利益主体，都相互试探对方的承受底线。

当时较为理想的情况是，希望能提升20美分，这样对于缓解嵊州领带出口企业的汇率压力、劳动力成本压力会有所帮助。

事实上，这个设想当时并没有针对谁，但是采购商显然是首当其冲。RANDA公司是嵊州领带最大的采购商，2007年该公司在嵊州的领带采购额为2000多万美元，占该市领带总出口额的10%以上。据嵊州市领带行业协会工作人员介绍，美国RANDA公司高级经理钟鹏曾表示，作为中间采购商，他们受到了供应商、零售商的"双面夹击"。钟鹏透露，其下游客户，包括"美西"、"JCPENNY"等美国大型百货公司，均难接受提价。

5月1日，嵊州领带企业最后与美国RANDA公司达成的协议是，提价10美分。虽然未能达到当初设想的价格，但多少还是提了些。这对于迫切希望拿回国际定价权的嵊州领带企业而言，也算是小小的战果。

(资料来源：《浙江市场导报》，文/袁华明，2008年6月4日)

这一案例表明在激烈的市场竞争中，提价一般会遭到消费者和经销商反对，但在很多情况下不得不提高价格。纺织服装企业在什么情况下应该提价？该怎么提价？本章将会给你一个答案。

第一节 影响纺织品定价的因素

价格是营销组合中最敏感而又难以驾驭的因素之一,定价合理与否,直接关系到企业的营销能否成功,关系到企业的市场占有率及利润的获得。而科学、合理价格的确定,要在企业战略目标的基础上,综合考虑影响价格的内外部因素才能获得。

一、产品成本

产品成本是企业在生产经营过程中各种费用的总和,是价格构成的基本因素和制定价格的基础。产品价格由成本、利润和税金三部分组成,价格首先补偿成本支出后才有可能赢利。产品成本变化可导致产品价格变化。成本下降,则价格才有下降的空间,反之亦然。产品成本有个别成本和社会成本之分,按照马克思的价格理论,产品价格主要是由产品中所包含的价值量或社会必要劳动时间的大小决定的,社会必要劳动时间就是指产品的社会成本。由于每个企业所占有的资源、具有的管理水平和技术水平不同,其个别成本与社会成本必然存在一定的差异,在定价中我们主要考虑社会成本或行业成本,在此基础上再顾及企业个别成本。

二、市场供求

(一)价值规律

产品的价值决定于生产这个产品的社会必要劳动量,价格是以社会价值为基础的;但价格又不等同于价值,而是在价值上下波动。当市场上该产品供不应求时,价格偏离价值向上移动,此时价格高于价值;当市场上该产品供过于求时,价格又偏离价值向下移动,其价格低于价值;当供给和需求达到平衡时,便形成商品的价格(图7-1)。

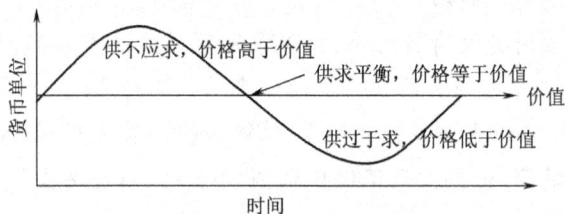

图7-1 价格围绕价值上下波动

这种价格自发地围绕着价值上下波动的运动,是价值规律发生作用的表现形式,价值规律正是通过价格的这种波动来实现的。价格虽然经常背离价值,但它上下波动,是以价值为中心的,价格与价值是一个动态的平衡。马克思的这种科学的价格理论,既揭示了价格的实质,又正确地说明了价格变化的基本原因。

(二)需求价格弹性

需求价格弹性,是指价格变化对需求量产生影响的程度。在正常情况下,需求和价格成反向关系,价格上升,需求量减少;价格下降,需求量增加。但是,不同的产品,对价格的敏感度是不相同的,如食盐类商品价格适当提高,不会导致销售量的过多下降,对需求量产生的影响很小,而苹果类价格的变化,则会对需求量产生较大的影响,我们把这种现象称为食盐类商品的需求弹性小,而苹果类商品的需求弹性大(图7-2、图7-3)。对需求弹性小的产品,降价并不能带来需求量较大幅度的提高,却因此牺牲了企业的利润,所以宜采取优质优价的策略;对需求弹性大的产品,适当降价,却能带来需求量较大幅度的提高,从而增加企业的利润,所以可采取适当减价、薄利多销的策略。

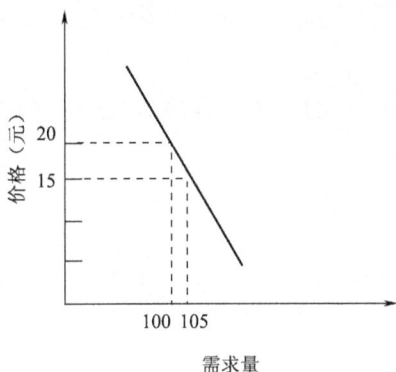

图7-2　缺乏弹性的需求　　　　　图7-3　富有弹性的需求

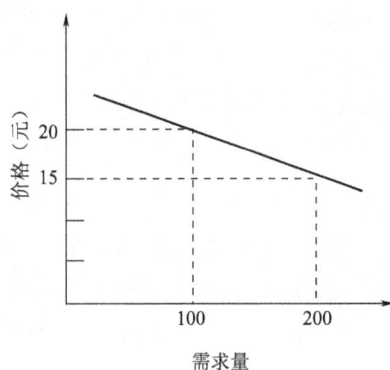

需求价格弹性理论客观地反映了社会上各种不同商品对价格变化反映的灵敏度,因此,企业在制定各种不同商品的价格时,必须考虑本企业产品弹性的大小,否则会给产品的销售带来不利影响。

(三)需求收入弹性

需求收入弹性是指消费者收入变化,对需求量产生影响的程度。在正常情况下,需求和收入成正向关系,收入提高,则需求增加,收入下降,则需求减少。但是,不同的产品,对收入的敏感度是不相同的,如高档消费品、耐用消费品及娱乐支出,对收入变化很敏感,收入有一点提高,即可带来对上述产品需求的更大幅度的提高,我们称为需求收入弹性大;另一些产品,如生活必需品,收入的提高对其需求的影响较小,我们称这类产品的收入弹性小或缺乏弹性。还有一些产品的需求收入弹性是负值,这意味着随着收入的提高,将导致对这类产品需求的减少,如低档食品、低档服装等。

三、定价目标

定价目标是指企业通过制定一定水平的价格,所要达到的预期目的。目的不同,企业定价的出发点也不同。

（一）定价以追求利润为目标

获取利润是企业生存和发展的必要条件,是企业经营的直接动力。于是,利润目标也成为企业定价目标的重要组成部分。不同企业经营理念各不相同,且所处的市场环境也千差万别,在追求利润时,也有程度的差别。

1. 以追求利润最大化为目标 企业以赢利为目的,获取最大利润是企业追求的目标,但最大利润也有长期和短期之分,有企业单一产品最大利润和企业全部产品综合最大利润之别。一般来说,企业追求的最大利润应该是长期的、全部产品的综合最大利润,这样企业就可以取得较大的竞争优势,获得更多的市场份额,拥有更好的发展。但对一些中小型企业、产品寿命周期较短的企业或产品在市场上供不应求的企业,也可以谋求短期或单一产品的最大利润。最大利润的获得并不一定意味着高价,对需求弹性大的产品,高价会导致销售量下降,利润总额反而减少。有时,高额利润是运用低价策略,渗透进入并占领市场后,再通过扩大销售量,逐步提价来实现的。

2. 以追求平均利润为目标 平均利润是企业在补偿社会平均成本的基础上,适当地加上一定量的利润作为产品价格,以获取正常情况下合理利润的一种定价目标。很多企业采取平均利润目标有各种原因:一是最大利润目标实际运用时会受到各种限制,难以实现;二是以平均利润为目标使产品的价格不会显得太高,从而可以阻止激烈的市场竞争;三是能协调与消费者的关系,树立良好的企业形象。

（二）定价以提高市场占有率为目标

市场占有率是指企业的销售量(额)占整个行业(市场)销售量(额)的比重。市场占有率的大小,是企业实力和市场地位的重要标志。市场占有率与利润的相关性很强,从长期看,高的市场占有率必然带来高的利润回报。有资料表明,市场占有率每增加10%,税前投资利润率平均提高5%。因此,许多企业把维持或提高市场占有率看得很重要,一些资历雄厚的大企业,宁愿放弃当前可能获得的部分利润,采用低价政策来扩大市场占有率,通过增加销售量,使单位固定成本下降,赢利水平提高,从而获得更高的长期利润。市场占有率目标被国内外许多企业所采用,其方法是以较长时间的低价策略来保持和扩大市场占有率,增强企业竞争力,最终获得最优利润。但是,这一目标的顺利实施需要一些前提条件:一是企业要有雄厚的经济实力,可以承受一定时间的亏损,且在生产成本上具有优势;二是企业对竞争对手的情况进行了充分调研,有较大的把握取得市场份额;三是不在政府的政策法律限制之内。

（三）定价以生存为目标

如果企业生产能力过剩,或面临激烈的市场竞争,或由于经营管理不善等原因,造成产品销路不畅,大量积压,甚至濒临倒闭时,则需要把维持生存作为企业的基本定价目标。生存比利润更为重要。为了保持企业继续开工和减少存货,企业必须制定一个较低的价格,并希望市场对价格敏感。许多企业正是通过大规模的价格折扣来保持企业活力的。对于这类企业来说,只要它们的价格能够弥补变动成本和一部分固定成本,即单价大于单位变动成本,企业就能够维持生存。故这种定价目标,只能是在企业面临困难的特定时期应用,而不能长期使用,否则企业将无法生存。

(四)定价以价格竞争为目标

企业间的竞争往往表现在价格竞争上,竞争越激烈,对价格的影响也就越大。产品成本和市场需求决定了产品价格的上限和下限,但并不一定适应竞争的需要。企业定价时,必须采取适当的方式,了解竞争对手的价格和产品质量。如果企业的产品与竞争对手的产品大体一样,则所定的价格也应大体一致;如果企业的产品比竞争对手的产品质量更高,则价格可以定得较高;如果企业的产品质量比竞争对手的产品质量要差,则价格就应定得低一些。而竞争对手也可能针对企业的产品价格而调整其价格,或虽不调整价格,但调整市场营销组合的其他变量,以与企业争夺顾客。因此,企业要时刻关注竞争对手的价格调整策略和措施,并及时作出反应。

第二节　纺织品定价方法

一、成本导向定价法

成本导向定价法就是以产品成本为中心来定价的一种方法。这种方法的出发点是:所确定的价格需要补偿企业在生产经营中的全部成本,并在此基础上取得一定的利润。常用的成本导向定价法有成本加成定价法、盈亏平衡定价法和边际贡献定价法。

(一)成本加成定价法

这个方法是以成本为基础,加上预期的利润来制定价格。计算公式如下所示。

$$产品单价(不含税) = 单位产品总成本(1 + 成本加成率)$$

$$产品单价(含税) = 单位产品总成本(1 + 成本加成率)(1 + 增值税率)$$

采用这种定价方法,确定单位总成本和一个合理的成本加成率是关键问题。单位总成本的确定是在假定一定的销售量水平之上的,而成本加成率的确定必须考虑产品的性质、市场环境、行业的平均利润等,成本加成率经常以成本利润率代替。

[例7-1]青春服装厂生产休闲装,单位产品总成本为733元,成本利润率为40%,增值税率为17%,该服装厂生产的该款休闲装的含税销售价(P)为:

$$P = 733(1 + 40\%)(1 + 17\%) \approx 1200(元)$$

这种定价方法比较普遍,优点是简便易行,对销量与单位成本相对稳定、竞争不很激烈的产品,使用该方法定价可以使企业获得预期的利润,使企业保持正常的再生产规模并获得发展。这种方法存在的不足在于:只考虑到产品的成本与产品的价值,没有考虑市场需求的变化与企业间的竞争因素,对市场的适应能力弱。因此这种定价方法具有一定的风险。

(二)盈亏平衡定价法(保本点定价法)

盈亏平衡定价法是运用量本利分析的原理进行定价的方法。学习盈亏平衡定价法,需要掌握以下几个概念。

（1）固定成本:是指在一定时期、一定范围内不随业务量增减变动而固定不变的成本。单位固定成本随业务量增减成反比例变动。

（2）变动成本:是指成本总额随业务量变动而成正比例变动的成本。单位变动成本不随业务量的变动而变动。

（3）量本利分析法:其模型如图 7-4 所示,其计算公式如下式。

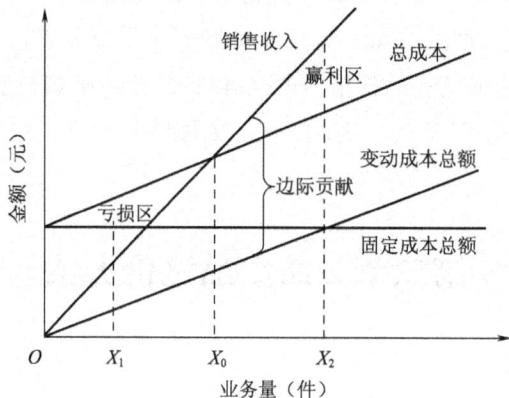

图 7-4　量本利分析法图示

$$Z = Px - bx - a = (P - b)x - a$$

式中:Z 为利润;P 为价格;b 为单位变动成本;a 为固定成本总额;x 为销售量。

（4）采用量本利分析法的约束条件:一是企业的固定成本和单位变动成本能明确划分;二是销售量是指实际能销售的数量或已接到的订单,且产品的销售能够得到保证。

盈亏平衡定价法,就是以企业总成本与总销售收入平衡为定价原则来制定价格的定价法。当销售量一定,企业如何定价才能保本? 或价格一定时,需销售多少件产品,企业才能盈亏平衡? 计算公式如下所示。

$$P_0 = b + \frac{a}{x}$$

式中:P_0 为盈亏平衡点的价格。

$$P = b + \frac{a + z}{p - b}$$

式中:P 为实现一定目标利润时的价格。

$$x_0 = \frac{a}{p - b}$$

式中:x_0 为盈亏平衡点的销售量。

[例 7-2]某针织厂生产袜子,固定成本为 300000 元,变动成本为 4.25 元/双,若其产量

为 400000 双。求：(1)使企业不盈不亏时的价格？(2)若企业要获得 20000 元的目标利润，则企业定价为多少？

$$P_0 = b + \frac{a}{x} = 4.25 + \frac{300000}{400000} = 5(元/双)$$

$$P = b + \frac{a+Z}{x} = 4.25 + \frac{300000+20000}{400000} = 5.05(元/双)$$

这种定价方法与市场动态相结合，不但考虑产品的成本，还考虑市场的情况，通过市场分析，考虑消费者的购买力，确定产品的销售量，从而所制定的目标价格，使企业不至于亏损还能取得一定的目标利润。盈亏平衡定价法的特点是易于操作，且能向企业提供可以接受的并能获得利润的最低价格。

(三)边际贡献定价法

所谓边际贡献是指企业每多销售一件产品所增加的收益(参见图 7-4)。它可以用总销售收入减去变动成本后的余额来表示，即：

边际贡献 = 销售收入 - 变动成本

在企业生产经营活动和市场形势均正常的情况下，我们所制定的价格不仅要能补偿变动成本，而且提供的边际贡献在补偿固定成本后还要有剩余，才能实现产品销售利润，即：

产品利润 = 边际贡献 - 固定成本

但在特定的情况下，产品价格却只要大于变动成本就可以接受，这就是边际贡献定价法，其基本原理是：产品价格定在大于单位变动成本的范围内，即产品的边际贡献大于零，以边际贡献来适当地补偿固定成本，通过生产扩大销售来获得利润。

[例 7-3]某企业生产围巾，其生产能力为年产 60 万条，但本市市场只需要 50 万条，生产能力过剩。已知围巾的销售单价为 5 元/条，单位变动成本为 4.25 元/条，固定成本总额 30 万元，则围巾的单位成本为 4.85 元/条。现有一外地客户来订购 5 万条，但只出价 4.50 元/条。问：(1)是否可以接受订货？(2)如因其还有特殊要求，需购置一台设备，计价 1 万元，问还可以接受该订货吗？

分析：

1.外地客户订购的 5 万条围巾，在企业剩余生产能力为 10 万条的范围内，生产这 5 万条围巾是利用现有的设备，不增加固定成本，计算利润时不需扣除固定成本的支出；且由于是外地客户，不会影响本地的销售；外地客户只出价 4.50 元/条，虽低于围巾的单位成本 4.85 元/条，但却大于围巾的单位变动成本 4.25 元/条，即 4.50 > 4.25，接受订货可以为企业增加 4.5 - 4.25 = 0.25 元/条的边际贡献。根据边际贡献定价法，只要 $P > b$，就可以接受该客户的订货。验证如下。

不接受订单，则企业可获得的利润为：

$$Z = (5.00 - 4.25) \times 500000 - 300000 = 75000(元)$$

接受订单,企业可获得的利润为:

$$Z = \left[(5.00 - 4.25) \times 500000 - 300000 \right] + (4.50 - 4.25) \times 50000 = 87500 (元)$$

企业为此多增加的利润:$Z = (4.50 - 4.25) \times 50000 = 12500 (元)$

2. 由于外地客户对围巾有特殊要求,需要为此购买专用设备,需支出专属固定成本,此时定价的依据是:$P > b + \dfrac{a}{\Delta x}$(其中,$a$ 指专属固定成本,Δx 指追加的订货量)。$4.50 > (4.25 + 10000/50000) = 4.45$,接受订货每条还是可以获得 0.05 元的贡献。此时企业接受订货可多增加的利润为:

$$Z = (4.50 - 4.25) \times 50000 - 10000 = 2500 (元)$$

边际贡献定价法一般是在市场竞争激烈时,企业为迅速开拓市场而采用的较灵活的定价方法,为价格制定规定了最低界限,改变了售价低于总成本便拒绝交易的传统做法,具有一定的实用性。该方法的运用条件是:企业生产能力富余时,接受追加订单;企业亏损时,为了减少亏损;企业同时生产相互替代或互补的几种产品时。要注意的是,过低的成本有可能被指控为不当竞争,在国际市场上则易被进口国认定为"倾销",产品价格会因为"反倾销税"的征收而畸形上升,失去其最初的意义。

二、需求导向定价法

需求导向定价法是一种以消费者的需求为中心的企业定价方法,它根据市场需求状况和消费者对产品的感觉差异来确定价格。其特点是能灵活有效地运用价格差异,对平均成本相同的同一产品所定的价格是随市场需求的变化而变化,而不与成本因素发生直接关系。它主要有理解价值定价法、逆向定价法和需求差异定价法三种。

(一)理解价值定价法

这种定价方法是企业按照购买者或消费者对商品及其价值的认识程度和感觉来定价。其基本原理是:某一产品的性能、质量、服务、品牌、包装和价格等,在消费者心目中都有一定的认识和评价。消费者往往根据他们对产品的认识、感受或理解的价值水平,综合购物的经验,以及对市场行情和同类产品的了解而对产品价格作出评判。当商品价格水平与消费者对产品价值的理解水平大体一致时,消费者就会接受这种价格,反之就会拒绝,而影响销售。以下案例可以说明。

[例 7-4]美国凯特皮勒公司是一家大型建筑设备制造企业,曾在推土机价格策略上成功运用理解价值定价法。市场上推土机的价格为 20000 美元/台,而凯特皮勒公司的同类产品价格却高达 24800 美元,且其销量仍居高不下。凯特皮勒公司的价格是怎么确定的呢?

首先,在定价之前,公司认真调查、了解了潜在消费者的需求情况,综合分析、评价了市场对本公司产品的认知价值;其次,列示推土机的分类认知价值,告知消费者认知价值的形成过程,具体见表 7-1。

表7-1 分类认知价格构成

产品基价(美元)	认知值(美元)
20000	优等信誉加价:3000
	名牌或优等声望加价:2000
	优等可靠性加价:2000
	优等服务加价:2000
	优等质量加价:1000
	多功能和用途加价:1000
	小计:11000
合计:31000	
折扣20%,最终执行价:24800	

运用理解价值定价法定价时,最重要的是要获取顾客对产品价值理解的准确资料。企业对消费者认知价值评定越准确,成功的可能性就越大。如果过高估计消费者的认知价值,其定价就可能过高,难以达到应有的销量;反之,如低估了消费者的认知价值,其定价就可能低于应有水平,使企业收入减少。因此,企业必须通过高质量的市场调研,准确地评定和判断消费者的认知水平。值得一提的是,企业并不是只能被动地接受消费者对其产品的评价和判断,而是可以运用各种营销组合策略,去引导、影响和提高消费者对产品的认知价值。

(二)逆向定价法

这种定价方法不是从产品的成本出发,而是从市场需求出发,以市场上该产品消费者能够接受的价格作为最终零售价格,然后依据一定的折扣率,逆向推出中间商的批发价以及生产企业的出厂价。这种定价法的特点是:价格能反映市场的需求状况,价格风险小;能保证中间商的正常利益,提高中间商把产品推向市场的积极性;由于定价简单,可以根据市场供求状况的变化,随时调整价格。

[例7-5]某产品的市场零售价为200元,零售商和批发商的折扣率分别为25%和15%,求零售商和批发商的进货价?

零售商的进货价为:

$$P = 200 \times (1 - 25\%) = 150(元/件)$$

批发商的进货价为:

$$P = 200 \times (1 - 25\%)(1 - 15\%) = 127.50(元/件)$$

逆向定价法特别适用于需求弹性大、花色品种多、产品更新快、市场竞争激烈的产品,或是市场上已有的、而企业是新开发的产品。

(三)需求差异定价法

需求差异定价法的出发点不是产品成本或是产品现有的市场价格,而是以需求为依据,强调适应消费者不同的需求特性。其方法是:对同一产品,根据消费者不同的需求强度、不同的购买地点、不同的购买时间、不同的产品外观款式、不同的流通环节和不同的购买力,来制定不同的价格;且不同产品之间的价格差异往往大于其成本差异。这种方法的好处是,可以使企业最大限度地满足不同层次的消费者的需求,将不同消费层次的消费者一网打尽,促进销售,求得最大的经济效益。这是一种进攻性的定价方法。

[例7-6]蒙玛公司在意大利以"无积压商品"而闻名,其秘诀之一就是对时装分多段定价。它规定新时装上市,以3天为1轮,每隔1轮按前轮价格降10%,以此类推,到第10轮(1个月)之后,蒙玛公司的时装价格就削减到了只剩35%左右的成本价了(表7-2)。这时,蒙玛公司就以成本价出售。因为时装上市仅1月,价格已跌到1/3,谁还能不动心?所以所有时装一卖而空。蒙玛公司结算结果显示,不仅利润率高于其他时装公司,而且没有产品积压的损失,又加快了流动资金周转的速度。表7-2所示为定价为1000元/套的某款新时装上市后各轮的折扣价格(保留整数)。

表7-2　新时装上市各轮价格　　　　　　　　　　　　　　单位:元

轮	0	1	2	3	4	5	6	7	8	9	10
价格	1000	900	810	729	656	590	531	478	430	387	348

由于需求差异定价法是根据不同消费者的需求来定价,可在最大限度满足消费者不同需求的同时,为企业带来更多的利润,因此,在实践中得到广泛的运用。但是,实行需求差异定价必须具备一定的条件:首先,市场是可以细分的,且不同的细分市场具有不同的需求强度;其次,差别价格不会引起消费者的反感,且企业实行差别价格的总收入要高于实行同一价格的总收入。

三、竞争导向定价法

竞争导向定价法,是以竞争为中心的、以竞争对手的定价为依据的定价方法。这种方法的特点是,价格和成本不与市场需求直接发生关系。竞争导向定价法主要有随行就市定价法、主动竞争定价法和密封投标定价法。

(一)随行就市定价法

在竞争激烈的市场上,任何一家企业都难以凭自己的实力处于绝对的优势。为了避免竞争,特别是价格竞争带来的损失,很多企业都采取随行就市定价法,即根据同行业企业的平均价格水平定价,这是一种与同行和平共处的定价方法。这种定价方法虽然简单,但有其一定的道理:市场平均价格所反映的是整个行业中所有企业的经营管理水平,在成本相近、产品差异小、交易条件基本相同的情况下,采用这种价格能获得社会平均利润;各企业均采用这一价格的话,可以避免不必要的恶性价格竞争,为整个行业的发展营造出一个健康、稳定的发展环境;这种定价法操作简单,不必花费许多精力去调查消费者的需求,为企业节省了很多调研费用和时间;由于价格一定,能鼓励企业挖掘内部潜力,不断降低成本,以获取社会平均利润之上的利润。这种定价法的缺点是对一些成本高于社会平均成本的企业,若按此方法定价,其利润将得不到保证,还可能发生亏损。

随行就市定价法常用于产品差异性很小的行业,或产品成本难以核算、打算与竞争者和平共处的企业,或无法把握另行定价对消费者和竞争对手反应的企业。

(二)主动竞争定价法

如果说随行就市定价法是一种防御性的定价方法,则主动竞争定价法就是一种进攻性的定价方法。主动竞争定价法是指企业在定价的时候,只是从企业的经营战略、实际成本以及与竞争对手的产品差异状况来确定低于或高于竞争对手的价格作为本企业产品价格,而不追随竞争对手价格的一种定价方法。

主动竞争定价法的运用需要注意两点:一是企业必须有一定的实力,即占有较大的市场份额,消费者能区别企业产品与竞争者的产品;二是在产品质量大体相同的情况下,所带来的效益有限。企业必须不断提高产品的质量和性能,才能真正取得消费者的信任,获得长远的发展。

(三)密封投标定价法

密封投标定价法又称招标定价法,是买方通过引导卖方竞争,对多个卖主的出价择优成交的一种定价方法。具体方法是:由招标方(买方)公开招标,投标方(卖方或承包方)竞争投标,密封递价,由招标方择优选定价格。一般来说,招标方只有一个,处于相对垄断地位,而投标方往往有多个,处于相互竞争的地位,投标方既要考虑中标率,又要考虑企业是否能够获得预期的利润。这种定价方法是通过公平竞争来实现交易,但组织招标过程复杂,费用较高,常用于大宗商品采购、配套设备和建筑工程项目的买卖和承包等。

第三节　纺织品定价策略

一、新产品定价策略

(一)高价策略(撇脂策略)

高价策略又称撇脂策略,是指企业的新产品上市之初,采取很高的价格投放市场,以期在短期内获得较高的收益,就好像从牛奶中撇取奶油一样,尽快获取产品利润,减少投资风险。这种定价策略有一定的适用条件:企业拥有专利技术,产品有独特的功能且不易被仿制,短期内不足以引起激烈的竞争;市场需求较大,产品的需求价格弹性较小或者早期购买者对价格反应不敏感;企业有独立的市场,且市场上没有替代产品;企业商业信誉高。

[例7-7]美国杜邦公司最早实行这种定价策略。每当它推出一项新产品,如玻璃尼龙、聚四氯乙烯等,公司便要估算新产品对现有代用品的相同利益,从而估计出最高定价。公司制定的价格要使某些细分市场觉得采用这种新产品是值得的。每当销售额下降,杜邦公司便降低价格,吸引对价格敏感的更低层次的顾客。杜邦公司用这种方法从各个细分市场撇取了最大限度的收入。

高价策略的优点明显:利用高价产生的厚利,使企业在新产品上市之初迅速收回资本,减少投资风险,达到短期内利润最大的目标,有利于企业的竞争地位的确定;新品上市之初,利用消费者对其尚无理性认识,高价可以提高产品身份,创造名牌、名品印象;高价进入市场,使企业在后期有较大的调价余地,可以将不同层次的消费者一网打尽,提高销售量;利用高价所得的超额利润,进行扩大再投资,缓和供求矛盾。

但是,高价策略的缺点也突出:由于定价过高,不利于市场开拓、增加销售,也不利于占领和稳定市场;高价容易吸引大量竞争者加入,仿制品、替代品会迅速出现,迫使价格急剧下降;高价还在一定程度上损害了消费者的利益,易招致渠道成员的不支持或得不到消费者认可。

从总体来说,高价策略是一种追求短期利润最大化的定价策略,使用不当会影响企业的长期发展,必须谨慎。企业最好还是把主要精力放在提高产品质量和服务水平上。

(二)低价策略(渗透策略)

低价策略又称渗透策略,是指企业在新产品投放市场之初,将新产品的价格定在保本点附近,以吸引消费者大量购买,获得较高的市场占有率。低价策略具有明显的渗透性和排他性。

使用低价策略,企业在短期内得不到或很少得到利润,而随着需要量扩大、单位固定成本下降,以及市场占有率的提高,企业可以获得大量的利润;另外,低价低利容易得到渠道成员和消费者的认可和支持,对阻止竞争对手的介入有很大的屏障作用。但是,由于定价过低,一旦市场占有率扩展缓慢,将使实力不强的企业处于窘境;而且,低价还易误导消费者认为产品的质量难以保证。

[例7-8]美国得克萨斯仪器公司是最早实行市场渗透定价策略的公司之一,该公司在兴建一个大型工厂时,便将价格降到最低限度,从而赢得了很高的市场占有率,并降低了成本。由于成本降低,价格也随之进一步降低。我国长虹电视、三鹿奶粉、乐凯公司也曾采用这种策略。

使用低价策略需要一定的条件:一是商品的市场规模较大,存在着强大的竞争潜力;二是商品的需求价格弹性较大,通过大批量生产能减低生产成本;三是企业的产品成本比竞争者低,但销路不好。

高价策略和低价策略的比较见表7-3。

表7-3 高价和低价策略的比较

影响因素	高价策略	低价策略
市场需求水平	低	高
与竞争者产品的差异性	较大	不大
价格需求弹性	小	大
生产能力扩大的可能性	小	大
生产方式	定制	标准成品方式
消费者购买力水平	高	低
仿制难易程度	难	易
市场潜力	不大	大

影响因素	高价策略	低价策略
产品时效性	较短	较久
技术变迁性	技术创新速度快	技术稳定
生产资料使用方式	知识密集	劳力密集
产品使用寿命	长	短
销售渠道长短	长	短
服务工作	多	少
促销工作	多	少
投资回收情况	迅速	缓慢

(三)满意价格策略

满意价格策略是介于高价策略和低价策略之间的一种折中的定价策略,即把新产品价格定在适中的位置上,使顾客比较满意,企业又能得到适当的利润。该定价方法的优点是:满意价格对消费者和企业都比较合理公正,在正常情况下可以取得既定的利润。其缺点是:不适应竞争激烈和复杂多变的市场环境。故此定价策略只适用于需求价格弹性较小的产品,如生产资料或生活必需品。

二、心理定价策略

心理定价策略是根据顾客心理特点所采用的定价策略。其原理是:产品价值与顾客心理感受有很大的关系,企业在定价时,可以利用顾客心理因素,有意识地将产品价格定得高些或低些,以满足顾客生理和心理的、精神和物质的多方面需求,诱导顾客增加购买,从而扩大销售。具体的方法有零头定价策略、整数定价策略、习惯定价策略和声誉定价策略。

(一)零头定价策略

零头定价策略是指企业在制定价格时以零头而不是整数结尾。这种定价策略是利用了消费者对一般商品要求便宜的心理,而且还会使消费者对企业产生定价准确、值得信任的感觉。所以当某个商品价格为整数或略高于整数时,宁可减下一些,使其价格的尾数为零头。例如,毛巾定价9.97元比定价10元,可使消费者更有一种便宜的感觉,总觉得个位数比十位数要小,从而可望增加销路。零头定价策略常用于中低档产品的定价,对高档商品而言,则应采用整数定价。

(二)整数定价策略

整数定价策略是指以整数结尾的定价策略。它常以偶数或零为结尾,即针对消费者在购买时比较注重心理满足的商品,将其价格定为整数。例如,9950元的皮毛大衣,定价可改为10000元。这样定价抬高了商品的身价,有利于在消费者心中树立高价优质的形象,并满足消费者求名、求新的心理。这种定价策略适用于高档耐用消费品、奢侈品和消费者不太了解的商品。

整数定价与尾数定价的比较见表7-4。

表7-4　整数定价与尾数定价比较

项　目	整数定价	尾数定价
购买心理	求名心理	求廉心理
具体做法	将999元改为1000元	将10元改为9.98元
适用商品	高档商品、耐用品、礼品	价格弹性大的中低档商品
效果	产品本身价值高,企业或产品声誉好,提高购买者身价	价廉,定价准确,对非整数产生合意的心理反应

（三）习惯定价策略

习惯定价策略是指对某些消费者经常接触、对其价格已有习惯性认同的日用消费品,采取按习惯性价格定价的策略。对这类商品如随意提价,会引起消费者的强烈反感和不满,导致失去老顾客。若由于原料、人工费用的增加,确实需要提价时,可采取改变产品的外形、利用新牌号、改变包装等方法,使消费者在心理上容易接受,避免不良影响。

（四）声誉定价策略

声誉定价策略是一种根据消费者心目中的声望和产品的社会地位来确定价格的定价策略,它适用于一些有较高声誉的名牌高档商品或在名店销售的商品的定价。运用此策略制定的价格,往往脱离产品实际成本,利润极高。高价显示了商品的优质,也显示了购买者的身份和地位,能给予消费者极大的心理满足。如高档纺织产品,实行"四名"结合,即特选原料,由名牌纺织染厂加工、名人设计、名牌服装厂制成服装、名牌商场专柜销售,以提高商品声誉。采用声誉定价策略,要求企业有优质的产品、良好的声誉及优质的服务,特别适宜于质量不易鉴别的商品的定价。

三、折扣价格策略

折扣价格策略实际上是一种通过降低一部分价格以争取顾客的定价策略。这种策略在现实生活中应用广泛,有许多成功的案例,日本美佳西服店就是一例。

[例7-9]日本东京银座"美佳西服店"为了销售商品采用了一种折扣销售方法,颇获成功。具体方法是:先发一个公告,介绍某新品西服的品质性能等一般情况;然后宣布打折扣的销售天数及具体日期;最后说明打折方法是第一天打九折,第二天打八折,第三、第四天打七折,第五、第六天打六折,以此类推,到第十五、第十六天打一折。实践结果是:第一、第二天顾客不多,来者多是探听虚实;第三、第四天人渐渐多起来,第五、第六天打六折时,顾客就像洪水般涌向柜台,以后连日爆满,每到换折售货日期,商品早已售缺。这个成功的案例就是抓住了顾客的购买心理:人们都希望能买到一折、第二折的西服,但是有谁能够保证你想买时还有货呢? 于是出现了头几天观望,中间几天抢购,最后几天买不着而惋惜的情景。

折扣价格策略具体可分为数量折扣策略、季节折扣策略、现金折扣策略、业务折扣策略等几种。

（一）数量折扣策略

数量折扣策略是根据购买者购买数量的大小给予不同的折扣,购买数量越大,折扣也越大,目的是鼓励大批量购买或集中购买本企业产品。数量折扣有一次性折扣和累计折扣两种形式。一次性折扣是只按每次购买的数量给予一定的折扣;累计折扣是在一定时期内,当购买的总量累计达到一定标准时,给予一个较一次性折扣大的折扣,以利于培养买方成为企业的长期客户。

数量折扣的原理是:一方面,企业因折扣而减少了利润,但是可以通过销售量的增加得到补偿;另一方面,销售量的增加,可以使企业的资金周转速度加快,从而导致企业赢利水平的提高。

(二)季节折扣策略

企业的生产大致是连续性的,但有些产品的消费却有明显的季节性。为了调节供求矛盾,这些生产企业便采用季节折扣的手段,对购买过季产品或服务的顾客给予一定的折扣,使企业的生产和销售处于一种平稳的状态。通过季节折扣,可以调节和减轻库存的压力,加速资金周转,避免因季节需求变化所带来的风险,促进企业均衡生产,使产品销售在一年中能保持相对稳定。

(三)现金折扣策略

现金折扣策略是对在规定时间内提前付款或用现金一次性付款者所给予的一种价格折扣策略,目的是鼓励顾客尽早付款,加速资金周转,减少财务风险。现金折扣一般要考虑三个要素:折扣比例、给予折扣的时间限制、付清全部货款的期限。例如,交易条款注明"2/10,净价30",其含义是指如在成交后10天内付款,照原价给予2%的现金折扣,超过10天而在30天内,须全额付款,超过30天付款,则要加付利息。提供现金折扣等于降价,企业在运用这种方法时,要考虑产品是否有足够的需求弹性,并要结合企业自身的承受能力。

(四)业务折扣策略

业务折扣策略是指生产厂家根据各类中间商在市场营销中所负担的功能、承担的风险和责任的大小不同而给予中间商不同的折扣。业务折扣的结果是形成购销差价和批零差价。其主要目的在于鼓励中间商向生产企业大批量订货,扩大销售,并与生产企业建立长期、稳定的合作关系。业务折扣是对中间商经营企业有关产品的支出所给予的补偿,并让他们有一定的赢利。例如,制造企业报价"100元,折扣40%及10%",表示给零售商折扣40%,即批给零售商的价格是60元,给批发商则在此基础上再折让10%,即给批发商的价格是54元。

四、相关商品价格策略

相关商品是指在最终用途和消费者购买行为等方面具有某种相互关联性的产品。对这类产品定价也有其规律性。

(一)互补产品定价策略

互补产品是指两种功能互相依赖、需要配套使用的产品,如床单与枕套、窗帘布与配饰等。企业对互补产品定价,常常采取把主要产品的价格定低一些,而将与其互补使用产品的价格定高一些,借此获取利润的策略。值得注意的是,配套使用的互补品价格也不能定得过高,否则互补产品可能被仿造而影响此定价策略的效果。

(二)替代产品定价策略

替代产品是指功能和用途基本相同,消费过程中可以互相替代的产品,如线袜和丝袜、毛衫和线衫等。企业在具体做法上,往往采取"热销"品定高价,"趋冷"品定低价的策略。

(三)产品束定价策略

产品束定价策略是指厂商将几种有连带关系的产品组成一束进行定价销售的策略。成束销售的价格要比拆零销售便宜,目的是以畅带滞,提高每次交易的数量,减少库存。需要注意的是:在销售产品束时,一定要有单件产品的配合销售,以让消费者进行比较;另外,产品束的价格必须有吸引力。

本章小结

价格是市场营销组合策略中最敏感而又难以驾驭的因素,价格的高低直接影响着消费者的购买行为,也关系到企业的赢利水平和市场份额。因此,纺织企业必须重视产品的定价与价格策略的选择。通过本章学习,要了解纺织品定价的主要影响因素,掌握纺织品定价的方法,并能灵活运用各种定价策略。

思 考 题

1. 简述影响企业定价的因素和这些因素之间的关系。

2. 比较成本导向定价法、需求导向定价法和竞争导向定价法的差异。

3. 简述主要的定价策略。

4. 如何看待我国一些行业的价格战?

5. 请对本章章首案例"浙江嵊州领带集体涨价"进行分析,并阐述纺织服装企业在什么情况下应该提价?

实 训 题

1. 分析下列各组产品,说明它们是互补产品还是替代产品?并为它们制订价格策略。

(1)洗手液与香皂

(2)照相机与胶卷

(3)手机与电池充电器

(4)公路运输与铁路运输

2. 请比较9.9元与10.1元定价,对消费者的心理效应。

3. 某服装企业生产针织内衣,上年产销量为20万件,单位成本为20元,成本利润率为7.8%。今年该企业仍按上年规模和目标利润经营,在不考虑其他因素的情况下,请用成本加成法为该产品制订含税价格。(注:成本加成率以成本利润率计,增值税率为17%。)

4. 某企业生产 A 产品,年生产能力为 11 万件,固定成本为 250 万元,单位变动成本为 50 元/件,另外还要支付 5 元/件的送货费,已接到订单 8 万件。现有一外商愿意试销该产品,但只愿出价 80 元/件,先行订货 2 万件,自己承担运输,如销路好,则可追加订货,价格另定。试问企业是否愿意接受此项订货? 请用数据说明。

5. 调查分析当地家纺市场家纺产品的定价策略。

第八章　纺织品分销渠道策略

> **◆ 本章知识点 ◆**
>
> 1. 纺织品市场消费者需求的概念与特点。
> 2. 影响消费者购买行为的因素分析。
> 3. 消费者需求、购买动机和购买决策过程分析。

导入案例

　　作为中国最大的女装生产商之一,香港汉帛(国际)集团在 2001 年以 9650 万元的价格整体收购杭州国大百货商场,并与香港连卡佛签订合作经营协议,将营业面积达 6000 平方米的国大百货更名为连卡佛商场。汉帛公司代理的品牌将进入连卡佛在国内(包括香港)的所有商场。除了连卡佛项目外,汉帛还在国内开设了 160 多家专门店,遍及全国 30 多个重要城市。在获得 IZOD 品牌大中华区的唯一代理商之后,该集团还将在 5 年内运营 155 家 IZOD 店铺。2003 年 7 月,汉帛又与北京赛特购物中心、上海中信泰富等 50 多家顶级商城签署商业阵线联盟,汉帛代理的国际品牌有优先进入商场的权力,并将得到非常优厚的销售支持。2004 年 3 月,汉帛又与七匹狼集团共同出资 1.6 亿元成立东力国际品牌营运公司,以便将更多国际品牌引入中国,并把国内的优秀服装品牌推向世界。目前,该公司与杭州有关部门签订战略协议,未来三年兴建占地 540 亩的杭州女装城,建成 26 万平方米的生产物流基地,构建一个以中高档商场为主体的商业网络和以杭州为中心、辐射全国的物流配送中心。值得注意的是,虽然企业内有自创品牌的呼声,但汉帛高层仍表示十年内不会着手此事。

　　汉帛公司的着眼点是什么? 其如何实现自己的战略规划? 本章将会给你一个答案。

第一节　分销渠道的概念、作用和结构

一、分销渠道的概念

　　分销渠道,也称销售渠道或贸易渠道,是指产品从企业(生产者)向最终顾客(最终消费者)转移过程中所经过的各个环节,这些环节包括一系列的市场中介机构或个人,它们执行不同功能,具有不同名称,共同作为营销的中间机构。换言之,分销渠道就是促使产品或服务顺利地被使用或消费的一整套相互依存的组织。

　　绝大多数纺织品生产商和其他生产商一样都要和营销中间机构打交道以便将产品提供给最终消费者。纺织品营销中间机构通常包括各类批发商、零售商、代理商、经纪人和实体分销机构,这些机构统称为中间商。在纺织品流通领域中,根据产品的特性不同,选择的中

间商也会有所差别。如生产面料的纺织企业其产品在整个流通过程中通过的代理人较多,而生产袜子、围巾的纺织企业其产品在整个流通过程中通过的批发商及零售商最多。

二、分销渠道的作用和功能

(一)分销渠道的作用

中间商是人类社会分工的产物,并随社会分工和商品经济而发展。当私有制、商品生产和商品交换变得日趋复杂时,出现了人类社会的第三次大分工,即在专门化的商品生产者与消费者之间,商人作为商品交换的媒介出现。随着科技的发展,社会交换越来越复杂,作为交换媒介的商人也开始出现各种专门性的分化,这也就是现在所称的中间商。中间商通过各种服务直接参与批发或代理销售,按成交金额的一定比例收取佣金或费用。

中间商的出现是商品经济发展的必然结果,其作用主要体现在以下几方面。

1. 提高交易效益,节约社会总劳动 中间商的介入能够有效地推动商品广泛地进入目标市场,节约社会总劳动。中间商的介入,看上去使交换变得复杂了,但实际上却减少了交易次数,提高了交易效率,并使整个社会使用的商品交换的总劳动得到节约,如图 8-1 所示。图 8-1 中,市场上有 3 家生产同类产品的生产商甲、乙、丙,有 6 个使用该类产品的用户 A、B、C、D、E、F,当没有中间商时,每家都向 6 个用户出售自己的产品,总计要发生 3×6 = 18 笔交易[图 8-1(a)]。而如果有一中间商介入,则只需发生 3 + 6 = 9 笔交易[图 8-1(b)]。依此类推,卖者和买者数量越多,中间商介入所减少的交易次数及节约的社会总劳动就越多。这是中间商最重要的贡献。

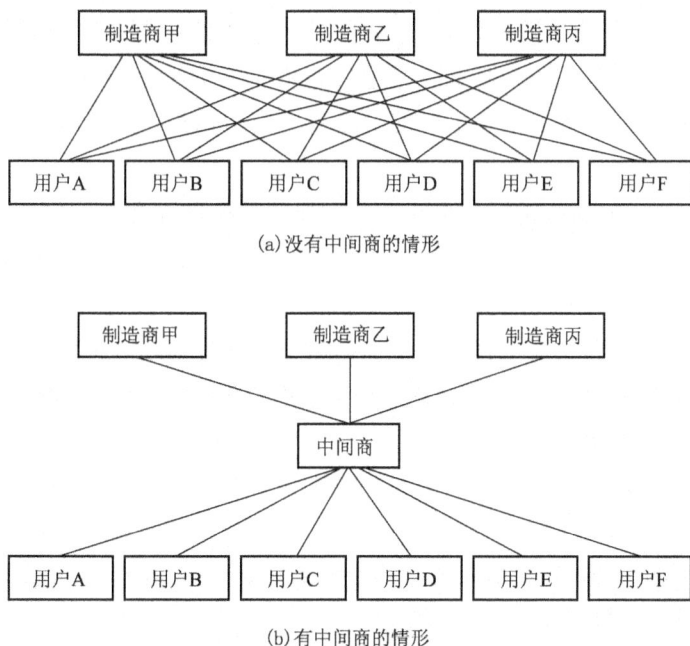

(a)没有中间商的情形

(b)有中间商的情形

图 8-1 中间商节约社会总劳动示意图

2. 分担企业的市场营销职能 中间商分担了制造企业的市场营销职能。由于企业资源的限制,生产商不可能将从原材料获得到产品生产直到分配至最终消费者的整个过程包揽,为获得最大的收益,一个有效的做法就是将有限的人力、财力、物力用于专门化的工作。产品销售需要专门的知识和技术,一般纺织品生产企业缺乏这方面的技能和知识,也欠缺对市场复杂性的洞察和理解。作为社会分工的产物,中间商由从事某种市场营销职能的专业人员组成,他们更了解市场,更熟悉消费者,对各种营销技巧掌握得更熟练,更富营销实践经验,并握有更多的营销信息和交易关系。因此,由他们承担营销职能,工作将更有成效,营销费用也相对较低。我国的纺织品在改革开放之前,长期处于"统购统销"的状态,在改革之初,一些纺织生产企业不相信中间商的作用,不管有条件没条件都纷纷自办销售,结果不久就发现缺乏相应人才,产品线范围太窄,规模小,市场需求波动大,产品畅销时好办,滞销时难办,最后不少生产企业的销售门市部不得不关门。

3. 为企业提供信息流交换的通道 一方面,中间商能帮助生产企业了解市场,向企业提供有关潜在与现有的顾客、竞争对手或其他参与力量及顾客需求与发展方向等市场信息。因为中间商一般来说更了解市场需要,有更广泛的市场业务联系面,这就是中间商的所谓"眼长"、"手长"、"腿长"。另一方面,中间商对企业打开市场,尤其是进入某个陌生的地区市场,或向市场推出新产品,显得十分重要。因为在现代商品社会,生产规模日益集中,企业市场的辐射面已经扩大,即潜在顾客分布在更广阔的地理区域内。对这样广阔范围内的营销活动,一般规模的生产企业很难顾及,因此需要大批当地的中间商帮助企业宣传商品、开拓市场。

4. 是连接生产者与消费者的桥梁和纽带 对消费者或用户而言,中间商又为他们充当了购买代理,将大批量购进的商品分解成适合消费者购买的多品种、小批量,送达便于消费者购买的地点,为他们提供购买信息、产品质量和各种服务,并在生产者和消费者之间沟通信息,调解矛盾。另外,一个企业生产或经营的品种往往有限,不能满足消费者的全部需求,通过中间商的介入,将各个企业生产的产品集中进行销售,才能经济地满足消费者的各种需求。

必须指出的是,并非所有纺织品生产企业都要使用中间商建立分销系统。面对产业市场的纺织品生产商,如土工布生产商,由于产品专业性强,用户面窄,用户采购批量大,往往是采用直接渠道。即使是面向消费者市场的纺织品生产商,一些财力雄厚、品牌知名度极高的大公司也可能自己组建高度垂直一体化的销售公司或专卖店。但对大多数规模不太大、市场又分散的企业来说,利用中间商组建分销渠道必不可少,经济上也更为合算。

(二)分销渠道的功能

分销渠道的基本功能是把商品从生产者转移到消费者手中,分销渠道具体可执行以下一系列重要的功能。

(1)收集和传播营销环境中有关潜在与现有的顾客、竞争对手和其他参与力量、顾客需求与发展方向等营销调研信息。

(2)制作和宣传有关产品或服务的富有说服力的沟通材料以吸引顾客。

(3)进行价格及其他条件的谈判,尽力达成所有权或持有权的转移。

（4）向生产商提交订单，向直接消费者收款，并从不同营销层面收、付存货或资金。

（5）提供与产品实体有关的一系列储运工作，提供物权转移的平台。

（6）在执行渠道任务的过程中承担有关风险。

渠道中与产品有关的东西有些是正向流动的（即从生产方向消费方的流动），如产品实体、所有权和促销的流动方向；而有一些是反向流动的（即从消费方向生产方的流动），如订货和付款；还有一些是双向流动的，如信息、谈判、风险承担等。分销渠道成员通过专业化的分工，使以上这些功能执行更为有效。

三、分销渠道的结构

如前所述，分销渠道由生产企业、最终用户和参与将商品从生产者转移到最终用户的各类中间商组成。不过，消费者市场和产业用户市场分销渠道的构成又有所不同，如图 8 - 2、图 8 - 3 所示。总的来说，消费者市场分销渠道所含中间商的数目较产业用户市场要多；其次，消费者市场分销渠道的成员中包括零售商而产业用户市场的分销渠道成员中一般没有零售商。

（一）分销渠道的参数

分销渠道的特性取决于以下四个参数。

1. 渠道层次数目　销售渠道可依据其渠道数目来分类。在产品从生产者转移到顾客的过程中，任何一个对产品拥有所有权或负有销售权力的机构就叫一个渠道层次。

零级渠道也叫直接渠道，是指产品流向顾客的过程中，不经过任何中间商转手的销售渠道；一级渠道是含有一个销售中间机构的渠道；二级渠道是含有两个销售中间机构的渠道；以此类推。非零级渠道也可称作间接渠道。

2. 渠道的长度　渠道的长度就是产品从生产者流向最终顾客的整个过程中，所经过的中间层次或环节数。根据渠道的长短不同，可以将分销渠道分为长渠道和短渠道。显然，没有中间环节的直接渠道最短；中间层次或环节越多，渠道越长。通常又把三层和三层以上的渠道称为长渠道，三层以下的称为短渠道。需要指出的是，渠道的长与短只是相对而言的，特别是不能由此断言孰优孰劣。实际上，企业往往采取多种分销渠道销售产品。同种产品，由于市场地理位置的远近不同，远处的需要长渠道，近处的可用短渠道；同种产品，在市场远近相似的情况下，中间商规模大小的不同也会影响渠道长短，如通过大型零售店销售，渠道可相对较短，通过小型零售店销售，渠道可能较长。

3. 渠道的宽度　渠道的宽度，是指组成销售渠道的每个层次或环节中，使用相同类型中间商的数量。渠道的宽与窄，取决于商品流通过程中每一层次选用中间商数目的多少。同一层次或环节的中间商较多，渠道就较宽；反之，渠道就较窄。如生产毛巾的企业通常选择许多批发商和零售商组成其分销渠道以便分散的顾客都能方便地买到商品；反之，经营特殊品，如医用纺织品的企业在一个城市也许仅选择一家特约店为其经销商品，因为其目标顾客不在乎购买是否方便。前者我们称之为宽渠道，因为每一层次有众多的同类中间商；后者我们称之为窄渠道，因为每一层次中间商的数目少到了极限。除了独家经销的情况，宽窄之分也是相对而言的。

4. 渠道的多重性 渠道的多重性,是指企业根据目标市场的具体情况,有时可考虑使用多条销售渠道销售其产品。例如,企业可以通过一条以上的渠道,使同一产品进入两个以上的市场。如缝纫线可卖给服装生产厂作为生产服装的原材料,也可卖给消费者供日常缝补用,为此,企业需要用不同的渠道进入不同的市场,方可达到目的。再如,企业可以通过一条以上的渠道,使同一产品进入同一市场。如床单生产厂生产的床单,既通过批发市场进行销售,也通过超级市场、百货商店销售,这有利于产品有更多的出口流向最终顾客。

(二)分销渠道的基本模式

产品从生产领域出发,经过一定的中间环节,方可到达最终顾客手中。在庞大的社会流通领域,销售渠道种类繁杂多样。由于顾客自身特点所致,消费者市场与产业用户市场的特点不同,消费者市场的销售渠道模式与产业用户市场的销售渠道模式也各有差异。

1. 消费者市场分销渠道模式 消费者市场分销渠道模式如图8-2所示。

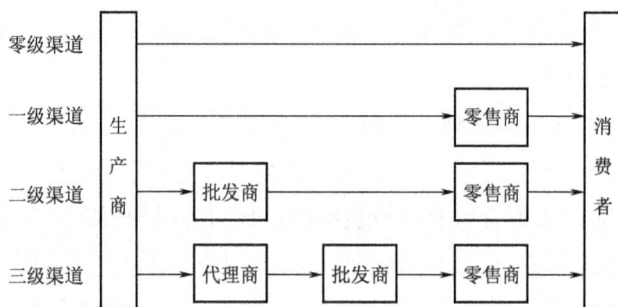

图8-2　消费者市场分销渠道

从图8-2可以看出,消费者市场的分销渠道可以分为以下四种类型。

(1)生产商→消费者。这种模式下,生产商不通过任何中间环节,直接将产品销售给消费者。也就是生产商自派推销员,或采取邮购、网络订购、电话订购等形式,把产品直接卖给消费者。这是最简单、最直接、最短的销售渠道。其特点是产销直接见面,环节少,利于降低流通费用,及时了解市场行情,迅速投放产品于市场。但由于需要生产商自设销售机构,因而会增加生产商成本。如菲心公司通过邮购方式出售服装,法国阿芙萝家纺连锁公司开设品牌直营店等。

(2)生产商→零售商→消费者。这是经过一道中间环节的渠道模式。生产企业以出厂价将产品先卖给零售商,再由零售商转卖给消费者。其特点是,中间环节少、渠道短,有利于生产商充分利用零售商的力量,扩大产品销路,树立产品声誉,提高经济效益。

(3)生产商→批发商→零售商→消费者。这是经过两道中间环节的渠道模式。生产商以出厂价将产品销售给批发商,由批发商以批发价转卖给零售商,最后由零售商再将产品转卖给消费者。这是消费者销售渠道中的传统模式,我国的纺织消费品多数采用这一渠道形式。它的特点是中间环节较多,渠道较长,有利于生产商大批量生产、节省销售费用,也有利于零售商节约进货时间和费用、扩大经营品种。但由于产品在流通领域停留时间较长,不利于生产商准确了解市场行情的变化,消费者急需的产品难以及时得到满足,对市场需求变化的适应性较弱。

(4)生产商→代理商→批发商→零售商→消费者。这种渠道模式是生产商先委托代理商向批发商出售产品,批发商再转卖给零售商,最后由零售商卖给消费者。我国纺织品对外贸易中采用这一渠道形式较多,特别是出口服装基本依赖于国外代理商的市场网络与品牌。该模式的优点是在异地利用当地代理商为生产商推销产品,有利于了解市场环境,打开销路,降低费用,增加效益。缺点是中间环节多,流通时间长,不利于产品及时投放市场,同时,要选择合适的代理商也不容易。

2. 产业用户市场分销渠道模式 产业用户市场分销渠道模式如图8-3所示。

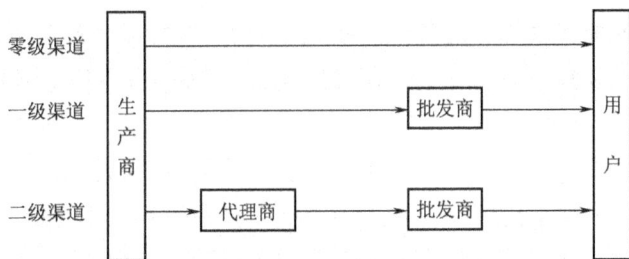

图8-3 产业用户市场分销渠道模式

从图8-3可以看出,产业用户市场销售渠道模式,可以分成以下三种类型。

(1)生产商→用户。这是一种由生产商直接把生产资料销售给最终用户,不经任何一道中间环节的渠道模式,也是纺织品生产市场分销渠道的主要模式。具体操作上,可能是生产商直接从厂部把产品销售给用户,也可能是生产商的销售代表或生产商的销售分支机构把产品销售给用户。其特点是产销直接见面,渠道最短,所需费用最少。

(2)生产商→批发商→用户。这是一种经过一道中间环节的渠道模式。纺织品工业用品中的底布、过滤材料、绳缆等多采用这种渠道模式。它的特点是,渠道较短,中间环节较少,有利于减轻企业销售产品的负担,提高劳动生产率。

(3)生产商→代理商→批发商→用户。这是一种由生产商先委托代理商,再由代理商通过批发商把生产资料卖给用户的渠道模式。这是生产商市场销售渠道中最长、最复杂的一种渠道模式。它虽然中间环节较多,流通时间较长,但它有利于实现专业化分工,在全社会范围内提高劳动效率,节省流通费用。由于我国纺织品半成品及面料出口颇多,在对外贸易中此种分销渠道类型采用最为广泛。

第二节 分销渠道成员分析

除生产商与消费者(最终用户)外,分销渠道中还包括介于其间的代理商、批发商、零售商及辅助机构。这些组织被称为中间商。市场营销学将中间商定义为:中间商是指介于生产者与顾客之间,参与商品交易业务、促使买卖行为发生和实现、具有法人资格的经济组织和个人。中间商具有两个基本功能:第一,调节生产者生产和顾客需求之间在产品数量上的差异。中间商一般采用化整为零和组零为整的方式来进行数量上的调整。化整为零是指中间商将从生产商批发来的货物经过分装出售给顾客的过程;组零为整是指中间商将从不同生产商处批发来的货物集中,成批装运,降低成本。第二,调整生产和消费之间在花色品种和等级方面的差异。中间商以分级和聚合的方式来调整其类别差异。分级是指将产品按照一定的规格与质量分成若干等级的过程;聚合是指将各种各样的产品按照其花色品种加以搭配,聚集起来,便于顾客购买。

一、批发商

批发是为转售或加工服务的大宗产品的交易行为。以批发经营活动为主业的企业和个人称之为批发商。批发商一头连着生产者或代理商,一头连着零售商或最终用户。通过批发商的购买,生产者可以迅速、大量地售出产品,减少库存,加速资本周转;批发商可以凭借自己的实力,帮助生产者促销产品,提供市场信息。对零售商来说,批发商可按零售的要求,组合产品的花色、规格,便于其配齐品种;可对购进的产品进行加工、整理、分类和包装,方便零售商进货、勤进快销;利用仓储设施储存产品,保证零售商的货源,减轻其存货负担;还可为零售商提供各种支持,帮助其开展业务。批发商是产品流通的大动脉,是关键性的环节。

按职能特点分,纺织品批发商可分为两种类型:商业批发商和生产商销售机构。

(一)商业批发商

商业批发商又叫独立批发商,是指具有独立投资、专门从事批发商经营活动的企业或个人。他们对经销的商品拥有所有权,并提供广泛的职能服务。

商业批发商可根据承担职能的多少,分为完全职能批发商和有限服务批发商;按经营商品范围宽窄分为综合批发商和专业批发商;按市场覆盖地域大小分为全国性批发商和地区性批发商。

1. 完全职能批发商 这类批发商的职能全面,他们提供的服务主要有:保持存货、雇用固定的销售人员、提供信贷、送货和协助管理等。按其服务范围又可分为以下三类。

(1)综合批发商。其经营范围除纺织行业外,还包括其他与纺织行业并不相关的产品,服务范围很广,并为零售商提供综合服务。

(2)纺织品专业批发商。其经销的产品是行业专业化的。

(3)专用纺织品批发商。其专门经营纺织行业某产品大类的部分产品,如纺织行业中的面料批发商。

2. 有限服务批发商 这类批发商为了减少成本费用,降低批发价格,只提供一部分服务。它们又可分为以下三类。

(1)现购自运批发商。他们只经营一些周转快的日用纺织品,主要是卖给小型零售商,当时付清货款,它不赊销,也不送货,顾客要自备货车去批发商的仓库选购货物,自己把货物运回来,很少使用广告。

（2）承销批发商。他们不持有存货,不负责产品的运输,拿到顾客(包括下一级批发商、零售商等)的订货单,就向生产者联系,并通知生产者将货物直运给顾客。所以,承销批发商不需要有仓库和商品库存。看上去,承销批发商有限的职能与代理商差不多,但两者在对货物的所有权上有着本质的区别:从收到订单时起,承销批发商就拥有了这批货物的所有权,并承担风险,直到将货送交给顾客为止,这是代理商所不具备的。

（3）托售批发商。他们在超级市场和其他百货商店设置专销柜台,派车送货上门,并布置货架、更新现场陈列、自行定价、展销其经营的纺织品、记录商品销售情况。

有限服务批发商与零售商之间实际是一种代销关系,托售商一直拥有商品的所有权,商品卖出后,零售商才付给货款。只有已做了大量广告的品牌纺织品才会采取这种方式。

（二）生产商销售机构

生产企业组建有相对独立经营权的销售组织,近年在国外纺织品市场有很大发展,在国内其他行业也有一定发展,但在国内纺织品行业还比较少,其主要原因在于我国纺织品行业能够树立品牌的企业还为数不多。生产商销售机构能够使整个营销渠道更加扁平化,更符合现代营销快捷、准时性的要求,并且采用这种销售机构可以使生产商对产品销售过程控制更为有效。生产商销售机构主要以零售专卖店的形式出现,如杉杉、鄂尔多斯等都设有这样的组织。

虽然此处我们将生产商销售机构视为批发商的一种形式,但实际上它是生产商组织的一个组成部分,因此在分销渠道模式中被定义为零级渠道。

二、经纪人和代理商

经纪人和代理商是从事采购或销售或两者兼备,但不取得商品所有权的商业单位或个人。与商业批发商不同的是,他们对其经营的产品没有所有权,所提供的服务比有限服务批发商还少,其主要职能在于促成产品的交易,获得销售佣金。与商业批发商相似的是,他们通常专注于某些产品种类或某些顾客群。

纺织品经纪人和代理商主要分为以下几种。

1. 纺织品经纪人　经纪人既不代表生产商也不代表顾客(用户),其主要作用是为买卖双方牵线搭桥,协助他们进行谈判,并向雇用方收取费用。经纪人并不持有存货,也不参与融资和承担风险。

2. 纺织品生产企业代理商　生产企业代理商也称生产商代表,他们代表两个或若干个互补的产品线的纺织生产商,分别和每个生产商签订有关定价政策、销售区域、订单处理程序、送货服务和各种保证以及佣金比例等方面的正式书面合同。他们了解每个生产商的产品线,并利用其广泛关系来销售生产商的产品。

3. 纺织品销售代理商　销售代理商是在签订合同的基础上,为委托人销售某些特定纺织品或全部纺织品的代理商,对价格、条款及其他交易条件可全权处理。这种代理商在纺织服装行业中十分常见,因为在纺织服装行业,竞争非常激烈,产品销路对企业生死存亡至关重要。销售代理商与生产企业代理商一样,也和许多生产商签订长期代理合同,为这些生产商代销产品,只是在权限上有所差异。

4. 纺织品采购代理商 采购代理商一般与顾客有长期关系,代他们进行采购,往往负责为其收货、验货、储运等。他们消息灵通,可向顾客提供有用的市场信息,而且还能以最低价格买到好的货物。纺织品采购代理商主要经营范围是产业用纺织品或特种纺织品。

从现代技术在流通领域的应用角度看,网络的广泛应用,使生产企业与产业用户和零售商之间的直接联系更为容易;而物流与商流的分离,则使提供完全职能的传统商业批发商面临着更大的挑战。根据其他行业批发商的发展情况,推断未来纺织批发商的发展,可能出现两种情况:一方面将逐渐被少数专业大公司控制其经营业务在地理区域上的扩展;另一方面,也面临着来自大型零售企业、直营店自营批发的威胁。

三、零售商

凡以零售经营活动为主的企业或个人称之为零售商。零售商是将商品送达个体消费者手中的商品分销渠道的出口。由于消费者市场的分散,在所有商品经济发达的国家里,零售都是一个十分庞大的行业,拥有超过生产企业与批发企业之和的数量和众多的就业者。

从经营形式看,零售首先可分为有门店和无门店两类。有门店零售主要包括百货公司、专业商店、超级市场、折扣百货店和批发俱乐部、超级商店和联合商场、便利店等几种经营形式;无门店零售包括直接销售、自动售货、购物服务公司等。对纺织品零售而言,目前采用无门店零售的比较少,主要是有门店销售。其方式包括以下几种。

1. 百货公司 百货公司起源于19世纪中叶的欧美国家,商店规模较大,经营商品范围较宽,种类繁多,规格齐全,一般经营几条产品线,并以经营优质、高档时髦产品为主,每年的销售总额较大,属大型综合性商店。百货公司一般分类进行组织与管理,内部按照服装、饰品、家庭日用品、洗涤化妆品、五金商品、文化用品等分为不同的商品部。每一大类商品部经营着多个品种、规格的商品。纺织品主要分属于家庭日用品部门,其与服装商品部一起构成了百货公司主要的产品线。但目前无论是中国还是发达国家的传统百货公司都面临着新型零售形式竞争的巨大压力,而不得不调整自己的经营战略和商品结构。

2. 专业商店 专业商店专门经营某一大类或几类产品,其经营的产品组合窄而深,经营产品的规格、品种较为齐全,如服装店、鞋帽店、床上用品商店等。专业商店是组成各类商业中心和购物中心的主力。专业商店的经营要点是产品花色、品种、规格齐全,以供消费者选择。它的一大特色是经营同类商品的若干家专业商店往往聚集在一起,由于人气集聚,生意反而更兴旺。专业商店的数量众多,各专业商店间的规模、档次也相差甚远,与综合型商店总是处于某种竞争中。

3. 超级市场 超级市场源于20世纪30年代,但第二次世界大战后才在美国迅速发展起来,随后被推广到很多国家。超级市场是一种大规模、低成本、低毛利、薄利多销、采取自动售货的零售经营方式,最初主要经营食品。近年来,各国的超级市场为了应付竞争,正在向大型化发展,出现了一些巨型超级商店、超级市场、综合商店,经营的商品品种繁多。在我国现阶段,超级市场经营的多属于中低档商品,价格比较便宜。超级市场的商品一般要求包装比较讲究,以替代售货员介绍商品名称、用途、用法及特点,吸引顾客购买。超级市场中的纺织品以低价的日用纺织品占据主要地位,如毛巾、洗碗布等。

4. 折扣百货店和批发俱乐部　折扣百货店起源于二十世纪五六十年代的美国。折扣百货店以降低营业费用、薄利多销为目的。折扣百货店的主要特点是商品售价便宜,同一商品标有两种价格,一是牌价,二是折扣价,顾客按折扣价购买商品,其售价比一般商店的低,开架售货,以中低档品为主,鼓励大量购买。为降低成本,这类商店多开在租金较低的非中心商业区,提供尽可能少的服务和简朴的销售设施。不过,商品售价低,并不等于质量无保证,折扣百货店以经销全国性知名商品为主,故既不必广做宣传,又能以低价令消费者买到质量可靠的商品。折扣百货店的折扣方式也在不断改变。连锁经营是折扣百货店最常见的经营方式,市场占有率相当集中,其中尤以位居美国零售第一的沃尔玛公司最为著名。需要注意的是,不能把一般商店的偶尔打折和特卖行为算作是折扣百货店的行为。

批发俱乐部起初主要面对小型公司、个体企业的批量购买,后来逐渐扩大到一般消费者,但采取会员制,会员须定期缴纳会费、凭卡进店采购。店的面积一般较大(有的可上万平方米),年销售额在数亿元以上,店址偏僻,经营产品线宽,但每类商品品种不多,以周转快的全国性品牌商品为主。店内商品均直接码放在货架上,很少店内装修,通过从厂家直接进货,可减少中间环节,降低成本,致使价格低廉,最低购买包装较大,与一般零售店比,可称得上是批量购买,基本采用先进的计算机管理系统。沃尔玛公司的"山姆俱乐部"和荷兰的"万客隆"是典型的批发俱乐部商店,它们都已在我国京、沪、穗等大城市开有分店,也带动了国内各种仓储俱乐部式商店的发展。

进入超级市场与批发俱乐部的纺织品均主要是品牌家用纺织品。

5. 超级商店和联合商场　超级商店和联合商场均是在超级市场经营食品的基础上增加非食品项目的经营的,且营业面积更大,经营品种更多,可满足消费者一次购齐食品和日常用品的需要。法国的家乐福就是典型的超级商店。联合商店的营业面积比超级市场和超级商店更大,呈现一种经营多元化的趋势。

6. 连锁商店　零售业在20世纪的另一重要发展是连锁商店的出现和发展。它是一种在同一个总公司的控制下,统一店名、统一管理、统一经营的商业集团。它少则2~3家连锁,多则百家以上连锁在一起,因联合起来统一经营,集中进货,可获得规模经济效益。它的缺点是如果权力过于集中,灵活性和应变能力便较差。严格说,连锁是一种组织形式,而非经营方式。

连锁商店根据所有权和集中管理程度的不同,有直营连锁商店、自愿连锁和零售合作社之分。其中,直营连锁店为同一所有者所有,统一店名,统一管理;自愿连锁是独立商店通过契约形式建立连锁关系的,通常由一批发商牵头,统一管理,统一采购;零售合作社主要是由一群独立的零售商组成的一个集中采购组织。20世纪90年代以来,连锁商店在我国也获得了迅速发展。最初是表现在超市和便民店的出现上,以上海华联超市、北京希福为代表,随后发展到众多行业(但纺织行业并不在其列)。现在国内非常有名的大型连锁百货公司或超级商店有联华、华联等。

由于我国经济发展所处的阶段及市场的需求,以上六项中的后三项零售经营形式在店面布置、产品经营范围、实际运作方式等方面的差异越来越小,已形成了彼此竞争的局面。

7. 便利店 便利店是设在居民区附近的小型商店,主要销售家庭日常用的产品,诸如缝纫线、毛巾、线、绳等纺织小百货。其特点是,营业时间长、沟通畅通、购买方便。

四、新型渠道成员——网络

进入 21 世纪以来,随着计算机的普及,电子交易的日趋完善,电子商务以越来越强的势头影响着人们的生活,成为分销渠道的一个重要组成成分。电子商务一般分为 B2B(Business to Business)、B2C(Business to Customer)及 C2C(Customer to Customer)三类。对纺织品分销渠道而言,B2B 模式主要适用于面向产业市场的纺织品生产企业及纺织品批发商,B2C 模式主要适用于家庭装饰用品牌纺织品,而 C2C 模式则是个人之间进行的交易行为。

以网络平台为基础,采用电子商务交易的模式是国际经济技术发展的趋势,其具有降低交易成本、减少库存、缩短生产周期及即时提供商业信息等优点,对利润低薄,且由于劳动力价格不断攀升造成价格优势不断削弱的我国纺织行业来说,网络平台是重要的也是需要大力发展的分销渠道组成成员。但目前我国的纺织产品交易中,电子商务尚未成为主流,究其原因,主要在于以下几点。

①网络基础设施落后,企业数字化、信息化和网络化程度低。我国纺织服装企业以中小型规模为主,受其资金和员工文化知识水平等因素限制,尚不能普及各企业的网络基础建设。

②网上支付安全问题。目前我国的一些电子商务平台已经能够为网上购物安全进行一定保障,但保障机制尚不完善;且由于传统观念的影响,大部分消费者对网上购物还存在着一定的心理戒备。

③物流配送系统落后。对网络购物而言,产品配送的安全性、及时性非常重要。目前我国的物流配送系统尚不足以满足网络购物者的需求。

④纺织服装类产品的特殊性要求。由于纺织类产品质量等级的非标准性较强,纺织面料名称的多样性,以及服装类产品的试穿要求等,使纺织服装类产品的电子商务开展较为困难。例如,纺织类产品中,纱线的标准性较强,因此纱线企业的网上交易开展较为出色;对比而言,面料由于其颜色、手感、悬垂性等重要特质难以标准化,面料企业的网上交易开展则比较困难;对以 B2C 形式开展的服装类产品来说,试穿、服装手感、色彩等均成为消费者购买时的重要选择前提,这些问题目前尚不能得到很好地解决。

虽然存在着以上障碍,但随着时代的发展,网络平台在纺织服装业的分销渠道中起到的作用也越来越明显。就目前而言,可将我国纺织服装网站按照其特点分为以下四类。

①国家级别的网站。其主要功能是宣传纺织行业协会的法令、法规等,如中国纺织企业社会责任管理体系专门网站(www.csc9000.org.cn)。这类网站并未成为分销渠道的组成部分。

②由专业的纺织信息技术公司建立的专门针对纺织服装原料、设备贸易的网站。其主

要功能是为纺织企业提供行业信息、供求信息、进出口情况、统计信息、流行趋势和纺织新科技等服务,同时,对企业开展电子商务也能起到平台支撑的作用,如中国纺织经济信息网(www.ctei.gov.cn)、中国纱线网(www.zgsxw.com)等。此类网站大多是在政府的大力支持下,为促进我国纺织服装贸易的发展而专门建立的,它们大多可提供网上签约、订单在线跟踪的功能,在我国纺织服装企业对外贸易及供应链上下游企业之间的交易(B2B)中起到了非常重要的作用。

③在网上百货商城中搭建的纺织服装类产品交易平台。其主要是利用专业的网络运营商平台进行 B2C 的交易,如纺织服装生产企业利用阿里巴巴、淘宝网等网站进行交易,或者分销商直接与最终消费者之间进行的交易。

④纺织服装企业自身建设的网站。由于受企业自身的能力限制,这些网站主要以发布本企业产品信息为主,起着产品展示与沟通的作用,极少提供网上签约功能,交易的关键过程(如合同、谈判、付款、发货等)仍然按照传统的模式进行。

以上四种类型的网站,除第一种类型外,其余三种均可视为纺织品分销渠道的组成成员,其中虽然也有 B2C、甚至 C2C 的交易模式,但对纺织生产企业而言,仍然是以 B2B 的模式为主,且该模式也是企业主要利润的来源。

第三节 分销渠道的选择与管理

要对企业的销售渠道进行设计和管理,首先必须分析影响销售渠道选择的因素。

一、分销渠道选择应考虑的因素

(一)渠道目标

有效的渠道选择首先要明确达到什么目标,进入什么市场,同时要考虑企业的形象和宗旨,而不只是为了销售产品而广泛、全面出击。特别是对希望打造名牌的纺织品企业来说更需慎重选择,以免损害产品信誉与企业形象。渠道选择的目标包括预期要达到的顾客服务水平,中介机构应该发挥的功能等。

(二)产品因素

1.产品的价格 一般说来,产品价格昂贵,其销售渠道大多较短、较窄;产品价格较低,其销售渠道大多较长、较宽。例如,日用百货类纺织品(如毛巾、袜子)的生产企业经常把自己的产品卖给批发商,由批发商转卖给零售商,再经零售商卖给最终顾客;而高档家庭用纺织品生产企业,则愿意把自己的产品直接交给大的百货公司,甚至直接设置专卖店出售给顾客。

2.产品的体积、重量 在选择销售渠道时,必须考虑运输和储存费用的多少。一般来说,纺织产品大多较轻、较小,由于运输和储存比较便利,费用也比较少,选择较长、较宽的销售渠道是没有问题的。但对于一些较重、体积较大的纺织品,如地毯,则较短一些的销售渠道会比较好。

3.产品的款式与季节性 款式、花色多变,时尚程度较高及季节性强的纺织产品,如时装、纱巾等,应选择较短的销售渠道,以减少中间层次;款式不易变化的产品,如床单,则可选择较长的销售渠道。

4.产品的物理化学性质 易毁和易过期产品,为尽量避免多次转手、反复搬运,造成严重的损失,应选择较短的销售渠道,如医疗卫生用的人造血管等。

5.产品的标准化程度 产品的标准化程度高、通用性强,可选择较长、较宽的销售渠道;而非标准化的专用性产品,则应选择较短的销售渠道。纺织产品大多标准化程度较高,仅有少量产业用纺织品可能出现非标准化的情况。

6.是否为新产品 新产品刚上市,多采用较短的销售渠道。其原因有三:第一,销售渠道尚未畅通,企业缺乏选择的自主权;第二,较短的销售渠道有利于企业的促销;第三,较短的销售渠道有利于企业了解市场第一手资料,进行产品各方面的完善。对已经打开销路的产品,可选择较长的销售渠道。

(三)市场因素

1.市场区域的范围大小 市场区域的范围较大,宜选择较长、较宽的销售渠道;市场区域的范围较小,宜选择较短、较窄的销售渠道。例如,产品若在全国范围内销售或要向几个国家出口,则要通过批发商、代理商乃至许多的零售商进行销售;若产品销售的市场范围很小,只在当地销售,则生产企业通过直销即可。由于我国纺织品出口比率较高,因此多选择较长销售渠道;但由于企业规模有限,存在渠道较窄的现象。

2.顾客的集中程度 顾客若较为集中,宜选择较短、较窄的销售渠道;若顾客较为分散,则宜选择较长、较宽的销售渠道。

3.顾客的购买量和购买频率 对于不同的产品,顾客的购买习惯和购买量是存在差异的。对于购买量较少、购买频率较高的产品,如日用纺织品,应选择较长、较宽的销售渠道;而对购买量较多、购买频率较低的产品,如产业用纺织品则应选择较短、较窄的销售渠道。

(四)企业因素

1.企业实力 企业的实力是指企业的知名度、人力、财力和物力等。若企业的实力较强,可选择较短的销售渠道,自由选择各类中间商,甚至可以建立自己的销售系统,直接销售;反之,若企业的实力较弱,产品线单一但需求面广,则需要选择较长的销售渠道。如一些不出名、产品单一和资金短缺的中小企业,必须依赖于中间商进行产品的销售。

2.企业销售能力 企业如有足够的销售力量,或者有丰富的产品销售经验,就可以选择较短的销售渠道,少用或不用中间商;反之,如果企业自身销售力量不足,或者缺乏产品销售的经验,则应考虑选择较长的销售渠道。

3.企业控制能力 若企业希望有效地控制销售渠道,则应选择较短的渠道;反之,如果企业不希望分身控制销售渠道,则可选择较长的渠道。

除了上述因素外,国家的法律约束、中间商的特性等,也影响着企业销售渠道的选择。

二、分销渠道选择的内容

在考虑上述因素的情况下,企业可以对分销渠道进行具体的选择。在选择时主要需考虑以下内容。

（一）是否使用中间商

确定是否使用中间商即确定是采用直接销售渠道还是采用间接销售渠道。如果不使用中间商，则是采用直接销售渠道；如果使用中间商，则是采用间接销售渠道。

是否使用中间商除了要考虑前面所述的几个因素外，最终取决于销售业绩和经济效益两个方面。销售业绩就是销售额的大小，一般来说是越大越好；经济效益就是利润额的多少，当然是越多越好。这两个方面并非总是一致的，究竟以谁为重，应视企业的营销战略而定。如欲扩大市场占有率，则应重视前者，而欲追求利润最大化，则应重视后者。

一种产品的销售，可以通过多种销售渠道形式来实现。企业可以自行销售，也可通过批发商、零售商、代理商等来销售。究竟选择何种销售渠道，需要进行比较考察。

例如，东莞某床上用品生产企业生产的产品要销往北京，有如下三种销售渠道方案供其选择：第一，可在北京开设一个专卖店，专门销售本企业的床上用品；第二，可在北京找一个批发商，通过它把产品销往北京；第三，可以在北京设一个销售办事处，由它去联系北京各大商场，由商场直接销售给最终用户。究竟哪一种销售渠道方案最佳，则需要通过计算各种方案的具体成本、具体利润及产生的其他无形成本或无形收益，分析比较后最终作出决策。

（二）确定中间商的类型和数目

如果确定使用中间商，则接下来要确定的是所用中间商的类型：是用批发商还是零售商？用什么样的批发商和零售商？用不用代理商？一个企业可采用本行业传统的分销渠道和中间商类型，也可开辟新渠道，选择新型中间商。现代商品经济条件下，中间商的经营形式在不断变化，相互渗透，新的经营形式常被创造出来，任何一家生产企业都不应囿于传统的渠道结构，不仅在产品上创新，在分销渠道选择上也要创新。

中间商类型的选择，实际上也就决定了分销渠道的长度。因不同类型中间商承担分销职能的范围不同，而每一产品在整个营销过程中所需完成的销售工作总量是不变的。如果选择了能承担大部分职能的中间商，环节就可相应减少；反之，如果选择的中间商只能完成有限的营销职能，其他职能必得由另外的中间商承担，环节就必然增多。

考虑使用中间商的数目，即是对渠道宽度的确定，也就是考虑分销的强度。它与企业的市场营销目标和营销战略有关。常用的分销渠道策略有如下三种。

1. 密集分销　它是最宽的渠道，即选择尽可能多的批发、零售商推销产品，重心在扩大市场覆盖率或迅速进入某个新市场，让消费者能随时随地方便地买到产品。纺织品中的便利品，如内衣、袜子、沐浴用品、厨房用纺织品等适合采用这一策略。它的缺点是由于中间商太多，企业不易控制，且中间商推销本企业产品积极性有限，分销成本相应也较高。

2. 独家分销　它是最窄的渠道，即在一个地区范围内只选择一家中间商经销产品，通常双方协商签订某种独家经销或代理合同，企业可按合同对价格、促销方式、销售范围及服务质量进行监控。独家分销对生产者的好处是有利于控制市场和加强对中间商的管理，并能强化产品形象，增加利润。独家分销通常只适用于高档进口家纺产品及专业技术性强的产业用纺织品，对便利品、选购品而言会限制其市场覆盖面和销量。

3. 选择分销　它介于密集分销与独家分销之间,即有条件地选择若干最适合的中间商经销自己的产品。这种做法适合于各类产品,特别是有一定批量、在某些市场已经形成自己品牌口碑的纺织品及需求面较广的产业用纺织品。一方面,它比独家分销面广,有利于拓展市场,增加销售;另一方面,它比密集分销节省费用,便于管理和控制,并可加强与分销商之间的相互了解和沟通,帮助分销商提高销售水平,对维持商品的形象和定位较有利。

(三)具体确定中间商

中间商的质量如何,将直接影响企业的产品销路及经济效益,企业应依据以下条件选择中间商。

1. 目标市场　要从三个方面考虑目标市场:一是中间商的市场覆盖面是否与生产企业的目标市场一致,如北京的某企业打算在西南地区开辟市场,所选择中间商的经营范围应该包括西南各省;二是服务对象,挑选的中间商一定要与本企业产品的销路相对口,如生产高档家纺用品的企业,挑选一个专门批发或专门销售高档家纺用品的商店来销售自己的产品可以提高知名度与扩散度;三是要符合消费者的购买习惯,如消费者习惯在便利店及超级市场购买的产品,选择设立专卖店进行销售则是不合算的。

2. 中间商的客观条件　零售商应位于顾客流量大的地区,批发商应有较好的交通运输及仓储条件。一般不要选择销售竞争对手产品的中间商,但是,若本企业产品的质量确实好于竞争对手的产品,亦可将其产品交给销售经营竞争对手产品的中间商,但应考虑其价格不要过于悬殊。

3. 中间商的能力　运输和储存条件对某些产业用纺织品的生产企业是十分重要的,对这些企业而言,中间商的运输储存条件是必须考虑的首要因素。其次,还应考察中间商是否具有经销该种产品必要的专门经验、市场知识、营销技术和专业设施。不同中间商的经营范围和经营方式不同,能够胜任的职能也不同,制造企业必须根据自己的目标对中间商完成某项产品营销的能力进行综合评价之后才能作出选择。第三,要考虑所选择的中间商是否愿意承担部分促销费用,如广告及其他销售促进活动的费用。一般来说,拥有独家经销权的中间商,会负责部分广告活动,或与企业合作共同负担促销活动及其费用。第四,要考虑中间商的财务力量和财务状况。财务力量和财务状况较好的中间商不仅可以按期结清货款,而且还可能预付货款,为企业提供某些财务帮助;反之,财务状况不好的中间商可能拖欠货款,以致给生产企业带来某些不应有的损失。最后,要考察中间商的管理能力,管理水平的高低对经营的成败影响极大。如果所选择的中间商领导者很有才干,其各项工作安排井然有序,说明他们可以信赖,并有条件把产品的销售工作做好。

4. 预期合作程度　有些中间商与生产企业合作得比其他中间商好,能积极主动为企业推销产品,并相信这符合他们自己的利益。有些中间商希望生产企业能为产品做广告或其他促销活动,扩大市场的潜在需求,使中间商更易于销售。还有些中间商希望供购双方建立长期稳定的商业关系,生产商能为自己提供随时补充货源的服务,特别是在产品紧俏时也能保证供货。当然,也有些中间商不希望与某一家生产商保持过于密切的关系。具体选择谁,就取决于生产企业的目标与策略了。现代营销观念认为生产商与中间商之间形成一种利益共通的价值链,彼此之间达成合作关系是最优的配置。

三、分销渠道的管理

选好渠道成员后,企业还要对渠道进行管理。一般说,生产企业不可能像控制产品、定价和促销那样直接控制分销渠道,因为中间商都是独立的经营者,他们要考虑自身的利益,有权在无利可图或不满意时拒绝合作。客观上,生产商和中间商之间也存在诸多矛盾,如零售商希望存货尽可能少些为好,以节约空间和减少资金占用,一旦发生断档,又要求生产企业紧急发货,以抓住市场机会;而频繁供货使生产企业增加了送货成本,特别是小批量的紧急送货,增加的成本将减少企业利润。又如,生产商希望中间商全心全意,特别卖力地为自己推销产品,忽视或干脆拒绝经销其他企业的同类产品;中间商则希望多经销几种可供顾客选择的同类产品,而且要求生产商为自己的产品提供广告促销。这些矛盾导致生产商和中间商相互竞争,在双方的关系中力争主动,取得更大的控制权。但另一方面,从根本上说,生产商和中间商的利益又是一致的,两者都只有通过将商品顺畅地卖给使用者才能获得效益,因此又要加强渠道内部各成员之间的协调。

(一)生产商对分销渠道的管理策略

从策略上讲,生产商可以借助以下一些力量形式获得中间商的合作。

1. 借助强制力量　当中间商表示不合作的情况下,生产商可用停止某些资源的供给或中止合作关系的方式,迫使中间商继续与其合作。当中间商紧密依赖生产商的情况下运用这种方法简单且非常有效。但要注意的是,实施压力会使中间商产生不满和逼使他们组织力量抵抗。因此,在有选择的情况下,应尽量避免采用此种方式。

2. 借助报酬力量　当中间商提高了产品的销售量或开展了某些促销活动时,生产商给予附加报酬以作鼓励。报酬的方式通常比强制的方式效果更好,但报酬开支过高,不适合较弱的纺织企业。同时,这种方式也可能使生产商对中间商提出其他要求时,中间商会不断地、越来越多地要求报酬。另外,一旦某些情况下附加报酬被取消,中间商就会感觉受骗,并立即转向其他生产商。

3. 借助法律力量　借助法律力量主要是指生产商可依据合同所载明的规定,要求中间商采取某些行动。这种力量的有效性取决于订立合同时双方的力量对比。一旦合同订立,并且是生产商在法律方面占主导地位,法律的作用就比较明显。

4. 借助专家力量　对生产某些产业用纺织品的生产企业而言,专家的力量是巨大的。因为这些专门技术是中间商认为最有价值的,也即如果中间商得不到这种专门技术的培训,他的经营就会很糟糕。但如果中间商一旦掌握了这门技术,专家力量就削弱了。这就要求生产企业必须不断地发展新的专门技术,以达到中间商迫切地不断要求合作的效果,从而取得对中间商的控制权。

5. 借助品牌力量　如果生产商有着良好的品牌声誉,就会使中间商将与生产商取得合作关系作为一种骄傲,并借此以提高自身声誉。在这种情况下,中间商完全处于弱势,一般情况下都会遵从生产商的要求。

（二）生产商对分销渠道的管理内容

生产商对分销渠道的管理包括对中间商的培训、激励、评估和进行必要的调整。

1. 培训渠道成员 生产企业选定中间商后，首先要为培训分销商制订详细的计划，并认真完成培训计划。因为与生产企业的最终用户打交道的是中间商，中间商对企业、产品的认知状况会直接影响到最终用户的选择。同时，对分销商的培训也有利于加强生产企业与中间商的联系与沟通，从而可能从中间商得知更多的用户信息及中间商对企业在产品价格、送货频次与送货时间等方面的意见和建议。培训渠道成员对专业性较强的产业用纺织品生产企业来讲尤为重要。

2. 激励渠道成员 销售渠道由各渠道成员构成。一般来说，各个渠道成员都会为了共同的利益而努力工作。但是，由于各渠道成员是独立的经济实体，在处理各种关系时，难免会过分强调自己的利益。同时，有些渠道成员，如日用纺织品类经销商，往往并非单独代理一家企业的产品。因此，对于选定的中间商，必须尽可能调动其积极性，用行之有效的手段对其进行激励，以求得其最佳配合。要激励中间商，生产商就必须尽可能地了解各个中间商的不同需要和欲望。

对中间商进行激励的主要措施有以下几个方面。

（1）向中间商提供物美价廉、适销对路的产品。这是激励中间商的重要措施，也是为中间商创造的良好销售条件。为此，企业应根据市场需求以及中间商的要求，经常地、合理地调整生产计划，改进生产技术，提高产品质量，改善经营管理，以更好地满足中间商的要求。

（2）合理分配利润。企业要充分运用定价策略和技巧，考察各中间商的进货数量、信誉、财力、管理等诸因素，视不同情况，分别给予不同的折扣和让利。同时，企业的定价策略也应充分考虑市场需求和中间商的利益，根据实际情况的变化随时进行调整。

（3）授予独家经营权。这种做法固然会影响市场覆盖面，但可获得中间商的积极合作。中间商将更乐于在广告、促销等方面投入资金，以独享所增获的利益。独家销售可以为生产企业和中间商双方带来名誉上的好处，但对日用类产品则不太适合。

（4）开展各项促销活动。企业可利用广告宣传、推销其产品，此种做法一般深受中间商的欢迎。生产企业还应为中间商培训人员、提供相关技术支持，并经常派人协助中间商进行营业推广，诸如安排产品的陈列、举办产品展销会等。

（5）提供资金资助。中间商一般都期望生产企业能够给予他们一定的资金资助，这可促使他们放手进货，积极推销产品。比如，采取售后付款或先付部分货款待产品出售后再结算的信贷优惠等，以解决中间商资金不足的问题。

（6）提供市场信息。市场信息是企业开展市场营销活动的重要依据。企业应将其所掌握的市场信息及时传递给中间商，使他们心中有数，以便能及时调整和制订销售策略。

3. 评估渠道成员 企业必须定期评估中间商的绩效是否达到某些标准。也就是说，企业要对中间商进行有效的管理，还需要制订一定的考核标准，检查、衡量中间商的表现。这些标准包括：销售指标（销售量、利润额）完成情况、平均存货水平、向顾客交货的快慢程度、商品定价合理程度、对损残商品的处理方式、与企业宣传及培训计划的合作情况等。

在这些指标中,比较重要的是销售指标,它表明企业的销售期望。经过一段时期后,企业可公布对各个中间商的考核结果,目的在于鼓励那些销量大的中间商继续保持声誉,同时鞭策销量少的中间商要努力赶上。但要注意的是,对中间商分期考察时,不能把某一时期的销售指标看做是决定性的指标,一定要对其进行动态的分析比较,从而进一步分析各个不同时期各中间商的销售状况,并对未来情况进行预测。如果通过评估确实发现某些渠道成员不能胜任,就需要作出相应调整。

4. 销售渠道的调整　为了适应多变的市场需求,确保销售渠道的畅通和高效率,要求企业根据客观环境对其销售渠道进行调整或改变。调整销售渠道,主要有以下几种方式。

(1)增减渠道成员。这是指在某一销售渠道里增减个别中间商,而不是增减这种渠道模式。在决定增减个别中间商时,企业需要作经济效益的分析,分析增加或减少某个中间商将对产品的销售、企业的收益等带来何种影响,其影响程度如何等。例如,企业决定在其目标市场增加一家批发商,就要考虑这样做会给企业带来多大的赢利,有何影响,这种调整是否会引起渠道中其他成员的反应。

(2)增减销售渠道。这是指增减某一渠道模式,不是指增减渠道里的个别中间商。若市场需求情况发生变化或生产企业的目标市场发生变化,企业可考虑增减销售渠道的调整方式。采取这种方式时,也要对可能产生的直接、间接反应及经济效益进行深入分析。

(3)调整销售系统。这是改变整个销售渠道系统,即对企业原有的销售体系、制度进行通盘调整。近年来渠道发展较快,主要出现的有垂直营销系统、水平营销系统和多渠道营销系统。

垂直营销系统不同于传统营销系统,它是由生产者、批发商和零售商组成的一种统一的联合体,其中强势者作为领袖而形成统一的利益关系。竞争由生产者、批发商和零售商互相竞争转为联合体与联合体之间的竞争。这种方式非常适合于日常纺织品。

水平营销系统是由两个或两个以上的企业联合开发一个市场。这些公司缺乏单独开发市场的资本、技能、生产或营销资源,不能独立承担风险,或者联合行动成功的可能性非常大时,就可能进行合作。公司间的联合行动可以是暂时性的,也可以是永久性的。

多渠道营销系统是指一个企业利用两个或更多的市场营销途径为一个或更多的顾客提供产品。采用多渠道营销系统对于力量较为薄弱的小型纺织企业是不适用的。

本章小结

分销渠道策略是企业市场营销组合策略中的一个重要策略。在现代商品经济条件下,生产和消费在时间、空间、数量、品种结构上相分离,这一切矛盾的解决以及商品所有权的转移和生产者、消费者之间的信息沟通,大都离不开中间商或其他中介机构。纺织品生产企业生产出来的产品,只有通过一定的市场分销渠道,才能在适当的时间、地点,以适当的价格供应给顾客,满足市场需求,实现企业的营销目标。分销渠道策略就是对这些中介机构进行选择和管理的策略。通过本章学习,将使我们明白纺织品分销的主要渠道及各渠道成员的作用,并了解如何进行分销渠道的选择与管理。

思 考 题

1. 纺织品分销渠道的基本模式有哪些？各有何利弊？
2. 中间商具有哪些作用？
3. 作为一家品牌家用纺织企业应如何选择营销渠道？说明理由。

实 训 题

背景材料：外贸童鞋初走国内路

据数据统计，目前，中国16岁以下的儿童达3.8亿，约占中国总人口的1/4，而且每年大约有2700万新生儿降生。随着人们生活水平的提高，家庭的开支有40%是用于孩子消费。特别是我国的独生子女政策决定了这个特殊年龄段的消费者是当今社会最具潜力的消费群体。

对此，有业内人士表示，现在人们的生活水平越来越高，父母对子女的生活投入越来越大，儿童消费呈现出明显的个性化、购买主动化趋势。而有资料显示，在这份儿童消费"清单"中，童鞋的市场空间将逐年快速递增，如果以全国儿童数量3.8亿、每人每年消费4双鞋、每双鞋价值20元计算，国内童鞋将有300多亿元的市场。

童鞋相对其他儿童产品而言，成本小、利润大，在商家眼中，儿童不断长大的脚就是滚滚而来的财源。"脚下没鞋穷半截"的古训也刺激着年轻父母的神经，这都成为越来越多的企业介入国内童鞋市场的因素。

不过就目前看来，横亘在热情高涨的企业和巨大的市场之间的，是一道道难题，比如完善市场营销体系、建立规范的代理机制等，都是企业亟待解决的。

从经营模式看国内童鞋市场，其实目前我国童鞋市场的经营已经发展得较为成熟，业内竞争比较激烈，业态形式也多种多样。不过在这些不同的经营方式下，有着不同的利弊。

1. 批发营销

品牌的代理经销商取得某个区域内的独家代理经营权后，在区域内比较集中的鞋类批发市场设立销售点，以便通过自然形成的产品消化渠道发展分销商，销售产品，通常品牌企业会将输送给总代理商的折扣维持在4折左右。这种方式具有成本低、利用市场自然形成优势销售产品的优点。但以这种方式发展的分销商品牌忠诚度低，分销经营不专一，品牌推广几乎无法完成。

2. 卖场专柜

卖场设立专柜是一条迅速建立品牌地位、形成品牌形象的捷径。一般为较大区域，总代理商操作，以便建立较高的品牌价值，对于树立分销商及消费者的信心，具有非常重要的作用。也有一些有实力的分销商，依据自身的社会资源，进入商场、超市设立专柜进行产品销售的。这种方式具有塑造品牌形象快，产品单位利润高的特点，有助于坚定分销商及消费者的信心,但商场日益增长的营运费用等因素也在极大地制约着总代理商与分销商拓展卖场专柜。

3.品牌专卖店

和其他服装鞋帽类产品一样,品牌专卖店是未来童鞋营销渠道发展的趋势之一。如在美国、意大利等鞋业发达地区,鞋类产品都是在品牌店中销售,为消费者提供各种款式的产品,并向消费者提供品牌服务。而现有的营销模式及企业对市场潜力的挖掘,使国内童鞋市场的营销模式在未来还可能出现以下的趋势。

4.直营

由于目前受到童鞋销售利润尚不十分丰厚的影响,直营可能会造成企业成本短期的上升。不过在未来,随着品牌消费与无品牌消费的分层和新的消费习惯的形成,品牌的单位利润将会得以提高。同时,企业通过丰富产品线,为顾客提供各种款式、各种工艺、各种材质的鞋子,来满足顾客的各种需求,直营将使企业向商业销售领域进军,增加商业利润。

5.大型综合连锁商场、超市

这种营销模式会在大中型城市成为一种主流模式,品牌商利用消费者购物的集中性,提供一站式购齐的服务,将极大地方便消费者的消费。而随着大型连锁超市在发达城市的进一步推广,这种趋势将会得到一定程度的加强。

目前,在泉州、晋江一带这些企业都在积极利用各自优势和经验尝试开拓国内童鞋市场。有业内人士表示,童鞋品牌在国内市场将会和其他服装服饰产品一样,经历一个被逐渐认知和接受的过程。不过在晋江体育品牌逐渐成为中国服装服饰市场一股最具活力的力量后,已经为同处一地的童鞋企业提供了一个很好的借鉴。

(资料来源:《石狮日报》,文/佚名,2007 年 5 月 10 日)

案例思考:

(1)外贸童鞋为什么看好内销市场?

(2)目前国内童鞋的中间商有哪些类型? 它们各有哪些利弊?

第九章　纺织品促销策略

导入案例

罗莱家纺捐赠14万余元物资,积极响应南方雪灾救援行动

2008年1月上旬开始,中国东部、中部及南方大部分地区遭遇了一场几十年不遇的灾害性天气,极端天气给交通运输、食品供应和移动通信等方面造成了严重影响。全国共计17个省不同程度受灾,因灾造成的直接经济损失达300余亿元。持续的低温、雨雪、冰冻,造成灾区交通堵塞,电力、水力系统遭到破坏,建筑物倒塌,食物及用水紧缺。

1月29日,中国扶贫基金会与中央电视台、人民日报、新浪网等媒体共同启动"有你,这个冬天不会冷——南方雪灾灾区救援行动",决定向安徽、湖南、贵州等受灾严重的地区捐赠物资,进行援助。

中国名牌企业——罗莱家纺得知此讯,迅速作出响应,向受灾地区捐赠了价值14万余元的被子,用于御寒之需。

"大雪无情人有情,在这场罕见的自然灾害面前,伸出援助之手是企业的社会责任,希望有更多的社会企业能加入到抗灾救助的活动中来。罗莱家纺也将继续密切关注灾情,我们的救助行动还将继续下去。"罗莱家纺董事长薛伟成表示。

上海罗莱家用纺织品有限公司是一家专业经营家用纺织品的企业,集研发、设计、生产、销售于一体,是国内最早涉足家用纺织品行业,并形成自己独特风格的家纺企业。在生产方面,罗莱家纺主要生产各类家用纺织品,包括豪华套件、单件组合、盖毯休闲毯、靠垫、毛浴巾、被芯、床垫床护垫、枕芯、家居服饰、夏令用品、饰品等十一大系列几百种产品。

自2004年起,罗莱开始实施多品牌运作,目前已拥有自有品牌"罗莱",同时代理国际著名家纺品牌"尚·玛可"、"迪斯尼"、"意欧恋娜"等品牌,不断满足不同消费者的个性化需求。

(资料来源:新华美通,2008年2月4日)

这一案例可以看出,纺织企业如果要在激烈的条件下生存和发展,就必须树立良好的形象和信誉。形象和信誉是同一的。罗莱家纺通过赞助社会公益事业必定会赢得社会公众,使企业的知名度得以提高并树立起良好的形象,在较长的时期内促进产品的销售。为什么

这样认为呢？本章将会给你一个答案。

第一节　纺织品的促销与促销组合

一、促销的含义和作用

(一)促销的含义

促销是"促进销售"的简称,它是纺织企业通过一定的手段,将有关企业和产品的信息传递给消费者,促使消费者了解、偏爱和购买本企业的产品,从而达到扩大销售的目的的活动。

促销是市场营销组合的四个策略之一,是其中最富变化、最显活力的部分。

促销的实质是信息沟通。产品促销的过程就是纺织企业与消费者的信息沟通过程。纺织企业为了促进销售,可把信息传递的一般原理运用于企业的促销活动中,在企业与中间商和消费者之间建立起稳定有效的信息联系,实现有效的信息沟通。信息沟通的过程如图9-1所示。

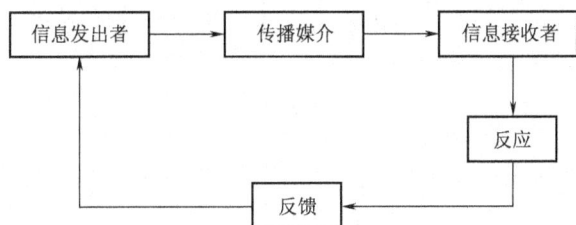

图9-1　信息沟通过程

(二)促销的作用

1. 传递信息　通过一定的促销手段,纺织企业可把有关产品的性能、特色、价格、购买地点等方面的信息传递给消费者,便于消费者取得信息,在评价替代物的基础上采取购买行为。例如,当纺织企业有新产品投放市场时,必须通过广告、免费试用等方式告知消费者或用户,这种新产品会给他们带来哪些好处,以便引起消费者和用户重视。

2. 刺激需求　消费者的需求一部分出自本能需要,如消费者感到饥渴、寒冷后就对食品和衣服产生需求。而消费者的另一些需求往往是在外部刺激下产生的。例如,纺织企业可以通过富有感染力的促销活动,激发消费者需求欲望,创造消费者的需求,吸引现实和潜在消费者购买。

3. 产生偏爱　市场上同类纺织产品很多,许多纺织品相互间差异较少。消费者往往都缺乏认识,是非专家购买。因此纺织企业可以通过促销活动,突出本企业产品的优势和产品特点,使消费者对本企业产品产生偏爱,成为企业的顾客,提高企业竞争能力。偏爱本企业产品的顾客越多,企业的销售额也就越稳定。

二、促销组合及其影响因素

(一)促销组合

所谓促销组合,是指纺织企业根据营销目标和产品的特点,综合影响促销的各种因素,对各种促销方式进行的选择、编配和运用。促销组合主要包括人员促销、广告、营业推广、公共关系的组合。

不同的促销组合形成不同的促销策略。如以人员推销为主的促销策略,采取的是主动的直接方式,即推式策略;以广告等非人员推销为主的促销策略,则采取的是间接的方式,即拉式策略。两者综合运用,形成了纺织企业的一整套促销活动,其组合结构如图9-2所示。

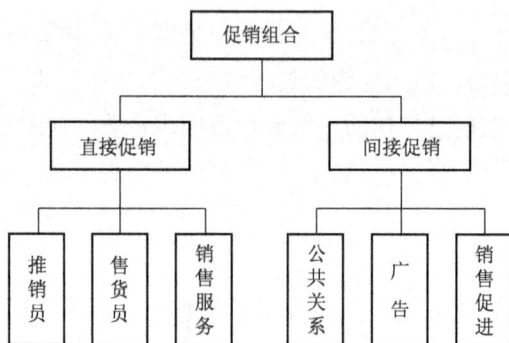

图9-2　促销组合体系图

1. 推式策略　它是指纺织企业运用人员推销的方式把产品推向市场,即推向中间商或消费者。产品一般是先由纺织企业(制造商)推向中间商,再由中间商推向消费者。推式策略其目的是说服中间商和消费者购买本企业的产品。这种策略一般适合单位价值较高、性能复杂、需要作示范的产品,以及流通环节较少、渠道较短和市场比较集中的产品等。

2. 拉式策略　它是指纺织企业运用非人员推销的方式,即以广告促销为主的方式,将顾客吸引过来,即由消费者向零售商、零售商向批发商、批发商向制造商求购,由下至上,层层拉动。这种策略一般适合于单位价值较低、技术简单的产品,以及流通环节较多、渠道较长和市场范围较广的产品等。如有一家化学纤维公司,在其成衣初上市时,批发商和零售商都不愿意经销此种产品,于是该公司运用大众传播媒介,如电视、广播、报纸、杂志等,大肆宣传此成衣的种种优点以及特殊利益,从而创造出了消费者对此成衣的强烈需求,于是成群的消费者涌向百货商店购买此种新产品。

(二)促销组合的影响因素

促销组合和促销策略的制定,其影响因素较多,主要应考虑以下几个方面。

1. 促销目标　它是纺织企业从事促销活动所要达到的目的。在纺织企业营销的不同阶段,要求有不同的促销目标,以适应市场营销活动的不断变化。无目标的促销活动收不到理想的效果。因此,促销组合和促销策略的制定,要符合纺织企业的促销目标,根据不同的促销目标,采用不同的促销组合和促销策略。促销的最终目标是扩大企业产品的销售。

2.产品因素

(1)纺织产品的性质。不同性质的纺织产品,购买者和购买目的就不相同,因此,对不同性质的纺织产品,必须采用不同的促销组合和促销策略。一般说来,在消费者市场,因市场范围广而更多地采用拉式策略,尤其以广告和营业推广形成促销为多;在生产者市场,因购买者购买批量较大,市场相对集中,则以人员推销为主要形式。

(2)纺织产品的市场生命周期。纺织产品所处的市场生命周期不同应选配不同的促销组合,采用不同的促销策略。以消费品为例,在投入期,促销目标主要是宣传介绍商品,以使顾客了解、认识商品,产生购买欲望。广告可起到向消费者、中间商宣传介绍商品的功效,因此,这一阶段以广告为主要促销形式,以营业推广和人员推销为辅助形式。在成长期,由于产品打开销路,销量上升,同时也出现了竞争者,这时仍需加强广告宣传,但要注重宣传企业产品特色,以增进顾客对本企业产品的购买兴趣,若能辅之以公关手段,会收到相得益彰之佳效。在成熟期,竞争者增多,促销活动以增进购买兴趣与偏爱为目标,广告的作用在于强调本产品与其他同类产品的细微差别,同时要配合运用适当的营业推广方式。在衰退期,由于更新换代产品和新产品的出现,使原有产品的销量大幅度下降。为减少损失,促销费用不宜过大,促销活动宜针对老顾客,可采用提示性广告,并辅之适当的营业推广和公关手段。

(3)市场条件。市场条件不同,促销组合和促销策略也有所不同。从市场地理范围大小看,若促销对象是小规模的本地市场,应以人员推销为主;而对广泛的全国甚至世界市场进行促销,则多采用广告形式。从市场类型看,消费者市场因消费者多而分散,多数靠广告等非人员推销形式;而对用户较少、批量购买、成交额较大的生产者市场,则主要采用人员推销形式。此外,在有竞争者的市场条件下,制订促销组合和促销策略还应考虑竞争者的促销形式和策略,要有针对性地不断变换自己的促销组合及促销策略。

(4)促销费用。纺织企业开展促销活动,必然要支付一定的费用。费用是企业经营十分关心的问题,并且企业能够用于促销活动的费用总是有限的。因此,在满足促销目标的前提下,要做到效果好而费用省。企业确定的促销预算额应该是企业有能力负担的,并且是能够适应竞争需要的。为了避免盲目性,在确定促销预算额时,除了考虑营业额的多少外,还应考虑到促销目标的要求、产品市场生命周期等其他影响促销的因素。最好的促销组合不一定是费用最大的组合。

三、促销预算的确定

纺织企业开展促销活动必然会发生促销费用,为了有计划地开展促销活动,企业必须制订合理的促销预算。但确定促销预算是企业最为困难的市场营销决策之一,不同行业、不同企业的促销预算差别很大,似乎没有一个标准。下面介绍四种确定促销预算的常用方法,它们既可用来确定纺织企业总的促销预算(即各种促销手段所需要的费用总和),也可以用来确定单项促销预算(即某一种促销手段所需要的费用,如广告预算等)。

1.量力而行法 它即是根据纺织企业的经济实力决定促销费用,经济实力强时,促销预算就较多,反之则较少。虽然这种方法十分简单,但它忽视了促销对销售额的影响。由于企业的经济状况常常会发生波动,这就必然使企业的促销预算很不稳定,从而影响企业制订长期促销计划。

2. 销售额百分比法 它即根据纺织企业销售额(上一年度的销售额或下一年度预计销售额)的一定百分比确定促销费用。如某纺织企业以销售额的5%作为促销费费用,若该企业预计2007年的销售额为1 000万元。则该企业2008年的促销预算为50万元。

这种方法的优点有二:第一,促销费用和销售额相联系,这就为促销预算提供了有支付能力的经济基础;第二,这种方法有利于把企业的促销成本、销售单价和单位产品的利润相联系,从而有利于开展经济核算、讲求促销效果。

该方法也有一定的缺点:第一,由于它根据销售额决定促销预算,这就颠倒了因果关系,使销售额成为决定促销预算的原因,而不是促销结果;第二,它是根据资金的可能性,而不是根据实际的需要制定促销预算,这会导致企业失去一些良好的促销机会;第三,由于促销预算取决于波动性较大的年销售额,这也会影响企业制订长期的促销计划;第四,由于市场情况经常发生变化,而这种方法并没有选择合适的销售额百分比的标准,只是根据过去的或竞争者的百分比来确定销售额的比例,这往往同实际需要不符。

3. 竞争对等法 它是一种根据竞争者促销预算水平来确定本纺织企业的促销预算方法。采用这一方法的指导思想是:第一,竞争者的促销预算水平能反映整个行业的集体智慧,可资借鉴;第二,以这种方法确定促销预算,有利于防止两败俱伤的"促销之战"。但许多市场营销专家认为,这种指导思想并不正确,因为:第一,没有理由说明竞争者比本企业更知道应该如何确定促销预算,因为两个企业的声誉、资源、促销机会和促销目标大不相同,竞争者促销预算并不一定可以作为本企业的指南;第二,采用这种方法并不一定能保证企业之间不发生"促销之战"。

4. 目标任务法 它是根据纺织企业的促销目标确定促销预算的一种方法。这首先要求企业明确促销目标,然后决定为实现促销目标应该开展哪些促销活动,并对每项促销活动的费用作出估计,最后进行汇总而得出企业的促销预算。这种方法的最大优点是根据企业的实际需要决定促销预算,具有一定的科学性。例如,某一家纺企业为了增加其家纺产品的知名度,就要增加广告的收视率。如果目标设定为要增加30万名消费者收看广告,经调查计算出每增加1名接收广告的消费者,平均要花费0.1元,一个月重复10次,则每月的广告费用要增加30万。

第二节 纺织品的人员推销策略

一、人员推销的概念和特点

人员推销就是为了达到交易,通过交谈,用口头介绍的方式,向一个或多个潜在顾客执行面对面的市场营销通报。

人员推销在购买过程的某些阶段起着最有效的作用,常用于建立购买者的偏好、信任及行动等方面。其特点是广告所不能代替的,主要有以下几方面。

1. 面对面的接触　人员推销涉及两人以上,是一种生动、灵活、能相互影响的方式。销售人员可就近观察对方的特征及根据需要调整自己的谈话内容和方式。

2. 培养关系　人员推销有利于促使各种关系的产生,尤其是有利于销售人员与顾客之间长期关系的建立和维持。

3. 刺激反应　人员推销能使顾客感到有需要倾听销售人员的谈话,较之其他方式更能引起注意并刺激反应。

人员销售有其独到的优越之处,但成本也最高。

二、人员推销的形式、对象与策略

(一)人员推销的基本形式

一般说来,人员推销有以下几种形式。

1. 上门推销　上门推销是一种常见的人员推销形式。它是由推销人员携带纺织产品的样品、说明书和订单等走访顾客,推销产品。人员推销是一种积极主动的推销形式,可以针对顾客的需要提供有效的服务,因而为顾客广泛认可和接受。

2. 柜台推销　柜台推销又称门市推销,是指纺织企业在适当地点设置固定的门市,由营业员接待进入门市的顾客,推销纺织产品。门市的营业员是广义的推销人员。门市里的纺织产品种类齐全,能满足顾客多方面的购买要求,为顾客提供较多的购买方便,并且可以保证商品安全无损,因此柜台推销适合于零星小商品、贵重商品和容易损坏的商品的推销。

3. 会议推销　它指的是利用各种会议,如在订货会、交易会、展览会、物资交流会等会议上,向与会人员宣传和介绍产品,开展推销活动。这种推销形式接触面广,推销集中,可以同时向多个推销对象推销产品,成交额较大,推销效果较好。

(二)人员推销的推销对象

推销对象是人员推销活动中接受推销的主体,是推销人员说服的对象。推销对象有消费者、生产用户和中间商三类。

1. 向消费者推销　推销人员要了解消费者的有关情况,诸如年龄、性别、民族、职业、宗教信仰等,进而了解消费者的购买欲望、购买能力、购买特点和习惯以及消费者的心理反应等。对不同消费者,应采用不同的推销技巧,鼓励其更多地使用商品,促使其更多地购买商品,争取其试用未使用过的商品,甚至要吸引竞争品牌的使用者等。

2. 向生产用户推销　销售人员要了解生产用户的有关情况,诸如生产用户的生产规模、人员构成、经营管理水平、产品设计与制作过程以及资金情况等。推销人员还要能准确而恰当地介绍企业产品的优缺点,说明生产用户使用该产品后能得到的效益,帮助生产用户解决疑难问题,以取得用户信任,同用户建立长期的关系。

3. 向中间商推销　向中间商推销也需要推销人员具备相当的业务知识和较高的推销技巧。在向中间商推销产品时,要了解中间商的类型、业务特点、经营规模、经济实力以及他们在整个分销渠道中的地位;要向中间商提供有关信息,为中间商提供服务,同中间商建立良好的关系,以扩大销售,鼓励其对一种新产品或新型号建立信心,激励其寻找更多的潜在客户,刺激其推销相对滞销的产品以减少库存积压等。

(三)人员推销的基本策略

在人员推销活动中,一般采用以下三种基本策略。

1. 试探性策略 这种策略是在不了解顾客的情况下,推销人员运用刺激性手段引发顾客产生购买行为的策略。推销人员事先设计好能引起顾客兴趣、能刺激顾客购买欲望的推销语言,通过渗透性交谈进行刺激,在交谈中观察顾客的反应;然后根据其反应采取相应的对策,并选用得体的语言,再对顾客进行刺激,进一步观察顾客的反应,以了解顾客的真实需要,诱发其购买动机,引导其产生购买行为。因此试探性策略也称为"刺激—反应"策略。

2. 针对性策略 这是指推销人员在基本了解顾客某些情况的前提下,有针对性地对顾客进行宣传、介绍,以引起顾客的兴趣和好感,从而达到成交的目的。因推销人员常常在事前已根据顾客的有关情况设计好推销语言,这与医生对患者诊断后开处方类似,故又称针对性策略为"配方—成交"策略。

3. 诱导性策略 这是指推销人员运用能激起顾客某种需求的说服方法,诱发引导顾客产生购买行为。这种策略是一种创造性推销策略,它对推销人员要求较高,要求推销人员能因势利导,诱发、唤起顾客的需求,并能不失时机地宣传介绍和推荐所推销的产品,以满足顾客对产品的需求。因此,从这个意义上说,诱导性策略也可称为"诱发—满足"策略。

三、人员推销的步骤

根据"程序化推销"理论,人员推销分为七个步骤(图9-3)。

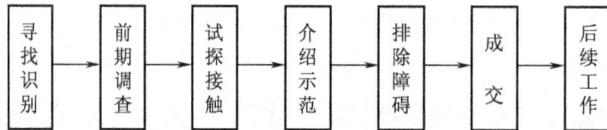

图9-3 人员推销的步骤图

(一)寻找识别

推销人员可以通过多种途径寻找潜在顾客,然后根据潜在顾客材料对其进行分析,以便尽早放弃没有成交可能的潜在顾客,而把精力集中在成交可能性较大的潜在顾客上。

(二)前期调查

推销人员在推销访问前需做如下调查工作:了解潜在顾客需要什么,谁参与购买决策,其采购人员的个性特征和购买类型如何;确定访问目标;决定最佳的接触方法,如登门推销、电话推销或书信推销;决定访问时间,推销人员应选择一个合适的访问时间,要避免在顾客较忙的时候去访问;构思出全面的推销策略,如成交策略、付款条件等的幅度。

(三)试探接触

在正式接触之前,推销人员可以以合适的方式,进行试探性接触,以通过首次同顾客的会面,为以后洽谈业务形成一个良好的开端。这要求推销人员要注意以下几个方面:给对方留下一个好印象;验证在准备阶段所得到的全部情况;为后面的谈话做好准备;选择最佳的接近方式和访问时间。

(四)介绍示范

这是推销过程的中心。推销人员向顾客介绍产品时应循序渐进,首先要引起顾客的注意,然后使顾客发生兴趣、产生购买欲望,最后使之采取购买行为。特别要注意的是,推销人员在介绍产品的过程中要始终强调顾客的利益,并着重说明该产品能给顾客带来什么好处。

(五)排除障碍

在推销过程中,顾客往往会提出一些异议,如价格、发货时间、产品的某些特征等。推销人员必须消除推销过程中的顾客异议,排除障碍,才能完成既定的目标。因此推销人员要精通商业谈判的技巧,事前准备应付反对意见的适当措辞和论据,做到随机应变。

(六)成交

推销人员要善于从顾客的身体动作、问题和谈话内容等方面了解顾客是否有结束交谈的意向。若顾客想要结束交谈时,推销人员要特别注意应立即抓住时机成交,运用一定的技巧促成交易,如重述协议的要点,主动为顾客起草订单,以某种方式暗示如果现在不定购将会使顾客造成损失等。推销人员还可以通过提供一定的刺激手段促成交易。如果顾客最后还是不准备订货,推销人员也应同顾客保持良好的关系(如互留通讯地址等),以便顾客需要企业的产品时向企业订货。

(七)后续工作

后续工作可以使企业和顾客建立起稳固的交易关系,确保顾客满意并重复购买。推销人员应认真执行订单中所保证的条款,如备货、送货、配套服务和售后服务等。这样可以表示对顾客的关切,以促使顾客再次购买本企业的产品。

第三节 纺织品的广告宣传

一、广告的概念和特点

广告的定义很多,一般认为,广告是指企业(广告主)用一定的费用,通过一定的媒介,把有关产品和企业的信息传递给广大消费者的一种非人员推销的促销手段,其目的是为了促使消费者认识、偏爱、直至购买本企业的产品。

广告的形式多,用途广,很难概括地表述其独特之处,但要注意以下几点。

1.公共性 广告是一种能见度最高的公共沟通方式,受众面广,并在一定范围中表现为无差异地提供信息,许多人共同接受同样的信息。同时,由于共同接受信息,能提供公共的标准。

2.渗透性 广告可多次重复展露一项信息,能加深印象并便于接收者比较各个竞争者的信息。

3.放大性 广告可利用印刷文字、图像、声音、色彩的艺术手法,给本企业的产品提供戏剧化的表达机会。但有时不恰当的艺术处理会冲淡或淹没主要信息。

4. 非人员性　广告不是公司的推销人员,观众没有必要或者说没有义务每每作出反应。广告仅能够广泛地"告知",而无法听到告知对象的回音。

因此,广告既可为产品建立一个长期的印象,也可以刺激购买行动,它是一种能将信息送至地理上分散的最多接收者的方式,而平均展露成本又最低。

二、广告的作用

在现代社会中,纺织品广告已成为人们日常生活中不可缺少的内容,在社会的各个方面都起到了相当重要的作用。

(一)传播信息

传播信息是纺织品广告最基本的功能。纺织品广告通过向消费者提供各种不同的信息,如纺织产品信息、纺织品市场信息、纺织服务信息、纺织品品牌信息等,进行交流、沟通,从而达到纺织品广告发布的目的。

[例9-1]据2008年1月8日《市场报》报道,目前市面上有一种风衣,重量是普通羽绒服的1/3,厚度是普通防寒服的1/2,却有相当于羽绒服1.2倍和普通防寒服2倍的防寒效果。原来,这正是南极科考队在第17次和第21次科考中选用的面料。目前,七匹狼出品的"捍冬风衣"使用的是全球500强企业3M公司的产品"新雪丽"。"新雪丽"拥有2~5微米直径超细纤维,比普通纤维细10倍,在水中吸水量小于其自重的1%,即使是在雨雪的环境中它依然保暖和干爽,所以能够让人经受 -58.4℃的严寒。通过这篇报道,消费者便了解到了新产品的消息。

(二)创造需求,促进消费

创造需求、促进销售、赢得市场,是纺织品广告的主要任务。纺织品广告能使新产品、新式样、新的消费意识迅速流行,形成消费时尚;可以使消费者在众多的商品中选择、比较,引导消费走向文明、健康。

[例9-2]莱卡是美国杜邦公司于1958年独家发明并生产的一种人造弹性纤维,杜邦公司曾以3000万美元改变莱卡的广告形象,在终极消费者中建立其品牌形象。曾有人对此表示质疑,因为莱卡只是服装面料的一种辅料,和终极消费者的距离甚远。但事实上,通过广告语"舒适、舒逸、新体验",莱卡在消费者中建立了很高的声誉,并使弹性面料服装成为席卷世界的潮流。

(三)树立信誉,开展竞争

纺织品广告有利于纺织企业树立良好的品牌形象,提高市场占有率。我国纺织企业从整体上看仍处于品牌的成长期,大部分国内知名品牌不具有国际知名度。随着竞争的加剧,纺织品广告不仅是一种促销手段,而且是纺织企业树立品牌形象的重要手段。

(四)美化生活

纺织品广告通常采用艺术的表现手法来传播信息。在广告中,艺术性与功利性是相辅相成的。缺乏艺术性的纺织品广告,不能引起消费者的注目和趣味,当然就达不到广告宣传的目的。因此提高广告的文化品位和艺术审美价值,使广告受众在接受广告信息的同时,得到美的熏陶和艺术的享受,这对于广告的传播和美化生活、陶冶情操都能起到极好的促进作用。

三、广告的常用媒介及其评价

广告媒介,是广告主与广告对象之间联系的物质或工具,它是信息传播的载体。一般来说,广告媒介可以分为以下几类。

1. 大众传播媒体　大众传播媒体主要是指报纸、杂志等印刷品媒体。它们和广播、电视等电子媒体,通称为四大广告媒体。

(1)印刷品媒体。它包括报纸、杂志、电话册、火车时刻表等。其中,最为典型的是报纸和杂志两大媒体。

报纸运用文字、图像等印刷符号,定期、连续地向公众传递新闻、时事评论等信息,传播知识,提供娱乐或生活信息,传播企业产品信息,一般以散页的形式发行。报纸作为一种广告媒体,它有发行量大、传播范围广、制作简便灵活、价格相对较低、选择性强、读者稳定、可信度高等优点,但同时也有时效性短、内容多分散注意力、质量不高、缺乏针对性等缺点。因此在选用报纸媒体时,应注意报纸发行的对象和范围、报纸的发行量、广告刊登的情况,如版次、位置、大小等。

杂志也是一种常见的广告媒体,它常利用其封面、封底、内页、插页刊登广告。杂志的优点是选择性强、针对性强、传导对象明确、可以长期保存查阅、记录性好、读者稳定、印刷和制作精美。但是,杂志同时存在着出版周期长、传播速度慢、制作复杂、成本高、对象狭窄的缺点,从而影响了信息的及时和广泛传递。在选用杂志媒体时,要注意杂志的阅读对象,以便把广告内容同阅读对象结合起来。

(2)电子广告媒体。它包括电视、电影、广播等形式,其中广播、电视最为典型。

广播是比电视更早的一种传播媒体,它通过无线电波或金属导线,用电信号向听众提供服务信息,一般可以分为有线和无线两种。广播传播存在及时性强、速度快、重播频率高、制作费用较低、实效性、灵活性强、不受时空限制的优点,但同时存在时间短暂、保留性差、缺乏形象支持、不易主动收听的缺点。对于我国而言,近几年广播广告业务正逐步增加。由于广播能覆盖广大农村地区和交通不发达地区,所以运用广播有利于市场的开拓,使得广播广告业务更有潜力。在选择广播媒体时,应注意节目的编排情况、安排的时间、次数和播音水平等。

电视是一种运用电波把声音、图像、文字符号同时传送和接受的视听结合的工具。从20世纪30年代产生以来,已经深入千家万户,在传播领域起着越来越重要的作用。它是传播广告信息的主要媒体之一,据统计,全世界约有1/3的广告费用投在电视媒体上。一般说来,它具有视听结合、说服力强、传播面广、渗透力强、形式灵活多样、针对性强、效果明显等特点。但是,由于受时间限制,其广告传递信息少,同时费用高,选择性差。因此一旦投入电视广告,就要有较大的广告预算。在选择电视媒体时,应注意尽量使用电视收看率高的"黄金"时间(晚上7:00～11:00)播出。此外,要适当集中和固定播出时间,并将广告分类播出,使观众有选择的灵活性。同时要提高广告的制作水平。

2. 促销媒体 促销媒体也称小众传播媒体。这类传播媒体范围相对较小,往往直接影响消费者的购买行为,它可以和大众传播媒体配合进行促销,满足消费者的整体需要。它主要包括户外广告、POP广告、直接媒体广告、交通媒体广告、体育广告、馈赠广告、购物袋广告等。

(1)户外广告。指设置在室外的广告,包括设置在路灯、路牌广告柱、屋顶、霓虹灯、海报等媒介上的广告。它们是我国主要的户外媒体形式,另外还包括广告招贴画、看板等形式。户外广告面向所有的公众,所以比较难以选择具体目标对象。但由于户外广告可以在固定的场所长时间地展示企业的形象和品牌,所以它对于提高企业的知名度很有效。

(2)POP(Point of Purchase)广告。POP广告即销售点广告或销售现场广告,是销售点和购物场所的广告。POP广告有广义和狭义之分。广义包括销售场所内外的所有促销方式,如商店招牌、霓虹灯、商品陈列、店内宣传品等。狭义仅包括购买场所内的促销方式,其主要的形式有三种:一是开放陈列,让消费者直接接触商品;二是集中提供信息,以成立专柜的形式向购买者介绍产品信息和知识;三是创造强刺激氛围,运用各种音像、图片、广播、装饰等增强消费者的购买欲望。POP广告有利于提醒消费者,促成购买行动;有利于营造气氛,吸引消费者;实效性强,认知度高。但是,POP广告设计要求高,还要经常保修,以免广告出现脏乱,影响传播效果。

(3)直接媒体广告。它就是一种由广告主将印刷、书写或以某种形式处理的广告信件,在一定范围内直接寄送或传递给受传送者的广告形式,其具体形式可以分为直邮广告和非寄送类直接广告。其中直邮广告是通过邮局直接邮寄宣传品与消费者进行沟通,其优点是选择性强,具有较强的灵活性、发布速度快、情报全面的特点。其弱点是费用较高,同时消费者比较反感。非寄送类直接广告有电话广告、传单广告、物品广告、夹报广告等。

(4)交通媒体广告。交通媒体广告主要是指充分利用交通工具及其周围的设施将信息传递给行驶途中或乘坐公共交通工具的消费者的广告形式。交通广告通常包括车内广告、车外广告、车站广告等类型。一般来说,交通广告具有动态性、稳定性、频次高、成本低等特点。但由于其受众的流动性大,所以交通广告针对性不强,而且范围有限,设计要求也比较高。在大城市中,大部分人上下班都要利用固定的公共交通工具,在这些媒介上做广告因而非常有效。由于具有户外广告的一些特点,人们也通常将交通广告列入户外广告的范围。

3. 新型传播媒体 随着科学技术的进步,近些年出现了一些新的传播媒体,如交互式电视、互联网以及数字化杂志等,它们越来越显示出独特的作用。与前面的媒体相比,它们更有利于加强信息传递的时效性和增强与消费者之间的沟通。

(1)交互式电视。它主要是指利用计算机、电视、电话所组成的连接系统让人们通过电视机来参与信息的双向交流,让消费者可以直接通过电视屏幕与销售员交流。

[例9-3]道奇携手特纳传媒集团和卫星广播公司Echo Star一起合作具有互联网互动特性的新形态交互式电视广告。收看的用户,可以在一段30秒的广告中,像在网页环境下浏览图片等媒体那样,通过屏幕中特定触发区来自由浏览。道奇的Mark T. Spencer认为,交互式电视广告可以让消费者更多更方便地体验产品,而这仅仅是第一次明智的推广测试活动罢了。

（2）互联网。它是近几年发展最为迅猛的广告媒体形式之一。根据美国互联网广告局（IAB）和普华永道会计师事务所共同发表的一份报告显示,2006年,美国互联网广告收入达到创纪录的169亿美元。其中,关键词搜索广告、弹出式广告和分类广告的收入都有不同程度的增加。美国互联网广告局首席执行官兰德尔·罗滕伯格指出,互联网广告收入一直呈现稳步增长态势的主要原因在于广告商和机构逐渐认识到,互联网广告可以凭借它独特的方式影响消费者的购买行为。与传统的媒介相比,互联网广告具有巨大的优势:一是互联网广告具有很强的互动性;二是内容更加详尽、充实;三是消除了时间和空间的限制;四是价格低廉,信息量大。但是互联网也存在一些缺点,如受众有限、管理复杂、上网费用过高等,限制了互联网广告的发展。目前,网络广告的形式主要有横幅广告、图标广告、赞助广告、邮件广告、插页广告、首页广告、墙纸广告、游戏广告等。随着网络技术的发展和网络策划与创造力的增强,互联网广告的形式还会更多、更新奇。

四、选择纺织品广告媒介时应考虑的因素

由于不同的广告媒体具有不同的优势与劣势,纺织企业在进行广告活动的时候,必须进行正确的选择。一般来说,广告媒体的选择需要考虑以下因素。

1. 消费者接受媒体的习惯 由于消费者的性别、年龄、收入、受教育的水平、职业及生活习惯不同,他们对广告媒体的接触有很大差别。企业应针对不同消费者的特点选择广告媒体。例如,对于儿童用品,选择电视可能更为合适;对女性用品,一般选择女性杂志或是电视等。

2. 产品的性质和特点 不同性质的产品,其使用价值与使用范围各异,所选择的广告媒体必须适合其产品的性质与特点。如技术性的产品多选择专业性杂志,而生活用品一般采用大众传播媒体;照相机可以采用电视作为传播媒体,而服装则应该选择有色彩的杂志广告媒体。

3. 销售的范围 广告宣传的范围要和商品销售的范围一致。一般来说,全国性销售的产品可以通过全国性的广告媒体进行传播,只在地区内销售的产品则只选择地方性的媒体。

4. 媒体的费用 各种广告媒体的收费标准不同,所以广告的成本也各不相同;即使同一种媒体,也因范围、时间等而价格各异。必须注意的是,关注广告费用不能只注意其绝对数字上的差异,更重要的是要注意目标沟通对象的人数与成本之间的对比关系。

5. 其他因素 选择广告媒体需要考虑的其他因素包括媒体的知名度、竞争对手的特点以及企业的经济实力等。

总之,企业在进行媒体选择时,必须考虑自身内外的各种因素,综合权衡利弊作出决策。

第四节 纺织品的营业推广

一、营业推广的概念与特点

营业推广又称销售促进,是指纺织企业在短期内,为了刺激需求而进行的各种促销活动。营业推广对促进销售的效果显著,因此,它是促销组合的重要方式,是促销策略研究的

重点。

营业推广,包括奖励、比赛、优惠、展销等多种方法。其特点主要表现在以下三个方面。

(1)可引起消费者的注意,并能提供信息使消费者很快产生购买兴趣。

(2)提供诱因,使用一些明显的让步、优惠、服务、提供方便等措施,能让消费者感到有利可图。

(3)能强化刺激,通过特殊的手段刺激消费者立即付诸购买行动。

纺织企业常利用此方式来加速适销商品的销售或刺激销售不佳的纺织产品的购买。此方式见效快,但其促销效果也往往比较短暂。

二、营业推广的方式

根据目标市场的不同,营业推广可分为面向消费者、面向中间商、面向销售人员的推广三种方式。这三种推广方式各有其不同的促销手段。

(一)面向消费者的营业推广手段

1. 样品　样品是免费提供给消费者试用的产品。纺织企业可以把样品直接送上门或把样品放在销售现场提供给消费者,也可以附在其他产品上赠送等。赠送样品一般旨在向市场介绍新产品。

2. 优惠券　优惠券是对持券消费者提供某种程度优惠的凭证。优惠券可以直接赠送,也可以附在其他产品上赠送,还可以刊登在杂志或报纸广告上。优惠券的使用一般用于刺激成熟期产品的销售或者是推出新产品时促进消费者使用。

3. 特价包装优惠　特价包装优惠一般是在商品包装或标签上加以附带标明,说明本包装产品的优惠。这种方式给消费者提供的是低于常规价格的商品或者价格不变的附赠产品。特价包装优惠是一种刺激短期销量的有效方法。

4. 赠品　赠品方式是以低价或免费向消费者提供某种商品的方式,以刺激消费者发生消费行为。可以把赠品附在产品内,也可以免费邮寄赠品。获得赠品的条件可以设置为,消费者如果把产品包装的某一部分寄出或者填写某些表单。

5. 奖品　消费者在购买某商品后,纺织企业或者销售商可向其提供赢得某些奖励的机会。奖品一般是借助一些活动或竞争形式,通过组织者针对一定的规则抽取获奖者的名单送出。这类活动往往伴有针对企业产品或者品牌的介绍和推广,可以在一定的销售范围内形成有规模的影响。

6. 售点陈列　售点陈列一般多用在购买现场或者销售现场,是一种采用模特表演、建立商品焦点、各类展架、堆头、挂旗、POP广告等形式,并且将其和电视或者印刷品宣传等其他视觉展示手段结合起来运用的促销方式。这种方式有利于建立良好的销售气氛,吸引消费者的目光,促进消费者购买。

(二)面向中间商的营业推广手段

1. 价格折扣　在某一段指定时期或者在某些条件下,每次购货都给予低于定价的直接折扣,可以鼓励中间商去购买一般情况下不会购买的数量或者新的产品种类。

2. 免费商品　针对某些特殊的中间商,如购买规模较大或者对某种产品的销售贡献很突出的中间商,生产企业可以按一定的规则额外赠送一些产品、礼品及附有企业名称的特别广告赠品等给中间商以作鼓励。

(三)面向销售人员的营业推广手段

这是企业为鼓励销售人员积极开展推销活动、实现扩大销售的推广方法,主要有以下三种形式。

1. 红利提成　即企业按销售人员完成的销售额或利润给予一定的提成。多销多得,少销少得。纺织企业可以用这种方法鼓励推销人员大力纺织用品。

2. 推销奖金　指企业为鼓励销售人员的销售业绩而给予一定数额的奖金。就是企业事先为销售人员规定一定的销售任务,销售人员完成或超额完成这一任务,就能得到奖金,完不成就无法得到奖金。

3. 销售竞赛　指企业组织销售人员开展以提高销售业绩为中心的销售比赛,对成绩优良者给予奖励。这种奖励可分为精神奖励、物质奖励等多种形式,如记功、授予称号、晋升、加薪、资金、旅游等。

三、营业推广的方案制订

(一)确定推广目标

营业推广目标的确定,就是要明确推广的对象是谁,要达到什么结果。只有知道推广的对象是谁,才能有针对性地制订具体的推广方案,例如,推广目标是达到培育品牌忠诚度的目的,还是鼓励大批量购买? 推广目标不同,方案也应随之发生变化。

(二)选择推广方式

营业推广的方式很多,但如果使用不当,则适得其反。因此,选择合适的推广工具是取得营业推广效果的关键因素。纺织企业一般要根据目标对象的接受习惯和产品特点、目标市场状况等来综合分析选择推广工具。

(三)推广的配合安排

营业推广要与营销沟通的其他方式如广告宣传、人员销售等整合起来,相互配合,共同使用,从而形成营销推广期间的更大声势,取得单项推广活动达不到的效果。

(四)确定推广时机

营业推广的市场时机选择很重要,如季节性产品、节日产品、礼仪产品,必须在相应的时节到来前做营业推广,否则就会错过时机。

(五)确定推广期限

推广期限即营业推广活动持续时间的长短。推广期限要恰当,若过长,会让消费者新鲜感丧失,甚至产生不信任感;若过短,会使一些消费者来不及接受营业推广的实惠。

四、营业推广的评估

评价推广效果是营业推广管理的重要内容。准确的评价有利于纺织企业总结经验教训,为今后的营业推广决策提供依据。常用的营业推广评价方法有两种:一是阶段比较法,即把推广前、中、后的销售额和市场占有率进行比较,从中分析营业推广产生的效果,这是最普遍采用的一种方法;二是跟踪调查法,即在推广结束后,了解多少参与者能知道此次营业推广活动,其看法如何,多少参与者受益,以及此次推广对参与者今后购买的影响程度等。

第五节　纺织企业的公共关系

一、公共关系的概念和特点

公共关系是企业通过各种活动,使社会公众了解本企业,并取得其信赖和好感而结成的一种社会关系。

纺织企业常用公共关系报道来作为促销手段之一。其特点主要有以下三方面。

(1)可信度高。由记者撰写的新闻使人感到比广告更真实可信。

(2)没有防卫。公共报道能接近许多有意避开销售人员或广告的顾客。

(3)新奇。公共报道常利用新、特、奇的手法宣传纺织企业的产品或服务。

在使用公共关系报道时,如果配合使用其他促销方式效果更好。

二、公共关系的对象

公共关系工作的对象是公众。所谓公众是指与企业经营管理活动发生直接或间接联系的社会组织和个人,主要包括顾客、供应厂商、新闻媒体单位、社区、上级主管部门和企业内部职工等。企业通过处理好与顾客的公共关系,能够不断吸引现有的和潜在的顾客;通过处理好与报纸、杂志、电台、电视台等新闻机构的公共关系,一方面可争取舆论对企业营销政策的支持,另一方面可利用新闻媒介扩大企业的影响;通过处理好与银行、物资、商业、劳动人事部门等协作单位的公共关系,可保证企业经营活动的正常进行;通过处理好与上级主管部门的公共关系,可争取到某些经济的和政策的优惠;通过处理好与企业内部职工的公共关系,可创造和谐的人际关系环境,激发职工的积极性、主动性和创造性。

三、公共关系的内容

公共关系的主要任务是沟通和协调纺织企业与社会公众之间的关系,以争取公众的理解、认可与合作,实现扩大销售。公共关系的任务决定了其工作的主要内容是正确处理企业与公关对象的关系,具体表现在以下两方面。

(一)正确处理纺织企业与消费者的关系

消费者是纺织企业的最终服务对象,对任何企业来说都是最重要的评判者。消费者对企业的印象和评价,决定着企业能否保持和扩大市场占有率,决定着企业的生存和发展。因此,公共关系工作要树立以用户为中心的思想,积极主动地争取顾客,处理好双方的关系。

1.做好消费者的需求调查,加强与消费者的沟通　企业的营销目的是满足消费者需求,因此,企业应主动研究消费者,收集消费者信息,切实地把握需求动向,同时要积极向消费者传播企业的信息,包括企业的宗旨、历史、企业产品的品质、功效、企业的经营特色及人员素质等方面的信息,要与消费者保持沟通。

2. 在销售服务中推进公共关系　产品销售被称为"第一次竞争",而售后服务被称为"第二次竞争"。企业应重视销售服务,包括售前服务、售中服务和售后服务。例如,家纺企业就应该从产品设计、生产、销售等环节严格把关,并努力为顾客提供优质服务。长此以往,就能树立起企业良好的形象,赢得顾客的信任。

3. 妥善处理同消费者的矛盾　纺织企业公关人员无论遇到消费者的何种投诉,都应认真对待和处理。应重视消费者投诉,保护消费者权益,虚心接受批评,妥善处理各种纠纷,消除企业与消费者之间的误会和摩擦,增进相互了解,以建立持久的合作关系。

(二)正确处理纺织企业与相关企业的关系

现代企业的市场营销,无时无刻不与相关企业发生着联系。这些相关企业一般可分为两大类:一类是与本企业生产同类产品的竞争企业,一类是与企业有业务往来的协作单位。企业在处理与竞争企业的关系时,要树立公平竞争的思想,正确处理竞争过程中的各种经济纠纷和冲突,不能采取价格竞争、诽谤、贿赂等不正当竞争手段,以免损害自身形象和信誉,造成两败俱伤。在处理与协作单位的关系时,应当加强与原料供应商、中间商等单位的联系,互通信息,相互协商和体谅,合理分利,共同发展。

四、公共关系的主要方式

公共关系在纺织企业促销活动中占有重要的地位。对于企业内部而言,公共关系部门负责协调决策者、各职能部门、职工之间的相互关系;对于企业外部而言,公共关系部门负责协调企业与公众之间的关系。一般来说,企业在进行公共关系活动时主要采取以下几种方式。

(1)密切与新闻界的关系。它是指运用正式的形式,即运用报纸、杂志、广播、电视等广告媒介和新闻报道等形式,向社会各界传播企业有关信息。

(2)进行产品的宣传报道。它是指对产品功能、特性、价格、质量等的宣传。

(3)咨询活动。它包括对公共事件的调查等。通过开展各种咨询业务、制作调查问卷等形式,可形成良好的信息网络,分析研究获取的信息,为经营决策者提供依据。

(4)公司信息的传播。它包括以下三方面:服务性公关,如提供消费指导、维修等服务以获得公众的了解;交际性公关,如宴会、招待会、座谈会、安排特别活动等形式;社会性公关,如体育、文化赞助等形式。通过这种内外信息的传播形式,可促使公众加强对本企业的了解。

五、公共关系的实施步骤

公共关系活动的基本程序如下。

(一)公共关系调查

公共关系的调查是开展公共关系工作的起点和基础。通过调研,企业一方面可以了解与实施的政策有关的公众意见和反应,将其反馈给管理高层,以提高企业决策的正确性;另一方面可以将企业的决策传递给公众,使之加强对本企业的了解。

(二)确定公共关系的目标

一般来说,企业公共关系的目标是促使公众了解企业,改变公众对企业的认识,最终目的是通过传播信息,唤起消费者的需求与购买行为。

(三)编制公共关系计划

公共关系是一项长期的工作,必须有一个长期的连续性计划。公共关系计划必须依据一定的原则,来确定公共关系的目标、工作方案、具体的公关项目、公关策略等。

(四)公共关系计划的执行与实施

在公共关系的实施过程中,需要依据公共关系的目标、对象、内容、企业自身条件、不同的发展阶段等来选择适当的公共关系媒介和公共关系的方式。

(五)公共关系的效果评价

公共关系评价的指标通常有三种:一是曝光频率,即计算出现在媒体上的次数;二是反响,即分析由公共关系活动引起公众对产品的知名度、理解、态度前后的变化;三是可以通过公共关系活动前后的销售额和利润的比较来评估。

本章小结

促销是纺织品企业市场营销组合的重要因素之一,也是任何企业营销计划的重要组成部分。它可以使企业的产品为消费者所认知和了解,引起目标顾客的购买欲望,促成其购买行为的产生。促销的方法和手段主要有人员推销、广告宣传、营业推广、公共关系,它们构成了促销策略的重要内容。通过本章的学习,应掌握促销及促销组合的概念,了解促销组合策略及影响促销组合策略的因素,理解纺织品人员推销、纺织品广告、纺织品营业推广和纺织品公共关系的概念、特点、形式和策略。

思 考 题

1. 什么是促销? 促销的方式与作用有哪些?
2. 企业如何进行促销组合?
3. 人员推销的特点有哪些?
4. 广告有何功能? 如何选择广告媒体?
5. 营业推广与其他促销方式相比有哪些特点?
6. 如何发挥公共关系在促销中的作用?

实 训 题

背景材料:服企盯上"火炬营销"巧妙借力各出奇招

自2008年3月24日开始的奥运火炬传递,充满了"十面埋伏"的意味:火炬赞助企业自然可以名正言顺地围绕火炬接力展开全国性的互动营销和体验营销。另外,火炬传递城市的当地企业,也可以选择在当地火炬传递时间的前后进行软性宣传。

尽管北京奥运会火炬手服装严格遵照国际奥委会的规定,不带任何商业标志,但这丝毫不影响服装企业各出奇招,上演一场让人叫绝的商业暗战。

出招一　入选奥运火炬手　代表企业:富绅、才子

由于奥运会本身所具有的影响力,使得各种参与奥运会的活动都相应受到关注,而服装企业负责人入选奥运火炬手,无疑会成为一个广受关注的话题。

奥运火炬手的入选是经过严格筛选,并经过国际奥组委审查通过的。因此,能够入选奥运火炬手是个人一次珍贵的荣誉,也是品牌的荣耀。

5月9日上午,奥运圣火展开了在广东惠州站的传递,惠州市富绅服装实业有限公司董事长陈成才作为惠州火炬接力的第六棒火炬手,特别引人注目。他英姿飒爽,步履轻盈,完全看不出已是58岁年龄的人。他高举火炬,边挥手边引导沿途热情的市民高呼"为北京加油,为奥运喝彩"的口号,现场气氛热烈。

此外,5月11~13日,火炬在福建省传递,才子服饰股份有限公司总经理周 ̄B高擎祥云火炬,通过手手相传的方式,顺利完成传播奥林匹克精神的神圣使命。

针对入选奥运火炬手,相关企业均采取了一系列营销措施。以才子为例,它从与终端的互动体验中,通过奥运的关注点,策划了一系列"以奥运火炬手入选"为主题的终端促销活动。在泉州、石狮的活动现场,周 ̄B还现场授课演讲,与来自当地及周边地区的经销商齐聚一堂,共同回顾了才子品牌的辉煌业绩,分享了入选奥运火炬手的荣耀。这些活动不仅让经销商感受到了奥运传递的荣耀,也向消费者传递了才子在积极地参与奥运的信息,从而在消费者心目中树立了良好的品牌形象。

奥运为中国服装企业提供了一个平台,非奥运赞助企业都在从不同角度进行挖掘,找到适合自身的"点"进行开发,及时把握奥运商机。

毋庸置疑,圣火传递的亲身参与,一下子拉近了服装品牌与奥运的距离,也赋予了品牌快速提升的历史机遇。

出招二　提供服装赞助　代表企业:阿迪达斯、李宁、奥康

尽管阿迪达斯花费巨资,获取了北京奥运会颁奖服装、志愿者和裁判服装赞助等权益,但由于火炬手服装不允许带任何商业标志,因此,阿迪达斯要想在火炬传递过程中获得曝光机会,并不像想象中的那样容易。

火炬登顶珠穆朗玛峰倒是给了服装企业一个机会,但由于承担珠穆朗玛峰登顶的是西藏登山队为主的中国登山协会,而西藏登山队自1997年以来的赞助合作伙伴都是奥索卡,因此,在奥运火炬登顶珠穆朗玛峰直播过程中获得的三次"露脸"中,阿迪达斯的标志都出现在登山队员所戴的眼镜上。

而在李宁公司的奥运团队中,的确有一个小组,专门负责与央视赞助合同的沟通事宜。但松鼠尾巴状的李宁标志能够出现在镜头里,堪称李宁公司赞助中央电视台体育频道的意外之喜。

2007年1月,李宁公司在与阿迪达斯竞争北京奥运会2008合作伙伴资格中失利。几天之后,李宁公司就以中国速度成为央视体育频道主持人出镜服装的赞助商。鉴于央视是火炬登顶珠穆朗玛峰直播任务理所当然的承担者,李宁也就有了借助珠穆朗玛峰曝光的营销机会。

由于火炬珠穆朗玛峰登顶过程中,运动服装上的标志往往是最显著的营销点,因此运动服装品牌的竞争也格外激烈。

但也有例外。由于无法赞助火炬手服装,也无缘赞助电视主持人服装,奥康退而求其次,出招火炬传递城市的出租车司机,获得不错效果。

五一劳动节期间,奥康集团向温州市出租车司机和交通广播车友代表免费发放了两万件奥运文明衫。当奥运圣火传递到温州时,温州街头两万名出租车驾驶员将统一穿着奥康奥运文明衫,为乘客服务,宣传北京奥运,宣传文明交通。

此举让人印象深刻。当人们真实地将产品穿在自己身上,并且是共同为着一件神圣的事情,这种体验也许比赞助主持人服装的营销方式更能让普通消费者接受。

出招三　组织助威团　代表企业:Kappa、Columbia

在火炬传递过程中,中国动向公司拥有的Kappa围绕着西藏登山队,组织了火炬登顶明星助威团,歌手黄格选、名模陈娟红等,悉数为中国动向珠峰隐性营销助威压阵。

此外,运动服装品牌Columbia也主办了"2008Columbia明星登山队珠峰圣火之旅",从拉萨出发,经日喀则、老定日,顺利到达珠峰大本营及尼泊尔珠峰南坡,为圣火登顶珠峰加油助威,为2008北京奥运祈福祝愿。

作为主办方的户外运动服装品牌Columbia,从全方位野外实地训练、"全日制"医疗跟踪,到满足不同环境、不同气候下从头到脚全系列户外产品,均为明星登山队实施了全天候的保护。

(资料来源:《服装时报》,文/尚久丹,2008年5月27日)

案例思考:

(1)服装企业为什么盯上"火炬营销"巧妙借力各出奇招?

(2)服装企业的"火炬营销"是不是止于圣火传递结束的8月8日,如果不是,应该怎样进行"后火炬营销"?

(3)纺织企业如何抓住奥运带来的商机?

第十章 纺织品国际市场营销

> ● **本章知识点** ●
>
> 1. 纺织品国际市场营销策略。
> 2. 纺织品进入国际市场的方式。

导入案例

雅戈尔并购案

2007年底,一条并不显眼的公告,出现在上市公司雅戈尔股份的个股信息中:"公司以现金方式收购 Xin Ma Apparel International Limited(下称:Xin Ma)和 Smart Apparel Group Limited(下称:Smart)股权的议案:公司于 2007 年 11 月 6 日与美国 Kellwood 公司(下称KWD)及其全资子公司 Kellwood Asia Limited(下称:KWD ASIA)签订三方《股权购买协议》,公司出资约 7000 万美元收购 KWD ASIA 持有的 Smart 100% 股权、出资约 5000 万美元收购KWD 持有的 Xin Ma 100% 股权。本次海外投资金额共计 1.2 亿美元。"

雅戈尔集团是在国内最充分竞争的服装行业内经过残酷淘汰脱颖而出的大型企业集团,已经打造了一条完整的纺织服装产业链条,在国内同行中处于先进的地位。而新马服装大股东 Kellwood Company(下称 KWD)是一家在纽约交易所上市的美国服装企业,Smart 大股东 KWD ASIA 则是 KWD 在亚洲的全资子公司,新马服装在美国拥有较为广泛的销售渠道。

雅戈尔集团副总经理许奇刚认为,对新马集团的收购,使雅戈尔在美欧对中国纺织品有种种设限的环境下,进一步增强了海外生产和海外销售的能力。在整合的基础上,以雅戈尔对成本的控制能力,并购后的新马集团将有更大的赢利空间。同时雅戈尔将以开放的胸怀面对竞争,最大程度地降低成本以占有世界范围内的市场份额。而地处香港的新马集团,在内地文化与海外市场之间搭建了一个极好的过渡桥梁,有利于促进雅戈尔的国际化。雅戈尔与新马未来的合作,也会使新马原有强大的接单加工能力,因为有雅戈尔先进制造业和优质的劳动力资源的加入而具备更强的竞争力。同时雅戈尔在海外市场的动作,除了促进海外市场的销售外,对内销市场上自身品牌的形象,将是一个很好的提升。更为重要的是,新马集团的加盟,使雅戈尔缩短了建立国际品牌所需要积累人才的时间,新马的设计团队所拥有的对服装理解和设计的能力,有助于提升雅戈尔的整个服装文化。

如何理解雅戈尔集团的跨国并购案? 本章将会给你一个答案。

第一节　纺织品国际市场营销的概述

一、国际市场营销的概念

纺织品国际市场营销,是指纺织企业跨越国界的市场营销,是引导企业的商品和劳务提供给一个以上国家消费者或用户以满足其需求,实现企业赢利目标的整体营销行为,是国内市场营销的延伸或扩展。

二、国际市场营销与国内营销的关系

纺织企业在从事国际市场营销和国内市场营销时都要进行环境分析,选择目标市场,以作出营销决策,实现商品或劳务的交换。从本质上来讲,两者并无根本的不同。但是,国际市场营销和国内市场营销毕竟处于两个不同的营销地域。与国内市场营销相比,国际市场营销具有跨国界、异国性、多国性的特点。在具体的营销过程中,国际市场营销又有不同于国内市场营销的操作层面,主要表现在以下几个方面。

1.风险性　国际市场营销由于进行的是跨国界的交易活动,很多情况不易把握,其产生的风险如信用风险、汇兑风险、运输风险、政治风险、商业风险等远大于国内市场营销。

2.复杂性　由于各国社会文化、政治、法律、技术和经济环境的不同,国际市场营销的复杂性远远大于国内不同地区的市场营销。社会文化不同表现在语言障碍、风俗习惯差异、社会制度不同等方面,政治法律不同表现在政治体制、海关制度及有关贸易法规不同等方面,技术、经济环境不同表现在居民收入水平不同、经济发展水平不同、经济体制不同等方面,它们都会对国际市场营销产生极大的影响。

3.竞争性　进入国际市场的企业都是各国实力强大的企业,所以国际市场营销企业参与的国际竞争比国内市场的竞争更为激烈。

4.多样性　在国际市场上,市场营销的手段除四大市场营销组合因素之外还有政治力量、公共关系以及其他超经济手段等。市场营销的参与者也与国内营销有明显不同,除常规参加者外,立法人员、政府代理人、政党、有关团体以及一般公众,也会卷入市场营销活动之中。

三、国际市场营销与国际贸易的关系

纺织品的国际贸易是指世界各国相互之间的纺织产品的交换,它由世界各国的对外贸易所构成,为一定时期世界贸易的总和。而纺织品国际市场营销是纺织品国际市场营销企业超越国界的市场营销活动。国际市场营销与国际贸易具有相联系的一面,因为纺织品国际贸易与国际市场营销都是以获取利润为目的而进行的跨国界的经营活动,两者都面临着相同的国际环境。从总体上看都属于国际贸易范畴,从企业运作看则属于国际市场营销范畴。国际市场营销和国际贸易实际上是一个问题的两个方面,是从不同角度和视野上来研究跨国界的商品交易活动。

当然,两者也存在着一些区别,主要表现在以下几个方面。

1. 交换主体不同　国际贸易是国与国之间的纺织产品的交换,交换主体是国家,国家是国际贸易的组织者;国际市场营销是企业与企业之间的纺织产品的交换,交换的主体是企业,由企业组织国际市场营销,买主可能是国家或企业或个人,还可能是本企业的海外子公司或附属机构。

2. 流通形态不同　国际贸易的商品流通形态是跨越国界,其参加交换的产品必须是从一国转移到另一国;国际市场营销的商品流通形态则多样化,产品既可以是跨国界,也可能不需要跨国界。

3. 研究角度不同　国际贸易从跨国界交易活动的总体上来研究国与国之间的贸易关系,如对外贸易理论与政策,国际贸易惯例与法规以及外贸实务等。国际市场营销则站在企业的角度,从微观上研究企业跨国界的商品销售问题,如营销环境分析、制订营销组合策略等。

4. 涉及范围不同　国际贸易涉及的范围是国际间的商品流通或商品交易的问题。而国际市场营销涉及的则是这种跨国界的商品交易的具体策略以及与此相关的问题,如市场预测、产品开发、售后服务等。

5. 评估效益的信息来源不同　评估国际贸易效益的信息来源是国际收支平衡状况,评估国际市场营销效益的信息来源是企业营销记录。

四、国际市场营销的任务

纺织品国际市场营销企业的营销活动通常受到不可控因素和可控因素的影响,国际市场营销人员必须处理至少两个层次的不可控制的不确定性,因此国际市场营销人员的任务要比国内市场营销人员的任务复杂。国际市场营销的目的在于将企业的纺织品成功地销售到国外市场上去,实现企业的营销目标。国际市场营销的任务就是认真研究和分析各种不可控制的因素,有效运用各种可控制因素,实现开拓国际市场的目标。

市场需求状况不同,市场营销的具体要求和任务也有所不同。根据国际市场不同的需求水平、时间和性质,纺织品国际市场营销的任务可具体归纳为以下七个方面。

1. 刺激性营销　这是在市场需求不稳定或缺乏需求的情况下实施的一种市场营销活动。通常是刚投放市场的新产品,由于消费者对它的性能、质量、价值不了解或受传统消费习惯的影响,购买行为意识弱,造成市场需求不稳定或需求过低。这时,国际市场营销的任务是刺激市场营销,即分析市场不喜欢这种产品的原因,并通过产品重新设计、重新定位、重新包装、降低价格和积极促销等市场营销措施,来改变市场的信念和态度,强化消费者的购买意识。

2. 发展性营销　发展性营销是在具有潜在需求的情况下实行的。潜在需求是指消费者对市场商品和服务有消费需求而无购买力,或虽有购买力但并不急于购买的需求状况,即目标市场对现有产品毫无兴趣或漠不关心的一种需求状况。通常,市场对一般认为无价值的废旧物品、有价值但在特定市场无价值的产品、新产品或消费者不熟悉的物品等无需求。

在这种情况下,国际市场营销的任务是发展市场营销,即通过大力促销及其他市场营销措施,将产品所能提供的利益与人们的需要和兴趣联系起来。

3.改善性营销 改善性营销是针对国际市场上的潜伏需求而实施的一种营销活动。潜伏需求是指相当一部分消费者对某物有强烈的需求,而现有产品或服务又无法使之满足的一种需求状况。在潜伏需求情况下,国际市场营销的任务是开发市场营销,即开展市场营销研究和潜在市场范围的测量,开发有效产品和服务来满足这些需求,将潜伏需求变为现实需求。

4.恢复性营销 当国际市场由于消费者需求发生变化、科学技术进步等原因使产品进入饱和状态,甚至需求呈下降趋势时,市场营销的任务是重振市场需求,即分析需求衰退的原因,进而开拓新的目标市场,改进产品的特色和外观,采用新的促销措施刺激需求,使产品进入新的生命周期,以扭转需求下降的趋势。

5.协调性营销 某些纺织品的市场需求与供给可能在不同的时间和空间上下波动很大。这时,市场营销的任务是协调市场需求,即通过灵活定价、大力促销及其他刺激手段来改变需求的时间模式,使产品或服务的市场供给与需求在时间上协调一致。

6.维持性营销 当某种纺织品的目前需求水平和时间等于预期的需求水平和时间时,称为充分需求。在充分需求状况下,市场营销的任务是维持市场需求,即努力保持产品质量,经常测量消费者满意程度,通过降低成本来保持合理价格,并激励代理商或经销商大力推销产品,千方百计地维持目前的需求水平。

7.抑制性营销 抑制性营销是企业针对过量需求而实施的一种营销活动。过量需求是指某种产品或服务的市场需求超过了企业所能供给或所愿供给的水平的一种需求状况。在过量需求情况下,市场营销的任务是降低市场需求,即通过提高价格、合理分销产品、减少服务和促销等措施,暂时或永久地降低市场需求水平,或设法降低赢利较少的市场需求水平。

第二节　纺织品国际市场营销环境

纺织品国际市场营销与国内市场营销既有联系又有区别,国内市场营销中的市场细分、市场选择、市场定位、市场营销组合及其他基本概念、原理,在纺织品国际市场营销中依然适用。但是,国内与国外、国家与国家、民族与民族之间毕竟存在着差异。因此,纺织品国际市场营销企业及其国际市场营销人员必须深入了解各种特殊的环境因素。

一、国际政治、法律环境

世界各国的政治、法律环境对于进口和商业技术的影响程度差异甚大,因此,国际市场营销人员在研究是否进入某国市场时,必须对以下情况有所了解。

1.政治体制 在国际市场营销中,首先要考虑所进入国家或地区的政治体制状况。例如,它是社会主义国家还是资本主义国家,是一党制还是多党制。政治体制的差异会决定国家的政治主张和经济政策的差异,进而影响和制约国际市场营销活动。

2. 行政体制　要考虑所进入国家或地区的行政结构和效率,政府对经济的干预程度和政府对外国企业经营的态度等,以便对进入该国市场和在该国市场经营作出适当决策。

3. 政治稳定性　政治的稳定与政策的连续性是增强投资者信心与信任感的重要因素。一个国家的政治稳定有利于企业正常经营;相反,一个国家政局不稳定,政府频繁更迭,人事频繁变动,甚至发生政变、战争等动荡现象,则会影响经济发展,给国际市场营销企业带来严重的损失。

4. 国际关系　纺织品国际市场营销企业在国际经营过程中,必然会与其他国家发生业务往来,特别是与企业所在国发生业务往来。因此,东道国与母国之间,东道国与其他国家之间的国际关系状况,必然会影响到国际市场营销活动。

5. 国际惯例　国际惯例是指在长期国际经贸实践中形成的一些通用的习惯做法与先例。通常由某些国际性组织归纳成文加以解释,并为许多国家所认可。国际惯例虽然不是法律,但在国际商贸活动中,各国法律都允许各方当事人选择所使用的惯例。一旦某项惯例在合同中被采用,该惯例便对各方当事人具有法律约束力。

6. 国际公约　国际公约是两个或两个以上主权国家为确定彼此的政治、经济、贸易、文化、军事等方面的权利和义务而缔结的各种协议的总称。一国只有依法定程序参加并接受某一国际公约,该条约才对该国具有法律约束力。进行国际市场营销活动的企业,必然要遵循有关国际公约,才能在经营中获得法律的保护。

7. 涉外法规　东道国的涉外法规是每个进入东道国的企业必须遵守的。这些涉外法规主要有三个方面:一是基本法律,如商标法、专利法、反倾销法、环保法等,这些法规虽然都是国内立法,但对进入该国的国际企业仍然具有直接的约束力;二是关税政策,包括进口税、出口税、进口附加税、差价税、优惠税等税种的设置以及关税的征收形式;三是进口限制或非关税壁垒,如进口配额制、进口许可证制、进口押金制等。所有的法律、法规,国与国之间都不尽相同,有的差别很大,因此,在进行国际市场营销活动时,必须了解东道国的法律、法规的性质和具体内容,才能进行最有成效的营销活动。

二、国际经济技术环境

研究外销市场,首先必须对国际经济状况有所了解。一个国家经济状况的好坏,会直接影响该国人民对产品和服务的需求量,因此,国际市场营销人员应对各国的经济制度、经济发展水平、经济特征(人口,收入)、自然资源、经济基础结构、外汇汇率等进行认真的研究。

1. 经济体制　目前世界上大体有两种经济体制,即资本主义经济体制和社会主义经济体制。资本主义经济体制以私有制为基础,社会主义经济体制以公有制为基础,介于这两者之间还有一些混合的经济制度,其中有些行业受国家控制,有些则可自由经营。因此,从事国际市场营销的人要了解消费各国,特别是贸易伙伴及东道国的经济制度,以便顺利而有效地开展活动。

2. 经济发展水平　各国的国民经济情况按其发展水平大致可分为原始农业型、原料输出型、工业发展型和工业发达型四大类。这四类国家各自的出口项目与物品很不相同,所以要想使某产品进入某国市场,首先就需要了解该国的国民经济情况。如发达国家一般都依据其技术经济优势以着重开发高技术产品进入国际市场,而发展中国家则可依据其劳动力优势开发劳动密集型产品进入国际市场。因此,一般来说,高技术产品进入发达国家与劳动密集型产品进入工业发展国家需谨慎从事。

3. 经济特征 这一特征主要从两个方面来研究。一是人口因素。一般说,市场大小取决于人口的多少。尽管人口不是构成市场的唯一因素,但却是一个极为重要的因素,因为总的市场需求量同人口的数量成正比。分析人口因素要有针对性地考虑下述一些指标:总人口、人口增长率、人口的区域分布、人口的年龄结构、人口的性别结构及家庭数目等。二是收入因素。收入是一个非常重要的经济概念。国家的收入标志着国家的经济实力和水平;个人的收入,则构成消费的基础。一些重要的收入概念有国家收入、人均收入、个人收入、家庭收入、可任意支配收入、绝对收入等。从不同的角度所取得的收入指标,对于企业制订市场营销战略、评估需求与销售量都有重要意义。上述收入指标中消费者个人收入的变化,是影响消费变化的直接因素。

4. 自然资源 自然资源的分布对市场营销的影响也是一个不可忽视的问题。资源分布不均对消费结构和对外贸易中的进出口产品结构都有重大影响,所以企业利用当地资源优势发展生产并占领相应的市场是非常明智的。

5. 经济基础结构 经济基础结构指的是一国的设施、机构资源供应、交通运输和通信设施、商店、银行、金融机构、经销组织等作为国民经济基础的结构状况。其数量越多,业务量越大,业务水平越高,整个经济的运作就越是顺利有效。

6. 外汇汇率 货币兑换率或者说一国货币对另一国货币的价格,是由政府根据供求关系和当时的经济状况决定的。一国货币对另一国货币的比率定得越低,那么该国进口支付的本国货币就越多,给一些依赖进口原料和生产零件的国家造成的困难就越大;反之,如果货币升值,通常也会给出口国带来困难,因为这使它的产品在进口国市场上价格上升,从而直接影响其产品在国际市场上的竞争能力。货币兑换率也是一种国际经济因素,企业必须掌握汇率波动特点,全面衡量货币对出口销售所产生的影响,努力做好出口销售工作。

三、国际社会文化环境

各国社会文化的差异,决定了各国消费者在购买方式、消费偏好、需求指向上都具有较大差别。在此基础上开展国际市场营销需要仔细研究各国的社会文化差异,以适应该国社会文化的形式进入该国市场,往往能取得良好的营销效果。

1. 社会结构 社会结构确立了人们的社会角色与社会关系形态。考察社会结构一般考察亲属群体和社会群体两大类。亲属群体中最基本的单位是家庭,家庭又分为核心家庭和扩展家庭。通过对所进入国家的家庭结构、家庭生命周期等因素的研究,探求以家庭为购买单位的市场营销问题,对国际市场营销是有很大帮助的。社会群体主要指家庭以外的其他群体,如性别群体、共同利益群体等。除了对不同年龄、性别群体的研究,纺织品国际市场营销企业对各种社会组织、协会、行会等共同利益群体也应引起高度重视。因为在市场营销中,这些共同利益群体对该企业能否顺利在东道国及其社区顺利经营有着举足轻重的作用。

2.语言文字　如果不熟悉东道国的语言或不能准确表达自己的意愿,就会产生沟通障碍,无法进行销售宣传,难以达到营销目标。

3.价值观念　价值观念是人们对事物的态度和评估标准,不同国家和民族以及同一民族不同的文化教育都会影响价值观念的变化,不同的价值观念对人们的消费习惯和审美标准有很大的影响,从而可影响企业的营销决策。

4.宗教信仰　宗教信仰是一种重要的意识形态,在当今世界上的各宗教及其教派中各有不同的教义、宗教节目、禁忌,从而对信徒的价值观念和消费需求形成了巨大的约束。在宗教色彩浓重的地区,避开宗教因素的营销将很艰难。

5.教育水平　一个国家的教育水平与其经济发展水平密切相关,教育水平的高低往往与消费结构、购买行为联系在一起。受教育程度高的消费者,一般从事良好的职业并有较高的购买力,对产品质量、品牌等因素考虑较多,反之则可能仅有较低的购买力,商品品牌选择力度也要弱一些。

6.民风民俗　一个民族的风俗习惯对消费嗜好、消费方式起着决定性的作用。因此,纺织品国际市场营销企业在不同国家销售产品、设计品牌、进行广告促销时,都要充分考虑该国特殊的风俗习惯。

第三节　纺织品进入国际市场的方式

纺织品国际市场营销企业及其产品采取什么方式进入国际市场十分重要,它不仅涉及企业及产品如何进入国际市场,而且还涉及进入国际市场后如何根据实际情况的变化进行调整,从而有效地开展营销活动。企业应根据本国及所进入国家的情况,结合企业自身的各种条件适当选择进入方式。

一、出口进入方式

出口进入方式是指产品在国内生产,然后通过适当渠道销往国际市场的方式。采用这种方式,生产地点不变,生产设施仍留在国内,出口的产品可与内销产品相同,或根据国际市场需要作适当的变动,产品在国际市场遇到阻力时,还可及时转向国内市场,因此该方式的经营风险相对较小,对产品结构调整、生产要素组合的影响都不大。

出口进入又分为间接出口和直接出口两种方式。

(一)间接出口

所谓间接出口,是指企业利用独立中间商进行产品出口。间接出口是企业开始走向国际市场最常用的方法。主要做法有以下三种。

(1)生产企业将产品卖给外贸公司,产品所有权由生产企业转向外贸公司,由外贸公司再将产品销往国际市场。

(2)生产企业委托外贸公司代理出口产品,产品所有权并未转移,外贸公司是生产企业的代理商。

(3)生产企业委托本国其他企业在国外的销售机构代销自己的产品。

这种进入方式的优点在于不需要大量投资,也不必发展自己的国外市场营销人员,所以承担的成本风险较小,有经验丰富的中间商负责市场营销活动,企业可以避免犯大的错误。

(二)直接出口

所谓直接出口,是指企业建立自己的国外分支机构,负责国外市场的营销活动。该方法的主要做法有以下六种。

(1)直接向外国用户提供产品。

(2)直接接受外国政府或厂商订货。

(3)根据外商要求定做销往国外的产品。

(4)参与国际招标投标活动,中标后按合同生产销往国外的产品。

(5)委托国外代理商代理经营业务。

(6)在国外建立自己的销售机构。

这种进入方式的优点在于,可以节省国内中间环节的费用,而且直接面对国际市场,根据国际市场的需求变动信息,可以及时调整生产经营活动。

二、合同进入方式

合同进入是指纺织品国际市场营销企业通过与国外企业签订合同来转让技术、服务等无形产品而进入国际市场的方式。采用这种方式,可以降低生产成本,避免经营风险,减少汇率波动损失,加强经济技术合作。合同进入方式有许可证贸易、特许经营、合约管理等方式。

(一)许可证贸易

许可证贸易是指以签订许可证合同的方式,出口企业在指定的时间、区域内将其工业产权的使用权转让给外国法人。许可证贸易是技术的有偿转让,出口企业可获得技术转让费或其他形式的报酬。

许可证贸易根据不同的划分标准,可分为以下多种类型:根据被许可方取得的权限大小,可分为独立许可、排他许可、普通许可等;根据合同对象划分,可分为专利许可、商标许可、专有技术许可等;根据被许可方是否有技术转让权划分,可分为可转让许可、不可转让许可等;此外,还有一些特殊类型,如交换许可等。

该方式的优点是:可避开进口国提高关税实行进口配额等限制,使自己的产品快速进入国际市场;不用承担东道国货币贬值、产品竞争的风险和其他政治风险;不需支付高昂的运输费,可节约经营成本。

它的缺点是:对被授权企业的控制有限;可能会培养出国际竞争对手。

(二)特许经营

特许经营是许可证贸易的一种特殊方式。企业将其工业产权的使用权以经营风格、管理方法转让给国外企业,持证人按特许人的经营风格、管理方法从事经营业务活动,特许合同双方的关联程度较高,特许人往往将持证人作为自己的分支机构,统一经营政策、统一管理、向客户提供标准化的服务。

特许经营的优点是:标准化的经营方式可最大限度地扩大特许企业的影响力;可化激烈的竞争关系为利益分享的伙伴关系,以较低的资本迅速扩展国际市场;商业风险和政治风险较小。

这种方式的缺点是:各种方式的使用有一定的限制,特许人的工业产权必须有较大的吸引力;对持证人的控制有一定难度。

(三)合约管理

合约管理的方式是以签订合同的方式,由纺织品国际市场营销企业向外国企业提供管理知识和专门技术,并提供管理人员,参与指导外国企业的经营管理。

这种方式的优点是:可迅速进入国际市场,开展市场营销活动;政治风险和商业风险较小。

三、投资进入方式

投资进入方式是指企业在国外进行投资生产,并在国际市场销售产品的方式。企业通过投资方式进入国际市场,可以及时了解市场行情,充分利用东道国的资源,取得东道国政府的理解和支持。但由于投入了资本及其他生产要素,政治风险和商业风险明显增大。

投资进入分为独资经营和合资经营两种类型。

(一)独资经营

独资经营方式是企业在国外单独投资兴办企业,独立经营,自担风险,自负盈亏的一种方式。

独资经营的优点是:可获得东道国的支持与鼓励;可获得东道国廉价的生产要素,降低经营成本;可加强对独资企业的控制,避免工业产权向本企业外转移,避免竞争对手的迅速成长。

(二)合资经营

合资经营方式是本国企业与国外一个或一个以上企业按一定比例共同投资兴办企业,共同生产经营并承担经营风险、获取经营收益的方式。

合资经营方式的优点是:由于与东道国企业合资经营,政治风险较小,并可能享受较多的优惠;可以利用国外合伙人熟悉该国政治法律、社会文化及经济状况的优势,比较容易取得当地资源并打开当地市场。

合资经营的缺点是:投资各方人员管理上难以协调,利润分配和经营上也容易产生矛盾。

四、对等进入方式

对等进入是指企业出口商品时必须购入国外一定数量的商品,从而进入国际市场的方式。对等贸易的双方都达到了进入对方市场的目的。

对等贸易具体有补偿贸易和易货贸易两种方式。

(一)补偿贸易

补偿贸易的基本原则是买方以贷款形式购进机器设备、技术和专利等,进行原有生产规模的改建和扩建,或者直接建设一个新厂,以便尽快提高劳动生产率,保证产品质量,加强产品在国际市场上的竞争实力。其贷款可不用现汇支付给卖方,而是有待项目竣工投产后,以该项目的产品或其他产品清偿。

1. 产品返销 所谓产品返销,是指进口设备和专利技术的一方,在签订贷款合约时明确规定,在协议期内,用该设备和技术生产出来的产品偿付所贷款项,或称产品回购。产品回购也是出口机器设备和专利技术一方所应承担的义务,但有一定的限制:它首先要求生产出来的直接产品,在性能和质量方面必须符合对方的需要,或者在国际市场上是可销的,否则就不易为对方所接受,这是当前国际补偿贸易的基本形式,进口方一般都愿意用直接产品偿付全部设备价款。

2. 互购 所谓互购是指出口机器设备和专利技术的一方,在协议期内向对方购买一定数量的产品,这些产品不一定是由上述进口的设备或技术生产出来的直接产品,也可以用其他产品进行偿付,故又称为产品互购。

3. 部分补偿 所谓部分补偿是指对引进的技术设备,部分用产品偿还,部分以货币偿还。偿还的产品可以是直接产品,也可以是间接产品。偿还的货币可以是现汇,也可以采用贷款后按期偿还等方式。

4. 第三国补偿贸易 所谓第三国补偿贸易,就是在国际补偿贸易活动中,进出口双方不直接发生联系,而由国际中间代理商从中周旋。增加一个环节,能够使谈判双方减少冲突或化解僵持的局面,更便于讨价还价。贷款的渠道和偿还的方式灵活多样,虽然采用这种方式要多付佣金,但是能够尽快地促使双方达成协议,还可以进一步扩大业务范围。

(二)易货贸易

易货贸易是一种以价值相等的商品直接交换的方式。易货贸易不需要货币媒介,并且往往是一次性的交易,履约时间较短。

易货贸易的主要优点在于,不动用现汇的情况下也可出口商品并取得国内急需的设备和产品;缺点在于,交易的商品有局限性,达成大宗的易货贸易较难。

五、加工进入方式

加工进入是利用国外原材料,经过生产加工重新进入国际市场的方式。加工进入主要有来料加工装配贸易和进料加工贸易两种类型。

(一)来料加工装配贸易

来料加工装配贸易包括来料加工、来样制作和来件装配。它是以外商为委托方,本国企业为加工方,由委托方提供原材料、半成品,加工方承担加工任务,产品经检验合格后由委托方负责销售,加工方收取相应的加工费。

来料加工双方并非商业买卖关系,原材料及制成品的所有权要属委托方。从事加工装配的企业通常是劳动密集型企业,因而这一方式在发展中国家发展迅速。

(二)进料加工贸易

进料加工是企业购进外商提供的原材料、半成品,加工生产后产品重新进入国际市场。进料加工与来料加工装配都是通过加工生产获得一定收益。但不同的是进料加工双方是商业买卖关系,买方卖方支付货款后拥有货物的所有权,加工产品的销售也随货款的支付而伴之以所有权的转移。

加工进入方式的优点主要有:可以引进国外先进技术,利用国外资源;可以充分利用本国廉价的劳动力、土地资源,增加就业;可以增加外汇收入。加工进入方式的不足是,它不直接面对国际市场,市场控制度差,有一定的风险。

本章小结

随着全球经济一体化趋势的发展,中国加快了全面参与经济全球化的进程。中国的纺织品国际市场营销企业不仅在国内竞争国际化的背景下迎接来自国外竞争者的挑战,还积极把握机会,主动开拓国外市场,以寻求新的发展机遇,加强国际市场营销活动。同时,中国是个消费大国,也是国外投资者的乐土,跨国公司携资本、技术、国际资源及丰富的跨国营销经验纷纷进入中国市场。在这种背景下,我们应加快研究和分析纺织品国际市场营销,更好地把握国际市场的特点,制订科学有效的国际市场营销决策,使纺织品国际市场营销企业能运用营销思想来正确识别和评价所面对的机遇与挑战,从中选择能够带来更大效益的商业机会。

本章将从纺织品国际市场营销概述、纺织品国际市场营销环境、纺织品国际市场营销策略及纺织品进入国际市场方式等方面讲述纺织品国际市场营销知识。

思 考 题

1. 什么是纺织品国际市场营销? 它与国际贸易、国内市场营销的联系与区别有哪些?
2. 纺织品国际营销环境包括哪些方面?
3. 纺织品进入国际市场的方式有哪些?

实 训 题

美国婴儿尿布头号生产商,世界知名的市场营销战略之王宝洁公司在20世纪80年代把美国市场上最受欢迎的婴儿尿布引出国界,进入中国香港和德国市场。在一般情况下,宝洁公司每进入一个市场都要经过"实地试营销"以发现可能存在的问题。但是这次宝洁公司认为,尿布就是尿布,婴儿尿就是婴儿尿,世界各地的婴儿都可以使用同样的尿布,而这种尿布已经在美国销售多年,受到普遍好评,因此,决定跨越试销阶段,直接进入中国香港和德国市场。可是接下来发生的事情却大大出乎宝洁公司的意料。香港的消费者反映,宝洁公司的尿布太厚,德国的消费者却反映,宝洁公司的尿布太薄,吸水性能不足。同样的尿布,怎么可能同时太厚又太薄呢？宝洁公司经过详细调查才发现,婴儿一天的平均尿量虽然大体相同,婴儿尿布的使用习惯在中国香港和德国却大不相同。中国香港的消费者把婴儿舒适作为母亲的头等大事,孩子一尿就换尿布,因此,宝洁公司的尿布就显得太厚;而德国的母亲比较制度化,早晨给孩子换块尿布然后到晚上才会再换一块,于是宝洁公司的尿布就显得太薄。

　　根据以上案例,分析从事跨国经营的企业应该注意哪些问题？从中应吸取什么教训？

参考文献

[1]吕一林.现代市场营销学［M］.北京:清华大学出版社,2004.

[2]李光明.市场营销学［M］.北京:清华大学出版社,2007.

[3]王慧彦.市场营销案例新编[M].北京:北京交通大学出版社,2004.

[4]菲利普·科特勒.市场营销原理[M].北京:清华大学出版社,2000.

[5]符国群.消费者行为学[M].北京:高等教育出版社,2001.

[6]杨以雄.服装市场营销[M].上海:东华大学出版社,2004.

[7]吴健安.市场营销学[M].合肥:安徽人民出版社,1999.

[8]王雁.普通心理学[M].北京:人民教育出版社,2002.

[9]宁俊.服装营销管理[M].北京:中国纺织出版社,2004.

[10]李弘,董大海.市场营销学[M].大连:大连理工大学出版社,2001.

[11]常亚平.中国纺织产业分析和发展战略[M].北京:中国纺织出版社,2005.

[12]张弦.纺织品与市场开发［M］.北京:化学工业出版社,2005.

[13]吴勇,邵国良.市场营销[M].北京:高等教育出版社,2005.

[14]宁俊.服装营销管理教学案例[M].北京:中国纺织出版社,2004.

[15]张学琴,李建峰.市场营销实务[M].北京:清华大学出版社,2006.

[16]车慈惠.市场营销[M].北京:高等教育出版社,2007.

[17]甘碧群.市场营销学[M].武汉:武汉大学出版社,2004.

[18]梁东,刘建堤.市场营销学［M］.北京:清华大学出版社,2007.

[19]周玉泉,张继肖.市场营销学[M].北京:清华大学出版社,2007.

参考文献